左手淡定 右手优雅

书　亦　编著

内蒙古出版集团
内蒙古人民出版社

图书在版编目(CIP)数据

左手淡定 右手优雅 / 书亦编著. —呼和浩特:内蒙古人民出版社,2013.3

ISBN 978-7-204-12155-7

Ⅰ.①左… Ⅱ.①书… Ⅲ.①女性-修养-通俗读物 Ⅳ.①B825-49

中国版本图书馆 CIP 数据核字(2013)第 042040 号

左手淡定 右手优雅

编　　著　书　亦
责任编辑　侯海燕
排版制作　腾飞文化
出版发行　内蒙古出版集团　内蒙古人民出版社
地　　址　呼和浩特市新城区新华大街祥泰大厦
印　　刷　衡水红旗印刷有限责任公司
开　　本　787×1092　1/16
印　　张　16
字　　数　310 千
版　　次　2013 年 7 月第 1 版
印　　次　2013 年 7 月第 1 次印刷
印　　数　1-12000 册
书　　号　ISBN 978-7-204-12155-7/C・280
定　　价　28.00 元

如出现印装质量问题,请与我社联系。
联系电话:(0471) 4971562　4971659
网址:http://www.nmgrmcbs.com

前言

每一个女人都想淡定、优雅，对于许多女人来说，要真正做到这些，是极其不易的。那么怎样才能成为一个淡定、优雅的女人呢？

首先，要做一个淡定的女人。

对于大多数女人而言，不是缺少幸福，而是缺少一颗能让自己幸福、从容、淡定的心。淡定是一种生活态度，是智慧的不争，是宠辱不惊，是对简单生活的一种追求。

一个淡定的女人既可以略施粉黛，也可以素面朝天，但是衣着一定很得体，当她翩翩而过的时候，路人偶尔的回眸便是对她的肯定；淡定的女人是自信的，有自己的工作，有独立的生活空间，不争强好胜，不争抢荣誉；淡定的女人不会受情绪的干扰，什么事情都能想得开，一切以平常心看待；淡定的女人不会追求浮华的世事、不切实际的欲望，能在自己独处的空间里，放飞自己的心灵，享受宁静和温馨；淡定的女人有成熟的心智，即便生活中有风有雨，也从容不迫，处世不惊；淡定的女人懂得爱，能找寻到属于自己的爱情生活；淡定的女人如一杯清茶，散发着淡淡的清香；淡定的女人如一缕清风，洋溢着花香的芬芳。淡定是一种成熟，更是一种升华；淡定需要时间和实践的积淀和净化，是一种拨云见日，是一种豁然开朗！

其次，要做一个优雅的女人。

如果说女人似水，那么优雅的女人就像一朵洁白的百合在水中静静地绽放。优雅是很多女人的梦想，而女人们却又苦于找不到优雅的秘诀，或抱怨自己长相不好，或抱怨自己条件不够。其实，做优雅女人并不需要很高的条件，先要从身边的小事做起。倘若整日衣冠不整，不修边幅，出言不逊，不知礼仪，不懂社会公德，无论怎样也是同优雅联系不上的。优雅的女人，她的着装不张扬而富有格调，她的举止令人陶醉，她的内心真挚而又善良，那感觉就像静静地聆听苏格兰风笛，悠悠扬扬而又沁人心脾。

要做一个优雅的女人，首先必须强化自己的形象特征，并且无论在什么场合都得

注意保持自己优雅的形象，从而让更多的人记起你的优雅。优雅是淡妆浓抹总相宜的从容，在不突兀、不夸张的韵味中，从骨子里透露出自然的风致。优雅的女人在举手投足间都散发着优雅的气质，是一种自然的不经意的流露。优雅的女人浑身上下都充满着女人味，它能使芳华已逝的女人将自己的美丽延续下去。

优雅的女人还要不断增长自己的知识，将优雅之树的根深扎在文化的沃土之中，这样才能使它枝繁叶茂；优雅的女人一定要有自己的事业，不做依附别人的小鸟，不是攀岩的凌霄花，而是一棵参天的大树。当优雅成为一种自然的气质时，这样的女人一定是温柔大方、成熟智慧的！

优雅绝非是表露于人前的肤浅美丽。一个真正懂得优雅的女人，即便是独自在家，也会涌现出暗香浮动的优雅气质。只有随意间表露出的优雅一面，才是将高贵浸透在骨子里的最迷人的优雅。优雅是一种可以让女人经历了岁月的洗礼后仍然拥有的气质，伴随着年龄的增长，成为永恒的魅力。

每一个女人都想优雅、淡定。在当今时代，有些女人往往被表面的繁华侵扰，让自己无所适从，随波逐流。为了提高女性朋友的气质、修养，展示女人的人格魅力，本书分上、下两篇，分别从优雅和淡定两大方面向女人们展示了一个全方位的图景，对女人以积极的心态去获取幸福的生活大有益处。

目录 CONTENTS

上　篇

淡定的女人与幸福相恋

淡定，是一种积极的生活态度，也是对简单生活的一种追求，它绝不是平庸。平庸的女人没有太大的能力，只是平凡地生活着。淡定的女人却有着较高的修养，她们有能力争取自己想要的一切，却又不完全看重这一切。

淡定

优雅

第一章：拥抱阳光心态——用微笑面对生活快乐每一天

淡定的女人都希望自己拥有灿烂阳光的人生，但真正能够活得精彩无限且有滋有味的，却是那些始终以积极的方式回应生活的人。生活就是一种态度，你能驾驭自己的心态，其实就开始了你的精彩人生。

不做情绪的奴隶

在现实生活中，当我们与人打交道或面对某件事情时，总会产生一定的态度，如喜、怒、哀、乐等，这些都是我们对客观事物所形成的一种态度上的体验，这种体验，心理学上称之为情绪。

女人是情绪善变的动物，常常是一会儿“阴云密布”，一会儿“大雨倾盆”，一会儿又“雨过天晴”。淡定的女人了解情绪的神奇力量，这种力量可以使人精神焕发，也可以使人萎靡不振；可以使人冷静而理智，也可以使人暴躁易怒；可以使人从容而安详地生活，也可以使人惶惶不可终日。总之，它可以使你的生活充满甜蜜与欢乐，也可以使你的生活抑郁、沉闷、黯淡无光。无处不在的情绪随时随地都会影响你的生活。

情绪如同四季交替般会自然发生，一旦情绪产生了波动，个人就会表现出高兴、气愤、悲伤、焦虑或失望等各种不同的内在感受，假如负面情绪常出现而且持续不断，就会对个人产生负面的影响，如影响身心健康、人际关系或日常生活等。所以，淡定的女人一定要学会做情绪的主人。

作为公司行政人员的王倩，准时上班对她来说再重要不过了。可是，偏偏王倩住得离公司较远，每当遭遇堵车，迟到的厄运就会降临在她的身上。因此，每天早上起床后，一想到那漫长的上班路程及拥挤的车厢，王倩的气就不打一处来。

到了公司，明明没有迟到，可是，她的心情却怎么也好不起来，看什么都不顺眼。经常挂在王倩嘴边的一句话就是："怎么这么烦？"

像王倩这样的情况，你也许不会陌生。偶尔情绪不好，发点小脾气，这是人之常情，但是如果经常这样，那可就要当心了，因为在不知不觉中，你已经成了情绪的奴隶，陷于情绪的泥潭中而无法自拔，从而可能会失去原本属于你的幸福生活。

在生活中，大多数女人都懂得要做情绪的主人这个道理，但遇到具体事情的时候却总是知难而退，总认为自己无法控制自己的情绪。实际上，这是一种不良的心理暗示，它真的可以毁灭你的意志，使你丧失战胜自我的决心。

有些女人习惯于抱怨生活："没有人比我更倒霉了，生活对我太不公平了。"在抱怨声中她得到了片刻的安慰和解脱："这个问题怪生活而不怪我。"结果却因小失大，让自己在无形中失去了主宰生活的机会。

淡定的女人一定要学会做自己情绪的主人，你可以试着改变一下对身处逆境的态度，用积极的语气对自己坚定地说："我一定会走出情绪的低谷，做情绪的主人，现在就让我来试一试！"这样你的自主性就会被启动，沿着它走下去就是一番崭新的天地，因为你主宰着自己的情绪。

淡定的女人可通过记录来控制自己的情绪。记录近期所发生的令你印象深刻的事情，并描述当时的感觉、经历，无论是成功的、失败的，愉快的或是不愉快的，只要你能够很好地去总结，去梳理，去发现，经历就会成为一笔财富。因此，当你不知道自己的坏情绪究竟来自于何处时，那就记录下所发生的事情，好好地梳理分析。这样，你便会清楚，究竟是怎样的一种情绪困扰了自己，为了走出困境，你应该采取怎样的行动。

淡定的女人也可通过静思来调节自己的情绪。找一个安静的角落，静静思考。这个角落可以是无人打扰的卧室，或有轻柔音乐相伴的情调咖啡厅，或空气清新的花园，总之是能够让自己安静下来的地方。这个时候，或者闭上眼睛，反复思考，或者边步行边思考，慢慢体察自己心情起伏跌宕的状态。

淡定的女人还可以通过倾诉来改善自己的情绪。试着和别人说出自己的感受。虽

然你不清楚这感觉究竟是什么，但你可以试着把发生的事情讲给你的朋友或家人，在这种互动式的交流中你或许会清楚自己究竟为何烦恼。

很多时候，发现问题比解决问题更重要。清楚自己究竟是怎么了，为什么会这样，然后才能想到怎么办，这是走出恶劣情绪的关键一步。

潮涨潮落，冬去夏来；暑消寒长，日升日落；月圆月缺，雁来雁往；花开花谢，春种秋收。自然界万事万物都处于情绪的循环之中，淡定的女人也要学会做情绪的主人，而不是成为情绪的奴隶，只有这样，才能顺应自然，消除烦恼，从而快乐地工作和生活。

别让嫉妒毁了你

嫉妒是人的一种非常普遍的心理习惯，这种心理有时会使人做出某些极端行为，是非常有害的，它不仅害人，也害己。嫉妒总是会在你不自觉的情况下擅自闯入你的生活，影响你的一切。嫉妒多半是深藏于人们的心中，最终以歪曲的形态爆炸开来。

嫉妒一般是由于个人与他人比较，发现别人在某一方面或某些方面比自己强而产生的一种羞愧、不满、怨恨、愤怒等情绪，它是一种心理不成熟的表现。有人把嫉妒归结为天性，其实并非每个人天生都有嫉妒心理，嫉妒的起源是虚荣。

有个女人嫉妒邻居女孩的裙子比自己的漂亮，觉得自己很丢脸，竟然半夜偷闯进邻居家里，把女孩的裙子剪了个粉碎。当然，这是极端嫉妒者的表现。

有的女人看到别人比自己有钱，比自己美丽，比自己优秀，就产生了强烈的嫉妒心，甚至寝食难安。

在朋友的眼里，桂芳一直是幸福快乐的，桂芳在大学毕业后，顺利地考上了公务员。之后不久与所在机关单位的同事结了婚。这对有稳定工作的小夫妻，让人羡慕不已。

可是，有一天逛街，当桂芳看见大学同学陈红时，她开始觉得不快乐了。在学校的时候，桂芳跟陈红关系不错，两人条件差不多，成绩也差不多，自从毕业后就渐渐地失去了联系。这次，她看到的陈红今非昔比。陈红开着自己的宝马车，戴着一副墨镜，样子很优雅。

本来自我感觉良好的桂芳，心里突然感觉酸酸的。接下来，又一次无意中，她在购物中心碰到了陈红，当时，陈红正在试穿一件裘皮大衣。那件衣服典雅大方，无论是工艺、材质，还是价格，都是桂芳可望而不可及的。

“给我包起来吧，试过的衣服，我都要了！”桂芳进去跟她打招呼的时候，正碰上陈红这样对店员说。

桂芳被深深地打击了。随后，她拒绝了陈红让她去家中做客的邀请，因为她觉得自己在陈红面前，有一种灰溜溜的感觉。

回家后，她越想越不是滋味。她俩本是在同一起跑线上的，现在却有着天壤之别，沮丧、烦恼、失落突然间占据了她的心。

接下来的日子里，桂芳的眼前总会出现陈红的影子。她也不知道自己为什么突然对陈红的隐私特别感兴趣。终于，她发现了一条令自己很得意的线索，陈红曾被一个已婚的台湾商人包养，由于商人的妻子大打出手，便结束了包养关系。现在做生意的这些资本估计是那个时候的补偿费吧。

从此以后，只要见到大学的同学，桂芳都会很八卦地把自己对陈红的分析讲给同学们听，甚至恶语中伤：“她有什么可神气的，不就是把自己卖了，挣了点儿钱吗?”

一时间，关于陈红的流言蜚语在同学们嘴里传开了。每当听到这些流言时，桂芳才觉得得到了些许的平衡。

或许你也有过这样的感觉，别人的成功，别人的幸福，别人的春风得意，会让你突然感觉到很失落，特别是这个人曾经不如你，即使你表面上显得平静，但内心同样波涛汹涌，感觉有一种无形的东西被摧毁了。这种感觉便是因虚荣而悄悄在你内心滋生的嫉妒。

在生活中，人与人总是有差别的，有差别便自然会有比较，有比较就难免会有嫉妒之心，让虚荣发芽。培根说，“嫉妒永远不休假”。即使是一个优秀的人，如果染上“嫉妒”，那么他的所作所为也很容易失去理智。而且嫉妒的心常会因时间的推移、环境的改变而急剧膨胀，甚至爆炸。一个人如果无理智地去嫉妒另一个人，结果往往会一发不可收拾，甚至酿造出本不该有的悲剧。

细细想来，嫉妒并不能让我们得到什么；相反，最终我们会在一次次的嫉妒、一次次的不平衡中变得更加沮丧，更加不幸福。

淡定的女人应该把别人的美丽、强大化作鞭策自己的力量，努力提升自己，继而追赶上目标者，这才是积极向上的正确做法。没有别人美丽，可以通过后天努力，塑造另一番美；没有别人有钱，那就让我们做精神上的富翁吧。总之，若因嫉妒产生偏激心理，存有卑微心态，最终只能是引火自焚。

理想的嫉妒消除法是靠自己的聪明才智和努力去取得比对手更优越的地位。这是

一种积极的消除法。假定嫉妒是针对别人的才能，那么自己设法拥有能与对手匹敌的能力，就是一种积极的策略。这也是树立或恢复自信心的一种有效方法。

淡定的女人不要囚禁于“心理牢笼”，别让嫉妒蒙蔽你的心灵；不要太计较得失，别被嫉妒之心缚住手脚，要避免对他人的伤害。这样，你才能活得潇洒，活得坦然，活得轻松！

远离浮躁，快乐每一天

由于经济的飞速发展，人们在追求物质享受的同时，许多人的心情也变得浮躁了，浮躁甚至成了现代人的通病。但淡定的女人仍能在浮躁的人群中保持一份冷静与执着，踏踏实实地追求自己的事业，从而显得与众不同。

浮躁的表现是：心浮气躁，朝三暮四，浅尝辄止；自寻烦恼，喜怒无常；焦虑不安，患得患失；东一榔头西一棒槌，既要鱼也要熊掌；这山望着那山高，静不下心来，耐不得寂寞，稍不如意就轻易放弃，从来不肯为一件事倾尽全力；制订好的目标不能很好地坚持下去，不能很好地执行，心不能往一处想，力不能往一处使，一件事还没有做完便有了厌倦的感觉，觉得其他的事情好像比手头的这件事情更好做，还不如去做其他事。

浮躁是成功者路上的绊脚石，是人生最大的敌人。无论你一生的目标是做一个成功的企业家还是做一个普通的人，都不可浮躁。如果一个人浮躁，容易变得焦虑不安或急功近利，最终会失去自我；如果一个企业浮躁，往往会导致无节制地扩张或盲目地发展，最终会以破产告终。

当压力太大、急于成功、太闲或太忙、缺乏信仰、过分追求完美等问题出现并不能得到满意的解决时个人便会变得浮躁，所以应该尽量避免这些问题的出现。

浮躁的人都具有急于求成的心理，总希望在最短的时间内取得最大的收获，这种不切实际的想法其实就是内心浮躁的表现。如果浮躁心态严重，些微的好事就会使其变得难以自制，得意忘形；些微的坏事则会让其万念俱灰，痛不欲生，仿佛世界末日即将来临。如果不及时加以纠正，长期这样下去必然会导致性格的某种变形甚至变态。

无论做什么事情，都来不得半点浮躁。静下心来调整好自己的状态，专注于自己的事业，脚踏实地地做好目前该做的事情，这才是通往成功的最佳道路。

在现代社会中，浮躁不光体现在刚踏入社会的年轻人身上，在白领阶层中更加显著，它的典型表现为频繁跳槽。频繁跳槽的人可能也有自己的人生理想，她们也想干出一番大事业来，她们也会认准了方向和目标，希望在一家公司努力干下去，但问题在于，具体做事的过程中她们总不能集中心思，日复一日的上班使她们感到焦躁，她们急于在某一个领域里取得成功，急于成为某一领域内有权威的人。这种急于求成的心态导致她们不能安于现状，不能安于平凡，内心总是躁动不安，如此心态，要心往一处想、力往一处使谈何容易。所以，浮躁可以说是导致人们不能专一的症结所在，是导致人们频繁跳槽的重要原因。

频于跳槽可不是一种好习惯。社会心理学专家认为，盲目跳槽会使人变得越来越孤僻，不爱与人交往。他们认为，跳过槽的人在不知不觉中养成了一种习惯，工作中遇到困难就想跳槽；人际关系紧张也想跳槽；看见好工作想跳槽；有时甚至工作干得很好的时候也想跳槽，总觉得下一个工作才是最好的。渐渐地，他们产生了一种错误的心理暗示，就是一切问题似乎都可以用跳槽来解决。在这种消极的心理暗示作用之下，人们变得不敢面对现实，遇到困难只想逃避，他们总是想方设法为自己找寻一些冠冕堂皇的理由，例如从事的工作专业不对口、公司领导不重视、自己的才能得不到发挥、别人不理解等。更可怕的是，浮躁和频繁的跳槽还有一种看不见的互相促进作用。人们的心情浮躁，从而不能专注于事业，凡事浅尝辄止，这容易使人失去做事的信心，遇到困难便会跳槽了之，而频繁的跳槽又使人丧失了成就事业过程中最宝贵的敬业与团队精神，精神的丧失更加重了心理浮躁的感觉，如此往复，恶性循环必然导致心态失衡的恶果，到头来还是无法做成任何一件事。

浮躁的心理虽然不是积极健康的心理，不过当你被浮躁的情绪控制时，也不要心慌，不要自责，而是要想办法解决，想办法使自己尽快恢复以往的心态。当你产生浮躁情绪时，可以利用休息时间到郊外远足，通过回归大自然来放松自己紧张的情绪；其次，可以选择打球或者跑步等休闲活动，适当的休闲和运动可以达到减轻压力的作用；最后，让你的身心得以愉悦，全身心地投入到工作中去。

放飞心灵，让内心明亮起来

女人是美丽的动物，她们绝不缺乏欣赏美的天分。遇到精致的事物，会爱不释手；看见漂亮的衣服，会流连忘返，甚至忘记时光的流逝。女人都有一颗追求美丽的心，但是她们美丽的外衣终将褪去，最后剩下的是什么呢？也许有爱情，有亲情，但应该有一颗美丽的心灵，让内心也明亮起来。

一位叫特蕾莎的修女，有一日在倾盆大雨中，在及膝的水里，一个贫穷的妇人手上抱着高烧不退的孩子。因为她付不出房租，屋主拆毁了屋顶，妇人、孩子无助地立在雨中，无处避雨。特蕾莎见此情景，悲伤地哭泣道："想想看，只是因为缴不出8卢比的房租，一个孩子竟要死在大雨之中。"

特蕾莎对此深有感触，她决心帮助那些贫苦的人。于是，她开始收留那些因为父母没有能力照顾而被遗弃的婴儿，把他们安置在弃婴之家。不管他们是从哪里来的、怎么来的，特蕾莎都从未拒绝收留过他们其中的任何一个。除此之外，特蕾莎又创办了麻风病患者之家。当时，特蕾莎听说一个修女会所支持的麻风病院因为都市规划而被迫拆除，她立即前往孟加拉市市府向市长求情。后来，市长将一块位于市郊的土地拨给特蕾莎做为麻风病患者之家，使其中的麻风病患者受到了妥善照顾。多年后，竟使孟加拉大城市吉大港的麻风病治愈率达到了100%。

当艾滋病开始被人们视为新瘟疫，一般人对病人避之唯恐不及的时候，特蕾莎又奔走于欧美各国，设立了多家艾滋病患者收容所，在医生治疗的同时，她和她的修女们则给予护理。有时为了一些可怜的人，她甚至得冒着生命危险去克服一些政治上的障碍，例如，为了帮助海湾战后的伊拉克人民，她曾同一位神父、两位修女前往巴格达；为了到切尔诺贝利核污染地区帮助受害者，她曾到当时禁止宗教团体承办慈善事业的前苏联去提出建立工作站的愿望，并终于在两年后得到批准……

尤其值得一提的是，在1982年，当她得知黎巴嫩贝鲁特一所前线医院有60余名巴勒斯坦弱智儿童处在生死关头时，她便冒着生命危险赶到那里，劝说以色列军队和巴勒斯坦游击队暂时停火，以便让她进入医院，把那些儿童一一抱上车，并转移到安全地带。

所有这些，都深深地感动了全世界的人们。靠着这种爱心，也仅仅是靠着这种爱心，为穷人奉献了一生的特蕾莎赢得了成千上万的追随者，在世界上100多个国家建立了近千个类似的机构。特蕾莎创建的组织有4亿多的资产，世界上最有钱的公司都乐意捐款给她；她的手下有7千多名正式成员，还有数不清的追随者和义务工作者分布在100多个国家；她认识众多的总统、国王、传媒巨头和企业巨子，并受到他们的仰慕和爱戴……可是，她住的地方，唯一的电器是一部电话；她穿的衣服，一共只有三套，而且还得自己用手洗换；她没有袜子，只穿凉鞋……

特蕾莎不仅仅为穷人和鳏寡孤独者提供衣食住处，为病人和遭灾遭难者提供医疗服务，而且给这些人带去爱心，让他们感到自己有尊严、感到自己被人爱。1979年，诺贝尔委员会从包括促成埃以和谈的美国总统卡特在内的56位候选人中，选出了特蕾莎，把诺贝尔和平奖这项殊荣授予了这位除了爱之外一无所有的修女！

授奖公报说：“她的事业有一个重要的特点：尊重人的个性、尊重人的天赋价值。那些最孤独的人、处境最悲惨的人，得到了她真诚的关怀和照料。这种情操发自她对人的尊重，完全没有居高施舍的姿态。”

公报还说：“她个人成功地弥合了富国与穷国之间的鸿沟，她以尊重人类尊严的观念在两者之间建设了一座桥梁。”

作为毕生贡献于穷人和以照顾关怀世界上的弱者为一生己任的特蕾莎修女并没有为这样的美誉而陶醉。在挪威奥斯陆那金碧辉煌的市政厅里，特蕾莎修女郑重地对全世界说：“这项荣誉，我个人不配领受，今天，我来接受这项奖金，是代表世界上的穷人、病人和孤独的人。”

特蕾莎就是这样有爱心的女人，她是值得尊敬的。充满爱心的女人就是最富有的女人，最成功的女人。

对于一个漂亮的女人来说，即使使用名贵的香水，也总会失去它的芳香；而对于一个拥有美好心灵的女人来说，从她内心深处散发出来的幽香却可以经久不衰。快乐的女人都明白，内心的美丽比外貌的姣好更加重要。心灵美的女人，生活中的诸多情趣和美好的感觉，也都源于内心拥有阳光的照耀。

保持快乐的心态

快乐女人是生活的调味剂，她们善于调整心态，时刻用一颗快乐的心面对挫折和不快，让生活永远轻松愉快；快乐女人是家庭的润滑油，使婚姻饱经风霜而不生锈，高速运转而不磨损，时常保持最佳状态。如果一个女人能找到理由悲伤，也一定能找到理由快乐。快乐是对自己的奖励，而悲伤则是对自己的惩罚。任何一个淡定的女人，都懂得去发现快乐，这世界不是快乐太少，而是缺少发现快乐的心。

如果你曾留意雨后走在马路上的孩子，你就会看到当他们发现前面有个小水坑时，便很高兴地跑进去玩着、闹着、笑着；而那些大人则会从水坑边绕过去，不仅绕过去，同时嘴里还嘟嘟囔囔地抱怨个不停。当你的人生陷入低谷时，当你得到不公平对待时，当你无端遭到人身攻击时，当你因为某种生理缺陷遭到嘲笑时，你不妨调适一下你失衡的心态，给心情放一个假，营造一个祥和、豁达、坦然的心理氛围。

你可用幽默化解不愉快，保持快乐的心态；也可以进行一些你所喜爱的运动，在空旷的原野上或高山之巅大声喊叫；还可以试着在音乐中徜徉，在宁静中神游……

其实，快乐很简单，快乐的方法任何人都会：第一步，若遇到困难，不要惊慌失措，冷静地分析整个情况，弄清楚万一失败时可能发生的最坏情况是什么——难道你会因此而失去生命吗？若不会，那还有什么好怕的。第二步，弄清楚可能发生的最坏情况后，就要在心理上做好接受它的准备。

你应该明白，即使是一秒钟以前发生的事情，你也没有办法再回过头去纠正它，只能改变一些一秒钟以前发生的事情的影响。你可以平心静气地分析过去的错误，从错误中吸取教训，然后再把错误带来的负担忘掉，让自己快乐起来。

每个女人都会有不顺的时候，试着在不开心和失败时对自己说：“这是最糟糕的了，不会再有比这更倒霉的事发生了。”既然“最糟糕的事”都已经发生了，还有什么可怕的呢？既然已经到了最低谷，那么以后就该顺利了。想要快乐，就不可执拗于负面的情绪，不要总是提醒自己“这事上次没做好，这次千万不要再出差错”等。否则，只会使自己心里更紧张。所以，要常用一些积极性的暗示，比如“这事我最拿手，一定会做好”等。这种积极的暗示，比向自己强调负面结果要好得多。

想要快乐，就别给自己贴上失败的“标签”，不要总是对自己说“我不行”“我做不了”“大家都不喜欢我”等。

其实，真正能够击倒你的人恰恰是你自己，你应该多给自己一些激励与信心，相信自己并不比别人做得差，相信成功一定会属于快乐的人，你就一定会做一个成功的快乐女人！

有人说做个快乐女人并非易事。其实，只要你有海一样的胸怀，面对一切都有一颗包容的心，那么快乐就会常伴你左右。

女人的快乐与否，其实不在于遭遇什么，因为这些大多是客观环境造成的，不会随着人们主观的想法而发生改变。快乐不需要财富的累加，不需要别人的赐予，而是取决于怎么看待自己身边发生的一切。快乐，其实是一种积极的生活态度。

快乐女人知道怎样调节自己的心态，转变消极的看法，她们善于从身边寻找快乐。

快乐的女人常常落落大方，不卑不亢。她们从不靠华丽的包装去引人注目，她们周身散发出的自然的快乐气息就是最诱人的味道，让人久久迷恋、依赖。

一个快乐的女人，也许没有妩媚的笑容，没有温柔的气质，没有浓密的睫毛，没有诱人的嘴唇……就如一本没有装帧的书摆在人们面前，但她的内心却激情涌现，热情真诚。

一个快乐的女人，能用明亮的双眸穿越时空阻碍，看到希望的影子；能用灵巧的双手拨开浓云重雾，描绘出最美丽的蓝天。

学会释压，微笑面对生活

现代科学研究证明，情绪可以通过大脑而影响心理活动和全身的生理活动。乐观情绪可以使人体内的神经系统、内分泌系统的自动调节机能处于最佳状态，有利于促进身体健康，也有利于促进人的知觉、记忆、想象、思维、意志等心理活动。

所以，女人要学会释压。对不良情绪的调整，可以采取以下方法：

一、排泄法

对不良情绪所产生的能量可用各种办法加以调整。例如，当生气和愤怒时，可以到空旷的地方去大喊几声，或者去做一些体力劳动，也可以进行比较剧烈的体育活动，跑两圈，扔几个铅球，把心理的能量变为体力上的能量释放出去。俄国大文豪屠格涅夫曾告诫人们：当你暴怒的时候，开口前把舌头在嘴里转上十圈，怒气也就减了一半。

在过度痛苦和悲伤时，哭也不失为一种排解不良情绪的有效办法。哭也可以释放能量，调整机体平衡。在亲人和挚友面前痛哭，是一种真实感情的爆发，大哭一场，痛苦和悲伤的情绪就减少了许多，心情就会痛快多了。

二、暗示法

语言是人类特有的高级心理活动，语言暗示对人的心理乃至行为都有着奇妙的作用。当不良情绪要爆发或感到心中十分压抑的时候，可以通过语言的暗示作用，来调整和放松心理上的紧张，使不良情绪得到缓解。当你将要发怒的时候，可以用语言来暗示自己："别做蠢事，发怒是无能的表现。发怒既伤自己，又伤别人，还于事无补。"这样的自我提醒，就会使心情平静一些。达尔文说过："人要是发脾气就等于在人类进步的阶梯上倒退了一步。愤怒是以愚蠢开始，以后悔告终。"我国历史上的禁烟功臣林则徐脾气很大，他为了控制自己的怒气，在中堂挂了"制怒"两字的大条幅，以便随时提醒自己。

三、调节法

大自然的景色，能扩大胸怀，愉悦身心，陶冶情操。经常到大自然中走一走，对于调节人的心理活动有很好的效果。心绪不好或感到心理压力过大、郁闷不乐时，千万不要一个人关在屋子里生闷气，让自己苦恼，而应该走出去，到环境优美、空气宜人的花园或郊外，甚至是农村的田园小路上去走一走，舒缓一下心绪，去除一些烦恼。长期处于紧张工作状态的人，定期到大自然中放松一下，对于保持身体健康、调解身心紧张大有益处。

四、疏导法

人的情绪受到压抑时，应把心中的苦恼倾诉出来，如果长时间地强行压抑不良情绪的外露，就会给人的身心健康带来伤害。特别是性格内向的人，光靠自我控制、自我调节还远远不够，可以找一个亲人、好友或可以信赖的人倾诉自己的苦恼，求得别人的帮助和指点。有些事情其实并不像当事者想得那么严重，然而一旦钻进牛角尖，就越急越生气，如果请旁观者指导一下，可能就会豁然开朗，茅塞顿开。

五、激励法

自我激励是人们精神活动的动力之一，也是保持心理健康的一种方法。在遇到困难、挫折、打击、逆境、不幸而痛苦时，善于用坚定的信念、名言警句、榜样人物的感人事迹来激励自己，使自己产生同痛苦作斗争的勇气和力量。张海迪在她人生奋斗的历程中，所承受的痛苦与压力是常人难以忍受的，而当困难来临时，她总是用保尔、吴运铎等英雄事迹激励自己，继而战胜困难，坚强地生活下去。

六、微笑法

心绪不佳、烦恼苦闷时，看周围的一切都是消极的，看到高兴的事，也笑不起来。这时候如果想办法让自己高兴起来，笑起来，一切烦恼就会丢到九霄云外了。笑不仅能去掉烦恼，而且还可以调节精神，促进身体健康，“笑一笑，十年少”，说的就是这个道理。

只有压力减轻，你的情绪才能趋于正常，你的内心才能得到放松，你的面部表情才能变得舒展，这样一来，美丽就会自然而然在你脸上再现！人在旅途，经历了风雨，也见过了彩虹；经受了痛苦，也得到了欢乐；经历了挫折，也见证了成功。风风雨雨走过多少年，明白了平平淡淡才是真的道理。不埋怨生活给予太多的曲折与磨难，不欣喜得到的掌声与美言，不自卑，不狂傲，从从容容，脚踏实地，微笑着对待生活中的每一天。

微笑像清醇香甜的美酒，越喝生活越醇厚；微笑像优雅缠绵的诗篇，越读生活越浪漫。不忧郁、不怨叹，坦坦然然，潇潇洒洒，微笑着对待发生在身边的每一件事情。微笑如春风般清新，如阳光般温暖。

微笑是快乐，微笑是健康，微笑是成功，只有微笑着生活，生活的道路才会五彩斑斓，才不会给自己的人生留下遗憾。

微笑是一种心理的放松与坦然，是一种自尊、自爱、自信的展示；微笑是人们最动人的表情，是生活中美好而无声的语言。只有微笑着生活，心情才会轻松和愉悦；只有微笑着生活，人与人之间才会架起友谊之桥，才会有默契，生活才有融洽和温暖。

第二章：淡看人生荣与辱——闲看庭前花开花落，漫随天外云卷云舒

淡定的女人能把握人生，从容看待世间发生的事情。淡定的女人不苛求，也不盲从，她总是从容地享受着内心的宁静。她总是有条不紊，而且尽心尽力地做着自己喜欢做的事情。她既有母性的慈爱，又兼具宽容和几许天真，她不会忘乎所以，好高骛远。闲看天上云卷云舒，坐看庭前花开花落。放下一切烦恼和诱惑，你也能找到心灵的宁静港湾。

淡泊明志，宁静致远

“非淡泊无以明志，非宁静无以致远。”出自诸葛亮54岁时写给他8岁儿子诸葛瞻的《诫子书》。这既是诸葛亮一生经历的总结，更是对他儿子的要求。在这里诸葛亮用的是“双重否定”的句式，以强烈而委婉的语气表现了他对儿子的教诲与无限的期望。

弃一切世俗之物，悠然于山川草木之中，过心神向往已久的宁静生活，超凡脱俗与另一番境界共处，不与世人合流，只求精神境界的纯洁！

尽管女人的气质有好多种，或高贵优雅，或随和温驯，但淡泊的女人更让人心动，那种宁静，像一株百合，散发着特别的馨香。

淡泊的女人懂得知足，淡泊的女人没有一般世俗女人的虚荣——渴望金钱，渴望房子，渴望车子。

淡泊的女人所渴望的便是一颗淡泊、平和的心——可以在纷乱的尘世中，找到一方净土，找到一处风平浪静的港湾，可以停靠休憩。淡泊的女人应该是智慧的女人，能用睿智的双眼看透一切，对于世上痴男怨女的感情纠葛，淡泊的女人只会在经历过之后，淡然一笑。

淡泊的女人深知名利犹如过眼云烟，因而能够不拘于世俗，当倦意袭来之时，就会毫不顾虑地收拾好行囊，踏上远去的旅程。西藏、泸沽等都是淡泊女人所渴望的好去处，因为那里有她们所要的神秘、自然。

淡泊的女人，是无所畏惧的。因为淡泊，自然无畏。如果你有一个淡泊的女人做朋友，那么你一定是幸运的，在与她的相处中，你会感觉到轻松、惬意，没有一丝压力。淡泊的女人犹如兰花一样散发着芳香的气息，是淡淡的，沁人心脾。

淡泊的女人可以在你怅然失意之时，给你送来慰藉，也会在你忧伤的时候，用她温柔的双手，将你的伤口抚平。淡泊的女人会在你成功时，为你送来祝贺，同时也忘不了为你送去警世良言以伴你下一次成功。所以，拥有淡泊的女人做朋友的人一定是幸福的。

淡泊的女人所要的只是那心中最为澄静的爱情，没有世俗的玷污，没有金钱的熏染，一切都犹如深渊的池水一样，淡淡的，绿绿的，没有一丝杂质。淡泊的女人不会要求她的丈夫多么成功，也不会要求她的丈夫多么英俊，淡泊的女人要的只是丈夫的一颗真心和偶尔的宠爱。

淡泊的女人深知做女人的真谛，在丈夫失意时，她绝不会施加压力，说丈夫是多么无能，而是会用赞赏的眼神告诉他：你其实是最出色的。在丈夫成功时，淡泊的女人也不会骄傲，更不会趾高气扬，而是用温柔的语调提醒丈夫要居安思危，要以平和的心态面对成败。

淡泊的女人并不缺乏理想和追求。淡泊与执着向来是中国传统知识分子的特点，女性的淡泊，是其精神追求的最高境界。淡泊的女人所追求的，是人生最真实、最可贵的东西，这就是真诚、真情和真实的幸福生活。

“淡泊以明志，宁静以致远”，有如此心境的人才会拥有亮丽的人生！须知淡泊不是平庸，宁静孕育辉煌。突如其来的尘世喧嚣，是留不住的景观，不变的淡泊宁静才是永久的心灵家园。只有在淡泊宁静的磨砺中，人之心胸才能豁达宽广，人之大志才能长存不溺。

安于淡泊，才能体味“宁静致远”的超然；不求闻达，才会懂得“宠辱不惊”“去留无意”的洒脱。让我们守住心中的那一份纯净，远离尘嚣，贴近自然，融入淡泊，做一个真实、坦荡、超然的女人。

保持一份淡然的心

平常心是一种生活态度，也是女人的一种良好修养。有了平常心，才能在生命的历程中从容不迫、处变不惊，才能坦然面对生活的不公、人世的坎坷。

有一位诗人曾经说过：“人生就像一柄刚打造的剑，需要用磨石来不断地打磨，剑才会变得锋利；一块璞玉需要经过粗石的打磨，才会发出耀眼的光芒。”这里的打磨，对女人来说就是一种考验。在人生出现意外时，要得而不喜，失而不忧。

公司公布了裁员名单，内勤部办公室的吴娟和美玲在裁员之列，她们将在一个月后离岗。

那天，同事们看她俩的眼神都是小心翼翼的，更不敢和她俩多说一句话，因为，她俩的眼圈都是红红的。这事摊到谁身上都不好受。

第二天上班，吴娟的情绪很激动，谁跟她说话，她都没有好脸色，像吃了一肚子的火药，逮着谁就向谁开火。裁员名单是老总定的，跟其他人没关系。吴娟心里也明白，可就憋屈得难受，又不敢找老总去发泄，只好拿杯子、文件夹、抽屉出气。

不绝于耳的响声，把同事的心提上来又摔下去，办公室的空气都快凝固了。人之将走，其行也哀，谁忍心去责备她呢？

吴娟仍不解气，又去找主任诉冤，找同事哭诉。

“凭什么裁我呀？我干得好好的……”说着说着，滚下泪来。办公室订盒饭、传递文件、收发信件，原来是吴娟做的，现在却无人过问。

同样，裁员名单公布后，美玲也哭了一晚上，第二天上班她也无精打采，可一打开电脑，她就和平常一样开始工作了。美玲见同事不好意思再让她做什么，便特地跟大家打招呼，主动揽活。

她说：“是福跑不了，是祸躲不过，反正这样了，不如站好最后一班岗，以后恐怕想干都没机会了。”美玲心里渐渐平静了，仍然勤快地打字复印，随叫随到，好像没有发生过裁员的事一样。

一个月满，吴娟如期下岗，而美玲却被从裁员名单中删除，留了下来。不同的心态造成了不同的结果。

霍尔金娜是我们熟知的俄罗斯体操女选手，她的风采至今仍留在很多人的脑海里。霍尔金娜1985年开始体操训练，她身材高挑、气质优雅，艺术表现力尤其出众，个性也很突出。她参加了自1994年以来的所有世锦赛，共夺得10金9银3铜共21枚奖牌，其中包括1995~2003年的高低杠五连冠和三次全能冠军。

但是在2004年雅典奥运会上，霍尔金娜却遭遇了体操岁月中的劫难，十多年以来一直保持着在大型比赛中高低杠项目不败纪录的霍尔金娜，在比赛的时候，却从高低杠上意外摔了下来。在那一刹那，霍尔金娜眼神里闪过某种特别的神色，但她立刻又恢复了坦然，重新站起来，完成了所有的动作，然后从容退场。这一次，她最终仅以8.925分的成绩排名最后，失去了完成奥运三连冠梦想的机会。

在品味了无数次胜利与欢笑之后，霍尔金娜收获了失败，但她只是淡然一笑，离开了心爱的赛场，告别了辉煌的体操生涯，脸上却始终挂着微笑。

得与失总在不经意间出现，生活中没有绝对的公平。许多意外发生时，注定了你会失去某些东西，但对于像霍尔金娜这样的人来说，她们总能以一颗平常心对待。失败和挫折其实都是人生的一部分，凡事都应该以平常心来看待，对于生命中的顺逆，不要太执着。对人生的诸多事情，要保持一份淡然。

淡定温婉地面对人生

女人应该满怀自信，自信的女人拥有处变不惊的从容淡定和温婉优雅的女性之美。

对于女人的从容沉稳，人们常常会很惊讶。这份从容来自女人内心的历练，让女人开始懂得许多事情无法预料，更无法强求。也许，很多的悲欢离合会使人无所适从，更无法面对。但是，只要保持一份从容、一份坦然，那么，人生一世，无论平凡与显贵，都会如小溪流水般清澈宁静，生活自然也就不会有所遗憾了。

“忧也一天，喜也一天”，何不选择一份轻松随意的心情来度过呢？时间是宝贵的，谁也不忍心浪费，所以学会坦然从容地面对一切，生活会有更多意想不到的收获。

有时候从容就是在不经意间的挥洒。当一个人在逆境中奋起时，这是一种从容；

当一个人失意而微笑面对时，这也是一种从容；当一个人在灾难面前凛然自若时，这仍是一种从容；当一个人面对荣辱而仍是一副坦然的神情时，这还是一种从容；当一个人面对世间的功名利禄而仍然保持淡定，拥有不迫的心境时，这更是一种从容……

从容是一种大家的风范，也是一种海阔的气度，更是一种自然而然的成熟。从容的女人，无论面对怎样的生活境况，无论生活带来的是欢乐还是忧愁，她们都会有一份从容的心态，有一份淡泊的心境。她们成功时，不沾沾自喜，反而会更加欣赏自己的努力；她们失败时，也不垂头丧气，反而会从中获得经验和教训，继续努力；她们给予时，不会因自己的一点点付出而斤斤计较，反而会放宽心，收获快乐和幸福；她们宽容时，也不会因自己的“小心”后悔而错失了美丽，反而会为自己的博大而自豪……

女人的另一个财富就是形于外的温婉优雅，生活中只有有了一定阅历的女人才能称得上是真正温婉优雅的女人。她们经历了生活中的大彻大悟后，变得自信，变得积极乐观、满足安详、从容镇定，变得谦逊善良……

总之，她们给人的感觉就是由心灵深处自然萌生的一种亲切和温暖，让人愉悦却不留痕迹。她们是一首耐读的诗，在寻常的平平仄仄中创出崭新的意境；是一首经典的歌，在舒缓悠扬的旋律中演奏出动人的乐章；是一幅深秋的画，让人有种“可远观而不可亵玩焉”的感觉；更是一种完美的生活态度，内敛而不张扬，端庄而不做作，让人心生敬意。岁月的沉淀赋予了她们充实的内涵和丰富的文化底蕴，所以她们的着装永远都是不张扬而富有格调，她们的爱又总是那样无私和博大——她们懂得怎样爱老人、爱孩子、爱朋友、爱同事、爱自己，更知道如何去爱一个男人。

她们明白，男人最需要爱的滋润，她们爱男人的方式有多种：有时是理解，有时是关怀；有时是温柔，有时是刁蛮；有时是平淡，有时是波澜；有时是火的热烈，有时是水的柔情。男人会从她们的心里看见明媚的阳光，看见清澈的小溪，看见明天的希望，所有的男人都不会拒绝这样一种女性的魅力吧。

受得了孤独，耐得住寂寞

年龄稍大一些的女人都会有一些孤独感，孤独是一种毒品，一旦沉溺其中就会产生严重后果，它会让你丧失进取心，无法与人顺利交往，因此你一定要超越孤独，驾驭孤独。孤独与寂寞不同，寂寞会在一群人的喧闹中消失得无影无踪，但孤独却赶不走，因为它呆在你的心灵深处。

尤其是事业成功的女人，她们更感到孤独。事业的成功改变了她们的地位，也拉开了她们与丈夫、亲友的距离，她们常常会有“高处不胜寒”的孤独。事业不成功的女人也孤独，她们即使拥有幸福的家庭，也常常会觉得自己是有缺憾的，看着顶着“女强人”光环的女人们，心里的孤独感也就更加强烈。还有一些孤独的女人则远离人群，将自己内心紧闭，过着一种自怜自艾的生活，其中的一部分甚至会因此变得性格扭曲、精神异常。

有一个女人，两年前丈夫去世了，她悲痛欲绝，自那以后，便陷入了一种孤独与痛苦之中。“我该做些什么呢?”在丈夫离开她近一个月后的一天，她向医生求助：“我将住到何处？我还有幸福的日子吗?”

医生说：“你的焦虑是因为自己身处不幸的遭遇之中所致。40岁便失去了自己生活的伴侣，自然令人悲痛异常。但时间一久，这些伤痛和忧虑便会慢慢减缓、消失，你也会开始新的生活——走出痛苦的阴影，建立起自己新的幸福。”

“不!”她绝望地说道，“我不相信自己还会有什么幸福的日子，我已不再年轻，身边还有一个11岁的孩子。我还有什么地方可去呢?”她显然是得了严重的自怜症，而且不知道如何治疗这种疾病，好几年过去了，她的心情一直都没有好转。

其实，她并不需要特别引起别人的同情或怜悯。她需要的是重新建立自己的新生活，结交新的朋友，培养新的兴趣，若沉溺在旧的回忆里只能使她不断地沉沦下去。

许多女性总是让创伤久久地留在自己的心头，这样她们的心里怎么也难以明亮起来。

实际上，只要自己能放下过去的包袱，同样可以找到新的爱和友谊。爱情、友谊或快乐的时光，都不是一纸契约所能规定的。请勇敢地面对现实吧，无论发生了什么情况，你都有权利快乐地活下去。

让我们再来看这样一个故事。

一艘游轮正在地中海蓝色的水面上航行，上面有许多正在度假的已婚夫妇，也有不少单身的未婚男女穿梭其间，个个兴高采烈，随着乐队的拍子起舞。其中，有位明朗、和悦的单身女性，年龄稍大一些，也随着音乐陶然自乐。这位单身女性，也和前面的那位朋友一样，曾遭丧夫之痛，但她能把自己的哀伤抛开，毅然开始自己的新生活。

曾经有一段时间，她很难和别人打成一片或把自己的想法和感觉说出来。因为长

久以来，丈夫一直是她生活的重心，是她的伴侣和力量。她知道自己长得并不出色，又没有万贯家财，因此在那段近乎绝望的日子里，她一再自问：如何才能使别人接纳她、需要她。

她后来找到了自己的答案——要使自己成为被人接纳的对象，她得把自己奉献给别人，而不是等着别人来给她什么。想清了这一点，她擦干眼泪，换上笑容，开始忙着工作，并抽时间拜访亲朋好友，尽量制造欢乐的气氛，却绝不久留。没多久，她开始成为大家欢迎的对象，时常有朋友邀请她吃晚餐或参加聚会，处处都给人留下美好的印象。

后来，她参加了这艘游轮的“地中海之旅”。在整个旅程当中，她一直是大家最喜欢接近的对象。她对每一个人都十分友善，但绝不紧缠着人不放。在旅程结束的前一个晚上，她的身旁是全船最热闹的地方。她那自然而不造作的风格，给每个人都留下深刻印象，并愿意与之为友。

从那时起，她知道自己必须勇敢地走进生命之流，并把自己贡献给需要她的人。她所到之处都留下友善的气氛，人人都乐意与她接近。

从上面的故事可以得知，一个孤独的女性，若想克服孤寂，就必须远离自怜的阴影，勇敢地走入充满光亮的人群。我们要去认识人，去结交新的朋友。无论到什么地方，都要兴高采烈，尽量把自己的欢乐与别人分享。

女人如果不想深陷孤独，那么就要学着主动敞开心扉，多与人交流、沟通，多找一些事情来做，让自己有所寄托，这样做会使孤独离你而去，心灵也就更加丰盈、更加悠然。

独处是一种享受

哲学家尼采说：孤独是美的，因为它是纯净的生活。雕塑家罗丹的说法有一点点不同，他说：艺术是孤独的产物，因为孤独比快乐更丰富人的情感。而我，更喜欢鲁迅说的那句话：当我沉默着的时候，我觉得很充实；我开口说话，就感到了空虚。

三位大师的睿智，源自他们对生命的理解，也映照了他们孤独、曲折的人生，可谓精辟之言。而我暗自思忖的是：孤独，这种人类最常有、最本质的情感，是否真的有益于完善人的内心？是否真正为智者所拥有？

我只知道孤独的深处往往呈现着世事的美好：高山的峰巅是孤独的；大海的深处是孤独的；高远的蓝天是孤独的；草原上唱歌的牧羊人是孤独的；排着“人”形的雁阵迁徙时的翔姿是孤独的……但，那恰恰牵引着我们美好的向往。

生活在喧闹的都市中，找一个独处的日子，享有放松的、怡然自得的心情。偶然间在这种似乎超然于世的日子里，一个人，无拘无束地放飞自己，做自己喜欢的事，没有任何的约束，多么令人渴望！

独处，是我们内心深处的一处心灵空间。在适当的时候、适当的地点、适当的心境之下，独处是我们人生中一道最亮丽的风景。淡定的女人总能找到和享受到这样的亮丽风景。

独处是对心灵进行净化，屏蔽掉所有外界的干扰，将自己一个人置于隔离的空间里，在思绪中天马行空，释放久久难以释怀的心情。

对于我们每一个人而言，平时处在一大群人当中，自己只是其中的一分子，往往容易被忽略，就像机械生产流水线中的一颗螺钉掉了，流水线依旧运行，因此自己内心当中的自我感很容易消失；如果生活在相对较小的群体中，大家就能够常常注意到自己，我们内心当中的自我感就会显著地增强；而当我们完全独处的时候，这便成了一个人的世界，我们可以直接面对天地，仿佛自己就是大地的主人。

淡定的女人会在自我感渐渐消失的时候，及时给自己找些时间独处，使自己内心的心理空间得到平衡。

淡定的女人认为学会独处，是享受人生、创造乐趣的生存哲学。的确，独处对每一个人来说都是一个美妙的世界，但不要长时间生活在独处中，否则心理也会失衡。那时伴随的将是孤独、失落、压抑，因为缺乏交流的对象，我们的内心就会出现一种真空状态，产生孤独和失落感。独处，享受孤独，但也要珍惜友谊，珍惜交流。不要刻意地逃避与人交流，那样就会被动地承受孤独和失落，把独处变为痛苦。

淡定的女人会用自己所钟爱的音乐配合自己所做的事情，静静地坐起，随意梳理丝丝长发，提醒自己不再年轻、俏丽；宽慰自己变得端庄大方、温文清雅；感慨岁月的风雨洗礼，清醒地触摸远去的年轻，丢掉天真，迎来娴熟！

淡定的女人在独处中品尝自己：尽管自己总是与安逸舒适擦肩而过，难免感到少许的失落，却始终坚信自己走过的每一步！因为她们在不知不觉中“储蓄”了各种各样的人生，她们演绎着自己丰富的人生。淡定的女人在独处中辨清是非、理解世故、品读人生！

淡定的女人在独处中欣赏自己。女人最怕容颜的衰老，因为女人都是爱美的，总在幻想自己靓丽的容颜能够永驻。淡定的女人却告诉自己，时间从每个人的身边悄悄走过，这是亘古不变的真理。淡定的女人保持着心境豁达，在岁月的舞步里，领悟并

欣赏自己，虽感叹青春的远去，但也庆幸岁月恩赐的成熟与娴雅！面对“韶华不为吾留”，一笑置之。

随想漫步水边，伫立在无声中，沉浸在遐想中，此时的自己才是最真实的。让天边的云卷云舒，带动自己飘飞的思绪。此时，淡定的女人说：“我拥有了整个世界。”

淡定的女人在香茗氤氲的缭绕中捕捉书中的文字，体会关于生活情感的文字。独处时用一支空灵的竹箫，演奏着轻柔的曲调，于是她们与书中的人物一起静静地流泪，释放着久蓄于心的秘密。

淡定的女人在独处中弹奏温柔的小夜曲，静静地沉浸在这种氛围里，默默地用音乐诠释浪漫。

淡定的女人在独处中背上简单的行囊，奔向向往已久的地方，准备用一个人的旅程自在逍遥，寻回久违的天真与顽皮。此时，淡定的女人说：“独处的时光，就是美好的时刻！”

淡定的女人在独处中找到这份难得的静谧，在心灵小憩的时候，对自己诠释，对自己解剖，鼓励自己，做回自己……此时，淡定的女人说：“这里有美丽的真实！这里有真实的美丽！”

对淡定的女人而言，独处是一种情调，是一种享受。

在简单生活中找到快乐

一直以来，人们不断地把各种有形、无形的东西加在自己身上，好让自己富有、充裕，让自己壮大、盈满，人们相信只有这样才能拥有幸福。然而，事实是人们拥有的越多就会越烦恼，而简单的生活才能使人真正快乐。

在报上读到一篇报道：

信用卡滋生欠款一族，美国青年开始花“退休”后的钱——约翰·唐纳德是休斯顿大学的一年级学生，他第一次在信用卡上签了名，得到了一件T恤衫。20年后，他发现自己已经在24张信用卡上签了字，总计消费高达16万美元。

40岁的米娜·霍尔度完蜜月回来，发现自己已经被老板炒了鱿鱼。她和丈夫不得不开始盘算如何偿付旅行以及购置新房家具的46万美元的现金。

与以往其他年代的人不同，现在18岁至40岁的美国人都是伴随着债务文化成长的。这种文化是由方便易行的信用卡产品、持续繁荣的经济以及奢华的生活方式组成的。有关人士指出，现在许多美国人往往是靠欠单生活，利用信用卡和贷款，来支付餐馆费用，来购买高科技玩具以及新款汽车。有很多学生在他们大学毕业之前，就已经债台高筑。因债务缠身，不少人发现自己现在已经很难买得起房了。就像有人说的："我们得竭尽全力来偿还我们的欠款。"

那么，到底出了什么问题？是信用卡不好，是"超前消费"不对，还是经济繁荣、高科技发展有罪？你看，什么手机、寻呼器、声音邮件、配有第二部电话线的计算机或者DSL的接头、因特网服务产品和掌上电脑等，不都是高科技的产物？而这些东西又是年轻人最喜欢的，尽管它们价格昂贵。

还是一位美国女人自己说出了问题所在："电影、电视节目以及广告都在鼓吹这样一种观念——现代人有权享受丰富的生活方式。在那疯狂的紧跟时髦生活的浪潮中，我们便不知不觉地陷入了金融麻烦中。"

睿智的中国古人早就指出："世味浓，不求忙而忙自至。"所谓"世味"，就是尘世生活中为许多人所追求的舒适的物质享受、为人欣羡的社会地位、显赫的名声等。现代人追求的"时髦""新潮""时尚""流行"像被鞭子抽打的陀螺一样忙碌——或拼命打工，或投机钻营，应酬、奔波、操心……很难再有轻松地躺在家中床上读书的时间，也很难再有与三五个朋友坐在一起"侃大山"的闲暇，忙得会忽略了自己孩子的生日，忙得没有时间陪父母叙叙家常……

可怜的美国人，在电影、电视节目以及广告的强大鼓动下，"世味"一"浓"再"浓"，疯狂地紧跟时髦生活，结果"不知不觉地陷入了金融麻烦中"。尽管他们也在努力工作，收入往往也很可观，但收入永远也赶不上层出不穷的吸引他们的消费产品的支出。如果他们不克制自己的消费，不适当减弱浓烈的"世味"，他们就不会有真正的快乐生活。

菲律宾《商报》登过一篇署名陈美玲的文章。作者感慨她的一位病逝的中年朋友一生为物所役，终日忙于工作、应酬，竟连孩子念几年级都不知道，留下了最大的遗憾。作者写道，这位朋友为了累积更多的财富，享受更高品质的生活，终于将健康与亲情都赔了进去。那栋尚在交付贷款的上千万元的豪宅，曾经是他最得意的成就之一。然而豪宅的气派尚未感受到，他却已离开了人世。作者问："这样汲汲营营追求身外物的人生，到底快乐何在？"

文章中的这位朋友显然也是属于"世味浓"的一族，如果他能把"世味"看淡一

些，像陈美玲那样“住在恰到好处的房子里，没有一身沉重的经济负担，周休不值班的时候，还可以一家大小外出旅游，赏花品草……”岂不是惬意吗？

陈美玲写道：“‘生活简单，没有负担’，这是一句电视广告词，但用在人的一生当中却再贴切不过了。与其困在财富、地位与成就的迷惘里，还不如过着简单的生活，舒展身心，享受用金钱也买不到的满足来得到快乐。”

“只有简单着，才能快乐着。”不奢求华屋美厦，不垂涎山珍海味，不追名逐利，不扮贵人相，过一种简朴素净的生活，才能感受到生活的快乐。外在的财富也许不如人，但内心充实富有，这才是自然的生活。有劳有逸，有工作着的乐趣，也有与家人共享天伦的闲暇，还用去忙里偷闲吗？“世味淡，不偷闲而闲自来。”

“简朴生活”并不是要你放弃所有的一切。如何去做，必须从你的实际出发。简单生活不是自甘贫贱。你可以开一部昂贵的车子，但仍然可以使生活简化。

空闲时，不妨回想一下自己的生活处境，一味追求繁复的生活，已经让我们吃了多少苦头！因此我们要懂得放弃和放手的艺术，要树立简单生活的观念，这样一来，生命就会向我们展现出一个截然不同的景致和局面。

抛弃贪欲，开心生活

从前有个大富翁，家有良田万顷，身边妻妾成群，可日子过得并不开心。而他家高墙的外面住着一户修鞋的，夫妻俩整天有说有笑，日子过得很开心。

一天，富翁的小老婆听见隔壁夫妻俩在唱歌，便对富翁说：“我们虽然有万贯家产，还不如穷鞋匠开心！”

富翁想了想笑着说：“我能叫他们明天唱不出声来！”于是他拿了两根金条，从墙头上扔了过去。

修鞋的夫妻俩第二天打扫院子时发现不明不白而来的两根金条，心里又高兴又紧张，为了这两根金条，他们连修鞋的活也丢下不干了。

男的说：“咱们用金条置些好田地。”

女的说：“不行！金条让人发现，别人会怀疑我们是偷来的。”

男的说：“你先把金条藏在炕洞里。”

女的摇头说："藏在炕洞里会叫贼娃子偷去。"

他俩商量来讨论去，谁也想不出好办法。从此，夫妻俩饭吃不香，觉也睡不安稳，再也没有了往日的笑声和歌声。

富翁对他小老婆说："你看，他们不再说笑，不再唱歌了吧！办法就这么简单。"

鞋匠夫妻俩之所以失去了往日的开心，是因为得了不明不白的两根金条。对这不义之财，他们不知如何处置，既怕被人发现怀疑，又怕被人偷去，所以终日寝食难安。

就像这对穷夫妻一样，一些女人在拥有了渴望得到的东西后，却失去了快乐的感觉。原来，当我们被身外物羁绊住时，就会迷失自己，无法弄清什么才是自己真正需要的。

很多人会说我们的社会是一个金钱推动的社会，是人们追求金钱的欲望以及拥有金钱后的虚荣使它永远向前。这是怎样的一种谬论啊！我们应该平静地面对生活给予的一切，不要让欲望这个没有止境的黑洞来吞噬我们的心灵。奢恋身外物的人，很难得到温暖，孤单和寒冷会一直抓住他们，让他们彻底迷失自己。

在我们今天的这个社会里，要冷静而坦然地面对身边的名利的确很难，一般人都无法在心理上达到平衡。其实，与充满金钱的生活相比，平淡清贫不存在真正意义上的缺失和悬殊。金钱，生不带来，死不带去，而享有一次真正没有缺憾的生命，才是我们所追寻的人生价值之所在。

在俄国诗人涅克拉索夫的长诗《在俄罗斯，谁能幸福和快乐》中，诗人找遍俄罗斯，最终找到的快乐人物竟是枕锄瞌睡的普通农夫。是的，这位农夫有强壮的身体，能吃、能喝、能睡，从他打瞌睡的倦态以及打呼噜的声音中，流露出由衷的开心和自在。这位农夫为什么能开心？因为他不为金钱介怀，把生活的标准定得很低。

法国作家罗曼·罗兰说得好："一个人快乐与否，绝不依据获得了或是丧失了什么，而只在于自身感觉怎样。"

有的女人大富大贵，别人看她很幸福，可她自己身在福中不知福，心里老觉得不痛快；有的女人无钱无势，别人看她离幸福很远，她自己却时时与快乐结缘。

有对下岗的中年夫妇在菜市上摆了个小摊，靠微薄的收入维持全家四口人的生活。这夫妻俩过去爱跳舞，现在没钱进舞厅，就打开收录机在自家屋子里跳起来。男的喜欢喂鸟，女的喜欢养花。下岗后，鸟笼里依旧传出悦耳动听的鸟鸣声；阳台上的花儿依旧鲜艳夺目。他俩下了岗，收入减少了许多，却仍然生活得很快乐，邻居们都用惊异羡慕的目光看着他俩。

是的，也许我们无法改变自己的境况，但我们可以改变自己的心态。没了钱不要紧，但不能没有快乐，如果连快乐都失去了，那活着还有什么意义。快乐是人的天性

的追求，开心是生命中最顽强、最执着的律动。

抛弃对身外物的贪欲，在物质世界和精神世界中，只要开开心心，生活的趣味就会更浓厚，恐惧和压抑感就会自然地从内心深处消失。坦坦荡荡地做人，开开心心地生活，美好的日子就会永远留在你身边。

放下攀比，过宁静人生

一些中年女人坦言，不喜欢参加同学会，因为女人聚在一起就要攀比：比事业、比地位、比房子、比车子、比银子……于是，我们越比越急，越比越累，老实说这种烦恼都是自找的，放下攀比之心，你的生活一定会轻松很多。

尽管我们都知道“人比人，气死人”的道理，可在生活中，我们还是要将自己与周围环境中的各色人物进行比较，比得过便心满意足，比不过便在那儿生闷气发脾气，这其实都是我们的攀比之心在作怪，说白了就是虚荣心在作怪。

有这种心理的人，会将别人的任何东西都拿来与自己的进行比较：家里住多大的房子、有什么样的车子、老公的样子、花钱的派头、地板砖的质料、孩子的学习，当然更多的就是比谁家住得、吃得、用得、玩得更阔气！

人之所以乐于攀比，实际上是一个面子问题。人生在世，但凡是个正常的人，多多少少都有些虚荣，虚荣本来无可厚非，但虚荣过火之时便是让人讨厌之时。这攀比就是因过度虚荣而表现出来的一种让人讨厌的性格特征。攀比有以下害处：

一、让人情绪无常

攀比，胜了别人，立刻情绪高涨，自大狂妄，以为自己是天下最了不起的；可是比得过甲，不见得比得过乙，不如乙的时候立刻情绪低落，感觉脸上无光，一点面子没有，恨不得找个缝隙自己钻进去。像元融，见别人的财富珍宝多过自己，立刻满脸忧虑，甚至都愁出病来。

二、易伤害交际感情

人在社会中，必须与他人交往，如果你在群体中不是去攀比甲，就是攀比乙，在攀比之中就会伤害和你交往的对象。比得过，你便轻视别人，看不起别人，从而不尊重别人，别人只能对你不置可否；比不过的，你会满含妒意，或造谣，或诬陷，对人用尽一切诋毁之手段，同样会伤害别人的感情，破坏良好的交际关系。大家最后都懒得与你来往。

三、会使一个人容易走上犯罪道路

攀比无非是想尽一切办法去扩大自己的财富，提高自己的名声。当你所使用的手段不是那么正大光明时，比如你通过贪污挪用、行贿受贿来扩大自己的财富，好去虚荣地攀比，那么总有一天你会锒铛入狱的。

有很多人并不认为自己是攀比，而认为自己花钱多、购物多、上档次、穿名牌、拿手机、玩掌上电脑是讲究生活品质，自诩自己的那些一掷千金、一掷万金的举动是“为了追求生活品质!”

实际上，那些真正讲究生活品质的人并不是体现在表面上，也不是纯粹表现在物质这个浅层次上，“讲究生活品质”只不过是为自己肤浅的攀比行为打掩护。你只要在镜中照一下自己眼角的那处不屑或者自满，你就会明白“生活质量”不过是攀比、炫耀的代名词!

事实上，这只不过是失去了求好的精神，而将心灵、目光专注于物质欲望的满足上。在一个失去求好精神的社会中，人们误以为摆阔、奢侈、浪费就是生活品质，逐渐忽略了生活品质的实质，进而使人们失去对生活品质的判断力，攀比着追逐名牌，追逐金钱，追逐各种欲望的满足。难怪人们在物质欲望满足之际，却无聊地在那儿打哈欠抑或无聊地在夜里互相攀比着烧钱玩!

但很多女人还是在羡慕那些住大房子、开名牌车、穿着入时的女人，以为那才是生活，那才是生活的本质，于是不择手段地去追求，甚至到心力交瘁的地步。

生活是自己的，只要自己过得开心、舒适就好，何必让有害无益的攀比来损害自己的幸福呢?

少一点欲望，多一点幸福

人们都说，人最难战胜的是自己。其实，人最难战胜的是自己的欲望。面对欲望和诱惑，并不是所有的人都能够靠坚定的意志和信念将其战胜，所以不要和它们较真，离它们越远越好。欲望是不能打开的，打开了它也许就收不回去了。

每个女人都有自己的欲望、都想过美满幸福的生活，都想衣食无忧，这是人之常情。但是，如果把这种欲望变成痛苦的欲求，无法满足的贪婪，那她就在无形中成了欲望的奴隶。在欲望的驱使下，女人不得不为了权力、地位、虚荣的面子而绞尽脑汁，想方设法去做一些常人难以想象的事情。女人之所以活得累，有时与自己的不满足有关，因为在她看来，很多人比自己的生活更富足，很多人的权力比自己大，很多人用的化妆品比自己的好。所以她别无出路，只能硬着头皮往前冲，在无奈中透支着体力、精力与生命。其实这一切都是女人浮躁的表现。因为不自信，她们不知道什么才是自己真正想要的，所以见人家有而自己没有就会千方百计去获得，最后把自己搞得筋疲力尽，甚至有可能得不偿失。

聪明而又淡定的女人会静下心来想，有什么目标我们一定要实现，又有什么目标值得我们用宝贵的生命去换取？斩除过多的欲望，才能让真实的欲求浮现。这样，你才会发现真实的、平淡的生活才是最快乐的。拥有这种超然的心境，你做起事来，就会不慌不忙、井然有序。面对外界的各种变化不惊不惧、不愠不怒、不暴不躁；面对物质的引诱，心不动，手不痒。没有小肚鸡肠带来的烦恼，没有功名利禄的拖累，活得轻松，过得自在。白天知足常乐，夜里睡觉安宁，走路感觉踏实，蓦然回首时也没有遗憾。

“你的身躯很庞大，但你的生命需要的仅仅是一颗心。”这是美国好莱坞影星利奥·罗斯顿的临终遗言。他死于肥胖症，尽管抢救他的医生使用了当时最先进的药物和医疗器械，但依然没有留住他的生命。

我们可以这样理解罗斯顿的遗言，肥胖和物欲没有什么两样，都是背负着超过自己生命所需要的东西。身体里过多的脂肪会置人于死地，同样，生命中过剩的物欲与虚荣也会将人拖入深渊。

不自信的女人，被欲望牵引，欲望无边，贪婪无边。不自信的女人，是欲望的奴隶，她们在欲望的驱使下忙忙碌碌，不知所终。

古语说：“人为财死，鸟为食亡。”人不能没有欲望，不然就会失去前进的动力，但人却不能贪婪，因为贪欲是个无底洞，你永远也填不满。

一个贫穷的女人会缺很多东西，而一个贪婪的女人却是什么都会缺！因为欲望太多，欲望的沟壑永远填不满，人心永不知足，没有家产想家产，有了家产想当官，当了小官想大官，当了大官想成仙……精神上永无宁静，永无快乐。

伟大的作家托尔斯泰曾讲过这样一个故事：有一个人想得到一块土地，地主就对他说：“清早，你从这里往外跑，跑一段就插个旗杆，只要你在太阳落山前赶回来，插上旗杆的地都归你。”那人就不要命地跑，太阳偏西了还不知足。太阳落山前，他是跑回来了，但人已精疲力竭，摔了个跟头就再没起来。于是有人挖了个坑，就地埋了他。牧师在给这个人做祈祷的时候说：“一个人要多少土地呢？”然后用手指了指埋他用的坑说道：“就这么大。”

人生的许多沮丧都来源于你得不到想要的东西。伊索说得好：“许多人想得到更多的东西，却把现在所拥有的也失去了。”这可以说是对得不偿失最好的诠释了。

俗话说：“人比人，气死人。”女人往往容易看到别人比自己好的地方，并因此心境难平。我们应该先学会看重自己已拥有的生活，再心平气和地改进自己的处境。别人自有别人的优越，而我自有我的幸福，这才是淡定女人应有的心态。

该糊涂时不妨装糊涂

糊涂其实是一种智慧，是一种生活方式。人在某些场合应放弃自己的“明白”，顺其自然，装装糊涂。

有的女人外表似乎很保守、很迟钝，而内心却世事通达；有的女人外表俊美清秀，而内心却空虚得很。人生是个万花筒，个人在那变幻之中要用足够的聪明智慧来权衡利弊，以防迷失方向。但是，人有时候不如以静观动，大智若愚。这种处世艺术其实比聪明还要胜出一筹。聪明是天赋的智慧，糊涂是聪明的表现，人贵在能集聪与愚于一身，需聪明时便聪明，该糊涂时则糊涂，这样才能适应人世间的各种变化。

日常生活与工作中，是非非常多，尤其是女人，对待别人的隐私，最好装糊涂，切忌人云亦云，以讹传讹，以免招惹是非。也许你不是有意的，但偶尔谈论别人的隐私，也会在无意中种下祸患的根，其后果有时无法预料。

冯丽是倩倩以前的同事，在倩倩进公司不久，她便离开了公司。之后换了好几份工作，然后在家待了一段时间。最近她又要找工作，让倩倩给她留意一下哪些地方需要人，好为她推荐一下。

倩倩跟她的交情也不是很深，但是考虑到以前的同事关系，也会偶尔在网上聊上几句。有一天她们在街头偶遇，一起坐下来聊了一会儿天。

冯丽开始无休止地抱怨自己的运气不好，每次待的地方环境都不好。不是经理不懂得管理，就是同事们钩心斗角，她不喜欢那些同事，同事们也不喜欢她。

接着，冯丽开始大肆爆料她以前单位的各种故事，比如老板与秘书的关系暧昧、两个部门的主管因为不同见解在办公室打了起来等“花边新闻”，那种熟练的语气和描述能力，令人感叹。

于是倩倩明白了冯丽每每找工作都失败的原因！倩倩下定决心，即使有空缺的位置，也不会推荐她去。

每个人都有自己的隐私。当你的隐私受到别人侵犯的时候，你的第一反应便是反感那个泄露隐私的人，别人也一样。因此，你应尊重别人的隐私。

隐私，总会带有一些不可告人的隐情，不愿意公布于众，即使某一天，一个同事向你敞开心扉，诉说关于自己的秘密，那是因为他信任你，相信你不会出卖他。倘若有一天，他从别人嘴中听到了关于自己的一切，他会后悔自己太相信你，甚至开始憎恨你。从此，你的周围便多了一个敌人。一个聪明人应该知道职场上的一条规则：自己的隐私不要轻易说出，别人的隐私不要好奇打听。

一个聪明的女人，之所以有很好的人缘，是因为她懂得装糊涂，而且懂得守口如瓶。这样的人别人才喜欢跟她聊天，也不会担心聊过天后会泄露什么天机，这样的倾听者才会让人舒服。

珍珍是一个聪明、热情、人缘极好的女孩，一次偶然的机会，她发现已婚的老板居然跟坐在自己前排的女同事有地下情。一天珍珍约了朋友到餐厅吃晚餐，坐下不久，珍珍的目光开始注视刚进门的一对男女，然后刻意地开始躲避他们。她的朋友提醒珍珍说：“那不是你的老板吗？要不要过去跟他打个招呼？”

“嘘！别说话！”珍珍小声对朋友说，“我们还是换个地方吃饭吧！”很显然，她不想让老板知道她看到了这一幕。

读到这里相信大家都明白了珍珍为什么会讨人喜欢，因为她知道哪些事情她应该感兴趣，哪些事情她应该装糊涂，不去了解。女人要学会照顾他人的自尊和隐私，收敛自己的好奇和尖锐，在不关大是大非的问题上，该糊涂时不妨装糊涂。

妥协是一种生活的艺术

恋爱的时候，你坚信自己所找到的这个男人就是值得托付一生的人。而结婚了，却发现爱情在婚姻中变了味道，于是开始怀疑、猜忌、争吵，曾经甜蜜的爱情变得支离破碎。于是有人说婚姻是爱情的坟墓。事实上，淡定的女人明白，婚姻和爱情其实是两种不同的状态，赢得爱情需要坚持，但维护婚姻中的爱情则需要妥协，特别是在一些无关紧要的小事上更需要妥协。

树叶一样稠密的日子一天天重复着，柴米油盐的琐碎时间长了就搅得人心烦。白雪和丈夫志华是大学同学，白雪开朗、泼辣、热情四溢，而她的丈夫志华则内向、木讷、寡言少语。结婚两年多了，他们之间小小的不愉快偶尔也有，但这一次他们吵得很凶，其实也不是什么大不了的事，就是为了谁去洗碗而发生了争执，以前的时候都是志华默不作声地去把碗刷了，就算向她妥协了，但是这天不知道为什么他却坐在沙发上一言不发，也丝毫没有去刷碗的意思。白雪以为他是以沉默表示对她的蔑视，她感到很恼火和伤心。

终于，白雪伤心地流下了眼泪，但她的丈夫没有来劝她，而是坐在沙发里狠命地抽烟。丈夫想：以前吵架，不管有理无理，哪一回不是自己低头认错呢？于是，他也决定硬上一回，绝不先屈服，任由白雪跑进卧室砰的一声把门关上……他还是没有追上来。

于是，白雪开始收拾衣物，并扬言要离开家。虽然这么说，她的动作却是迟缓的，她希望他能主动求和。但他依然坐在沙发上，什么也没说，什么也没做。她慢慢地拉开门，房门开了一半的时候，她再一次停下。如果这时他说一点什么，哪怕只是喊一声她的名字，她就会留下来。然而他没有，他甚至没有看她一眼。她失望了，真的离开了这个家。她去了娘家，一住就是一个星期，她每天都盼望志华来接自己回家，可是他没来，而且连电话也没打，这让她更为恼火和伤心，甚至有了和他离婚的冲动。这期间，丈夫的一位同事告诉她，他这段时间脸色很不好，是不是身体不舒服，应该早点去医院看看。

晚上的时候，白雪拿起电话想给丈夫打个电话，可是她犹豫了一会儿又放下了。

第二天傍晚的时候下雨了，有人通知她，他出车祸了，出事地点就在去她娘家的十字路口，他撞在了一辆大卡车上……

这样的故事常常以不同的形式发生在我们身边，当人们终于明白爱需要宽容来承载时，爱人已逝去。

女人从爱情的辉煌圣殿踏入婚姻的真实土地，而她的心还留在爱情的圣殿里，以为自己的丈夫还是那个对自己百依百顺的王子，无论自己如何耍脾气，都会第一时间向自己妥协。她忘记了，丈夫也有不高兴的时候，也有不舒服的时候，为什么自己不能妥协一次呢？家不是讲道理的地方，既然不是讲理的地方，谁先妥协有什么关系呢？

婚姻中，夫妻常常为一件鸡毛蒜皮的小事而发生争执，又会因为谁也不先妥协而激发更大的战争，结果使得婚姻走向终结。有一对夫妻，历经磨难才走到一起，却因为刷牙的方式不同而离婚了，想想真是让人感慨万千。事实上，除了刷牙，还有睡觉

前谁关灯、早上谁接那个吵醒美梦的电话、谁在孩子的作业本上签名等，任何一件小事都可以让我们拿出当初追求爱情的劲头来折磨爱情，直到最后两人疲惫不堪地在离婚协议上签字。

在有些人看来，从牙膏的尾部挤牙膏就是原则。有一个女人就是因为自己一直坚持挤牙膏要从尾部开始，而她的丈夫常常做不到这一点，为此就常常与丈夫争吵不休，后来越吵越烈，最后协议离婚了。

如果我们在结婚之前就知道，挤牙膏方式的不同可能会让我们的爱情之火熄灭，那么我们就一定会用一两分钟的时间在这个问题上达成共识，然后再走向结婚的礼堂。而这也的确是一件再小不过的事，你为什么就不能妥协？或者你干脆每天早上给他挤好牙膏不就行了？

如果你是一个淡定的女人，就应该懂得爱情是一门妥协的艺术，懂得在爱情发生裂痕前向他妥协，不要以为道歉应该是男人的专利，爱情原本就没有谁对谁错，谁先道歉，谁先妥协，实际上都是一样的，都是为了这个温暖而又幸福的家。

宽容如一杯“纳百川”的圣水

法国著名作家雨果说过：“陆地上最广阔的是海洋，比海洋还广阔的是天空，比天空更广阔的是人的胸怀。”这句名言，诠释了宽容的内涵。

宽容是一种修养，宽容是一种境界，宽容是一种美德，宽容是一种非凡的气度。宽容是对人、对事的包容和接纳，是一种高贵的品质，是精神的成熟，心灵的丰盈；是一种仁爱的光芒，是对别人的释怀，也是对自己的善待；是一种生存的智慧，生活的艺术，是看透了社会人生以后所获得的那份从容、自信和超然。

宽容的女人能得到别人的尊重，女人不是因为漂亮而耀眼，而是因为美丽而动人。漂亮是与生俱来的，天生的，但美丽就不同了，它是靠后天的修养所得的一种独特的气质和涵养，而宽容就是一种高素质的修养。人们常常用大海一样的胸怀来形容宽宏大度的人，而一个女人面对丈夫，就应该有大海一样的胸怀。

在长期的家庭生活中，吸引对方持续爱情的最终的力量，可能不是美貌，不是浪漫，甚至也可能不是伟大的成功，而是一个人性格的明亮。这种明亮是一个人最吸引人的个性特征，而这种性格特征的底蕴在于这个人怀有的宽容。

宽容于生活可以有原则，宽容于感情则无法用原则来衡量。家是讲情的乐园，不是讲理的法庭。只有用爱营造幸福，用情化解矛盾，面对亲人给你的误解和伤害，在彻骨的伤痛之后，仍要选择宽容他。宽容你的爱人，只要彼此的感情没有偏离原来的轨道。宽容不是怯懦，不是一味的逆来顺受，是在理解的基础上的大度、忍让，以此求得在矛盾激化前解决问题，是一种成熟的心态。

当然宽容不是无原则的妥协，宽容也不是一味的忍让。但宽容更多的是爱，在相爱中，爱人应该是我们的一部分，是爱的一部分，作为女人，拥有一颗宽容之心，是幸运的。

愿天下的女人都能拥有一颗善良、宽容的心。宽容是人之博大、人之崇高、人之快慰的优良品德。在这世界构建的新的文明中，愿更多的女人能拥有一颗宽容之心，宽厚待人，宽厚至语，宽厚做事。宽容于己不会失去什么，反而可以收获快乐，收获成功，会给人间增添更多欢乐和温情。

宽容，能体现出一个人良好的休养、高雅的风度。它是仁慈的表现，任何荣誉、财富、高贵都比不上宽容。宽容是美德，是万事万物存在的结果，宽容的背后有着心与心永久与纯洁的承诺。宽容地面对生活，面对人生，才会使自己拥有平静从容的生活，才能使自己活得更轻松、更洒脱。宽容别人，其实就是宽容我们自己，多一点对别人的宽容，我们的生命中就多了一点温暖。

宽容是冬日里的一缕阳光，温暖了你我，拉近了彼此的距离；宽容是一个开心的笑脸，使我们握手言和并肩作战；宽容是对方落难时一个有力的搀扶，帮助你走出困境。宽容的胸襟向海洋一样可容纳百川。宽容就像大地一样，厚德载物；宽容就像天空一样，宁静志远。只要人人都多一份宽容，世界将变成美好的人间。宽容的女人不会斤斤计较，她们拥有非凡的气度和宽广的胸怀。淡定的女人会因宽容而美丽。

第三章：我的幸福我做主——幸福只向心觅，何必苦苦守候

淡定的女人，从来不会奢望别人给予自己幸福和快乐。唯一的救世主就是自己。他们选择做一棵独立的树，牢牢地抓住自己的命运。女人一生最大的不幸不是走了弯路，而是没有坚持过自己。电影《如果爱》中有句台词：“记住，对你最好的人永远是你自己。”

幸福是一种感觉

歌德曾经说过，人之所以幸福，是因为他的心灵感到幸福。幸福是一种绝对的自我感觉，一种源自内心深处的平和与协调，一个人幸福与否，过得好与不好最终都得回归自我，都得听从心灵的声音。

获得幸福其实很简单！找个地方静静坐下，闭上眼睛，进入状态之后，做轻松的深呼吸，开始在心中设想一些正面的事情。松一口气，再开怀地想一想，某种良好的事情或境界就会朝你迎面而来。要明白，你已经希望你生活里有幸福。

那么，什么是幸福呢？不同的人有不同的体验。有人说过：“真正的幸福是不能描写的，它只能体会，体会越深就越难以描写，因为真正的幸福不是一些事实的汇集，而是一种状态的持续。”也就是说，幸福不是在别人眼中，幸福掌握在自己手中，幸福是一种感觉，这种感觉应该是愉快的，使人心情舒畅，甜蜜畅快的。

有一个童话故事：所罗门王战败了，他的对手问他：如果你能告诉我女人真正需要怎么样的幸福，我就不消灭你。于是，所罗门王的朋友求助于巫婆。巫婆说：“我可以告诉你答案，但是你必须娶我。”所罗门王的朋友答应了。巫婆又说：“女人最大的幸福在于决定自己的命运。”所罗门王得到答案回国主持朋友与巫婆的婚礼。晚上，那朋友突然发现巫婆变成了一位美妙少女，巫婆问：“我白天是奇丑无比的巫婆，晚上才会变成少女。你想让我白天是巫婆晚上是少女，还是白天是少女晚上是巫婆？”朋友回答：“你自己决定你自己的命运吧。”

这个故事告诉人们一个深刻的道理：女人最大的幸福在于决定自己的命运。

幸福就是一种感觉，一种内心平和与满足的感觉，是一种没有忧虑、焦虑、恐惧的人生经历。而一个家庭幸福与否，80%取决于这个家庭的女主人。一般来说，幸福的女人有以下几种情形：

一是视野开阔、见多识广的知性女人是幸福的。她对于精神的追求高于物质追求，不一定读书破万卷，但一定是有思想、有品位的极品女人。她非常注重内心的交流和感受，远离了庸俗、浅薄和轻浮的秉性，并拥有不同于常人的审美个性和处世原则，从不人云亦云，更不随波逐流。

二是独立自主、自强不息的智慧女人是幸福的。她的幸福来源于自身的成长，而不单纯依靠男人，她从来都不是男人的附属品。她有自己的工作和收入，不会因为男人的冷落而无所适从，更不会因为男人的负心抛弃而悲痛欲绝，没有男人，她也照样可以活得潇洒、活得自如、活得精彩。

三是淡泊明志、知足常乐的聪明女人是幸福的。她乐观平和，风趣可爱，聪明睿智。她从不会见利忘义，见财忘情，见钱眼开，更不会唯利是图，落井下石，贪赃枉法。她忠实于自己内心的真实感受，深知内心需要比外在的物质需求更重要，不会在灯红酒绿、纸醉金迷中轻易地迷失自己。在当今这个物欲膨胀的社会，这是一种难能可贵的高尚品质。

四是返璞归真、性格开朗的可爱女人是幸福的。她懂得延缓衰老的最好办法就是尽量使内心平和，保持率真、洒脱，待人宽厚、包容。她不会花大把的银子买化妆品，用大把的时间跑美容院，因为这些都是治标不治本的。只有身心的愉悦与放松，才可

以真正让人容颜不老，幸福常在。

总之，我们做了自己喜欢做的事情，或者得到了我们认为有价值的东西，满足了，快乐了，就应该觉得很幸福。幸福从表面看来是“好事”带来的结果，实际上是由外界引发的一种内心感受。好心态会情不自禁地散发出一种幸福感，让自己的内心充满快乐的阳光。对于多数女人来讲，幸福往往是游移不定的，那是因为他们的生活总是受到外界的影响。其实，幸福很简单，幸福就是一种感觉。

淡定的女人一生真的很短暂，有如烟花般的短暂炫目，一闪而逝。快乐也是一辈子，痛苦也是一辈子，那么我们为什么不让自己活得更快乐更幸福一点呢？幸福如同魔杖，握在我们自己的手中。只要我们能够感悟一下心灵，我们就可以找到幸福，书写出美丽的人生。

安享自己的幸福世界

科学家指出，感官上的快感并不是幸福，只是欢乐，而那种无关紧要的恬淡才是幸福。坐看风云起起伏伏，坐拥幸福长长久久。平平淡淡的日子就随它平平淡淡地过，何必成为那欲望的俘虏。流水般的日子就让它流水般地走，何不把握这眼前的幸福……

淡定的女人，不刻意记得自己的生日和所有女人的节日。如果刚好有人记得，并在自己不经意时送来了祝福多多，那么，她一定会惊喜异常；如果恰好因为生活的琐事而被他人遗忘，那么，她也不会因此而倍觉失落。

淡定的女人，从不去费心记着过去的种种恩怨，每一分钟我都能轻松走过。她知道，昨天已经永不再来，不愉快的事情早已相隔甚远，对怒视自己的人宁静致远，对嫉恨自己的人一笑而过。

淡定的女人，不为名利而争，不为钱财而搏。安安心心做好最本分的角色——贤惠的妻子、孝顺的女儿、慈爱的母亲、称职的员工、贴心的朋友、好相处的同事。悠闲时，可以在阳光沐浴中读喜欢的诗歌。夕阳下，可以和最亲的人漫步林间，那将是女人一生最大的快乐。相比为一己之利而趋之、为失败而扼腕、为他人腾达而嫉妒，淡定的女人更喜欢“宠辱不惊，闲看庭前花开花落；去留无意，漫观天外云卷云舒”般的洒脱与超然。

女人的爱好就是女人的方向，女人的兴趣就是女人的资本，女人的性情就是女人的命运。每个女人都有自己的理想乐园，有自己所乐于安享的世界。

《伊索寓言》中有一个关于乡下老鼠和城市老鼠的故事。

城市老鼠和乡下老鼠是好朋友。有一天，乡下老鼠写了一封信给城市老鼠，信上这么写着：“城市老鼠兄，有空请到我家来玩儿。在这里，可享受乡间的美景和新鲜的空气，过着悠闲的生活。不知意下如何？”

城市老鼠接到信后，高兴得不得了，立刻动身前往乡下。到那里后，乡下老鼠拿出很多大麦和小麦，放在城市老鼠面前。城市老鼠不以为然地说：“你怎么能够老是过这种清贫的生活呢？住在这里，除了不缺食物，什么也没有，多么乏味呀！还是到我那里玩吧，我会好好招待你的。”

于是乡下老鼠就跟着城市老鼠进了城。

乡下老鼠看到那么豪华、干净的房子。非常羡慕。想到自己在乡下从早到晚都在农田上奔跑，以大麦和小麦为食物，冬天还走在那寒冷的雪地上搜集粮食，夏天更是累得满身大汗，和城市老鼠比起来，自己实在太不幸了。

聊了一会儿，他们就爬到餐桌上开始享受美味的食物。突然，“砰”的一声，门开了，有人走了进来。他们吓了一跳，飞也似的躲进墙角的洞里。

乡下老鼠吓得忘了饥饿。他想了一会儿，便戴起帽子，对城市老鼠说：“乡下平静的生活还是比较适合我。这里虽然有豪华的房子和美味的食物，但每天都紧张兮兮的，倒不如回乡下吃麦子来得快活。”

说罢，乡下老鼠就离开城市回乡下去了。

一个淡定女人的处境是苦是乐全凭自己判断，这和客观环境并不一定有直接关系，正如一个不爱珠宝的女人，即使置身在极其重视虚荣的环境，也不会伤害她的自尊。

解开心结，成就幸福

幸福，源于我们心灵的感觉。或许，很多人从来不说自己幸福，其实，幸福就在我们身边。只是有的人太忙碌了，没有给自己留一点时间去感悟幸福。当我们真正地抽出时间来，感悟身边的幸福的时候，我们才会发现，原来我们是生活在幸福之中的，只是，我们的心结使得我们的幸福被忽视了，被冻结了。

那么，让我们去解开我们心结吧，去体会一下幸福的感觉，抓住身边正在溜走的幸福，让幸福真正地进入到我们的心里，充满我们的生活吧！

有一个人去看望他的一位朋友。他原本跟这位朋友有过很深的矛盾，因为他刚到一家公司做事时，在一次小小的失误中，被这位担任领导的朋友扣除了20%的工资，还成了“典型人物”，所以他非常气愤，这件事便成了他的一个心结。在以后的工作中，不管他的朋友怎样努力地想解除从前的误会，他都固执地不理睬。但渐渐地，他开始发觉，朋友会在同事生日会上小心翼翼地留一块蛋糕给加班加点的他；在端午节，会为他煞费苦心地包两个粽子；在炎炎夏日，会恰到好处地在他凌乱的办公桌上放几颗鲜嫩的荔枝；还为他熬夜修改不甚完善的文案。终于，在经过深思熟虑之后，他决定解开心结，于是在一个节假日的午后，他诚恳地跟这位上司说了三个月来的第一句话：“谢谢！”他看见对方那惊喜的表情和孩子气十足地叫了一声“万岁！”他笑了，就这样，心结解开了，从此，公司里就多了一对共同奋斗的好兄弟，他从此有了一位挚友。

心结，在细心与努力中，终究会有解开的一天！而解开的那一天，也就是心情轻松愉快的开始。

解开一个心结，人生就走进了另一种世界，时间可以改变一些东西，可以让我们忘掉一时的不快和持续的不爽，也会给我们带来解开心结的机会。

其实，生命固然需要执着，但执着过了头就是固执。一个固执的人终究会因为固执而失去太多。所以，应该为有结果的事去坚持，而不能为没有结局、没有收获的事去努力，去付出，否则，只会让自己的生命多一份遗憾，多一份失落。

解开心结，走出自己封闭的世界，你会感觉自己走进了一片自由的天空。

大千世界，难免会有被人误会的时候，这就要看你能不能解开心中的“结”。很多时候，人心中的结并非解不开，而是不愿意解开而已，到最后，吃亏的还是你自己。

《菜根谭》中讲：“路径窄处留一步，与人行；滋味浓时减三分，让人嗜。此是涉世一极乐法。”可谓深得处世的奥妙。

有这样一个女人，她总在喋喋不休地向人们诉说邻居家的污秽不堪。有一回她特地将一位朋友领到家里，指着窗外说：“您看那家绳上晾的衣服多脏！”可那位朋友却悄悄地对她说：“如果你看仔细点儿，我想你能弄明白，脏的不是人家的衣服，而是你自家的窗子。”

是啊，我们在同一片蓝天下生活，为什么不学着去宽厚待人，而是去轻易地指责呢？即使脏的真是邻居家的衣服，我们为什么不能表示理解和容忍呢？要知道，这样做我们不会吃任何亏。

努力去爱你不喜欢的人也是解开心结的一种方法。

小杨大学毕业后就进入某合资公司外贸部就职，可不幸的是，碰上了一个爱拍马屁、什么本事都没有的主管。这个人每天下班后没有什么事儿也要拼命“加班”，无事生非，把白天理好的文件弄得一团糟，转眼出了错，又把责任全部推给小杨。

这个小杨不是一个会“争”的女孩子，只好忍气吞声等日本科长长出“火眼金睛”，结果等了三个月，还是等不来一句公道话。一气之下，小杨就去了另一家外资公司。在那里，她出色的工作博得了许多同事的称赞，但无论如何也没法使苛刻、暴躁的经理满意。

小杨感到心灰意冷，于是又萌发了跳槽的念头，冲动之下向总裁递交了辞呈。总裁先生没有竭力挽留小杨，只是告诉她自己处世多年得出的一条经验：如果你讨厌一个人，那么你就要试着去爱他。总裁说，他就曾鸡蛋里挑骨头一般在一位上司身上找优点，结果，他发现了上司的两大优点，而上司也渐渐喜欢上了他。

虽然小杨还是十分讨厌她的经理，但是却悄悄地收回了辞呈。她说：“现在想开了，作为一个成熟的人应该放开心胸去包容一切、爱一切。换一种思维看人生，你会发现，乐趣比烦恼多。”

其实，只要卸下思想上的包袱，想通了，许多烦心事也便没那么烦心了。只有会解思想上的“结”，人生路上才能走得更轻松，才能得到更多的幸福和快乐。

淡定的女人在生活中难免会出现一些磕磕碰碰，这时要学会营造自我，调节自我的情绪，只有把心中的这个结解开，才能化解矛盾。

越知足，幸福越多

许多女人似乎是永无止境地追求着美好事物，名贵首饰、漂亮衣服、豪华轿车、宽敞别墅等等，但这些并不是想要就能得到的，所以，聪明的女人学会了适可而止，她们更懂得怎样追求幸福的人生，然后在这个过程中体会知足带来的无限快乐。

有的女人一辈子都在羡慕别人，羡慕别人的财富、别人的家庭、别人的丈夫、别人的孩子……不管什么时候，只要一比较，自己的生活总是平凡无奇，单调乏味。她们忽略了，自己拥有的可能也正是别人所羡慕的。

马媛媛长得非常漂亮，她一直是男人们追求的对象，但她喜欢上了平凡的教师李贤。一场狂热的恋爱后，两人走上了红地毯。丈夫对她宠爱有加，包揽了所有的家务，对她的任性和坏脾气也都很包容，因为他爱她。

两口子过着平淡幸福的生活，他们有了孩子后，家庭经济明显紧张，两人的工资除了养孩子、还房屋贷款外，仅够维持正常的生活。马媛媛再也没有多余的钱买化妆品和时装了，从前的浪漫也渐渐远去了。看到别的女同学住房越来越宽敞，衣着越来越时尚，马媛媛的虚荣心膨胀了起来，她认为以自己的年轻和美貌应该享受比其他女同学更好的生活。

马媛媛在一次偶然的机会中认识了一位做生意的南方老板。这个人彻底改变了马媛媛的生活，她开始出入高级酒店，名牌时装也是一天一换，开宝马，吃西餐，打高尔夫……邻居们见了，都夸她更年轻漂亮了，这让贫穷家庭出身的马媛媛很得意，她觉得现在的日子才是自己所希望的。

李贤知道后并没有吵闹，只是暗示她，懂得知足的人才能得到幸福。马媛媛却大喊道："这么乏味的生活有什么值得留恋的？"随后将离婚协议扔给丈夫便破门而出，搬到了那个老板给她买的别墅里。

不几天，马媛媛发高烧，给老板打电话，他却说："我正开会呢，你自己打个车吧，去最好的医院，费用我全报。"在车上，的哥问她："你病得这么厉害，都没人陪你吗？"马媛媛扭过头去，感受到前所未有的心寒。

到后来，南方老板因为生意飞往广州，尽管她望穿秋水，但此人仍旧音讯全无。此时，不明身份的生活给马媛媛带来了很大压力，更没想到的是，不到一年，银行却来收别墅了，原来那个男人生意失败，已无力偿还贷款了。流落街头的马媛媛想回头去找丈夫，可李贤早已有了一个新家。

欲望膨胀肯定会给女人带来灾难，毫无意义的虚荣也会让女人离快乐越来越远。女人如果一味地追求物质生活，永不满足，终将为自己的贪婪付出代价。

每个人都有自己的不幸，每个人也都有自己的幸福，有些女人却往往只看到别人的幸福，从而产生不平衡的心理。其实，知足才能常乐，当一个女人懂得珍惜她所拥有的生活时，肯定更容易得到幸福。

佛家有语："物随心转，境由心造。"无论我们生活得多么艰难或者落魄，只要保持积极健康的心态，一样可以很满足，随之便会体会到快乐和幸福；无论我们生活得多么富有或者荣耀，如果丧失了积极健康的心态，那么幸福和快乐也一定会从眼皮底下溜走。

幸福的生活本来就没有那么复杂，而是件非常简单的事情，做个健康、快乐、懂得知足的淡定女人吧，无欲无求，以一颗平常心去面对生活，愉快地接受并珍惜自己拥有的点滴幸福。哪里有懂得知足的女人，哪里就会盛开幸福快乐的鲜花。

善待"今天"，幸福一生

今天，是人类有史以来最值得骄傲的时代，它包藏着过去各个时代的成功、进步，今天的电、声、光等种种科学的发明与应用，已把人类从过去简陋的物质环境中拯救出来。今天的文明，已把人类从过去的不安与束缚的环境中解放出来。在今天，一个平常人所拥有的舒适、华美的生活环境与生活条件，已经超过以往世纪的帝王将相。但是，依然有很多人怀旧，感言自己生不逢时，认为过去的时代才是黄金时代。这真是天大的错误想法！

你不应生活在昨天或明天的世界中，而应生活在今天的世界中，你必须知道今世为何世，今天为何日。然而恰恰有许多人，常常将精力都耗费在追怀过去与幻想未来中。

一个聪明的女人生活于现在，应该充分利用当下的时间，不应枉费心神追忆过去，

追悔过去所犯的错误，不要瞻前顾后，这样，才会使你的事业走向成功。

假如你处在1月份，千万不要因为你的幻想在2月份而失去了可能在1月份得到的良机。不要因为对未来计划的憧憬，而虚度浪费现在的时光。不要因为目光注视着天上的星光，而看不见在你周围的美景，甚或践踏了在你脚下的玫瑰。

享有你现在所有的安乐、幸福，不要梦幻着明年不可期的汽车、豪宅。享受你今年所有的衣服，不要妄想明年的不可期的锦华狐裘。

只有自己充分享有今天的快乐，你的身上才会爆发出热情，才会卖劲工作，享受生活。

请你记住，不要过度地把精力集中于明天，不要过度沉迷于将来的梦想。如果你失去了今天，也就丧失了今天所有的欢愉和幸福，也失去了今天可能有的各种机会。

你必须努力把握好今天，只有把握好今天，才有美好的明天。

不要让自己过分沉浸于预期或幻想的未来生活中，过分的幻想会使你忽视今天，会使正在进行的今天的生活变得枯燥乏味。预期、幻想虽然可以刺激你向往未来，刺激你更努力做事，但是，过分的幻想，会让你失去今天的乐趣。

幸福，是一种积累正能量的过程，是由无数个今天堆积而成的。正如《圣经》中所说，以色列民族在出埃及的最后征途中，天上降下的天饼，只可以当日吃尽，藏了一夜，到了明天，就要变坏而不能下口。幸福事物，也只有当日才能享有。

很多女人普遍有一种心理，就是想脱离现有的不愉快，抱怨自己的职务低，嫌弃自己的社会地位，等等，不在现实中寻找快乐，而是在渺茫的未来中，憧憬快乐。其实，这是错误的见解。试问谁可以担保，一旦脱离了现有的位置，你就可以得到幸福；有谁可以担保，今天不笑的女人，明天一定会开怀大笑。

对于淡定的女人来说，只有今天才是真实的，才是可以触摸的。只有忘掉昨日种种且不去幻想明天，踏实地过好今天，善待每一个今天，我们才能够收获更多的快乐和幸福。

珍惜自己，抓住在当下的幸福

人都是在一定的社会条件下生活的。每个人的成长不仅取决于个人的主观努力，还取决于本身的生活环境。历史上有的时代人才辈出，群星灿烂，而有的时代则万马齐喑，其中一个很重要的原因，就是社会环境的不同。社会环境是人们成长必不可少的客观条件，是人们成长、发展的土壤。

虽然每个人的成长都离不开一定的时代条件，但是，任何人也不能主观地去选择时代，只能在一定的条件下，去认识时代为你提供的条件，进而加以改造和利用。正如恩格斯所指出的那样："我们只能在我们时代的条件下进行认识。"也就是说，每一个人不仅有一个认识环境的任务，还有一个改造环境的任务，要减少压力，离不开这两项任务。

是顺境有利于人的成长发展，还是逆境有利于人的成长发展？有人提出逆境出人才论，并举出屈原、司马迁、孙膑的例子，可谓艰难困苦，玉汝乃成。也有人反驳说：逆境不是窒息了众多的潜在人才的发展吗？于是，又有人提出顺境出人才论。

其实，生活的海洋并不平静，人生的道路也不会总是一帆风顺，立志成才者难免会遇到种种挫折、不幸，如政治上的打击，家庭中的不幸，身体上的病残，心灵上的创伤等。这种恶劣的环境对于每个人来说都是一种沉重打击。身处逆境而能奋发崛起，是成功者之所以成功的原因。立志成才的人，只有把握住现在，活在当下，脚踏实地一步步向前，才能最终战胜压力，并到达成功的彼岸。

有一位善于解决人生困境的老师，身边聚集了许多慕名而来的弟子。这些弟子有什么疑问都来问老师，老师总是说："要活在当下呀！"

但是，"活在当下"这一简单的答案，无法满足弟子们的要求，他们总是恳求老师给一个更深奥和更详尽的解答。

这时候，老师就会面有难色地说："好吧！既然如此，等我查一查古代的圣贤是怎么说的，明天再告诉你们，对于这么深奥的问题，他们一定有很好的答案呀！"

原来，老师有一本大书，记载了古代圣贤最重要的智能，锁在书房最高的柜子里，由于这本书是如此珍贵，他严禁任何弟子靠近。

第二天，等老师翻过那本大书，弟子就会得到一个充满智能的答案。可是，如果

有了新的问题。老师又会说："要活在当下呀！"

弟子不满意的时候，老师会再一次翻阅大书，给出一个充满智能的解答。

这样一而再、再而三，一年一年地过去了，日子久了，弟子开始对老师起了质疑："老师只懂得一句活在当下，这是任何人都知道的事呀！不像古圣先贤，真的充满了智能。"

一个弟子说："老师自己并没有什么智能，他只知道活在当下！"

另一个弟子说："老师的智能和我们没有什么差别，差别只是他有一本圣贤的书，如果拥有那本书，我们自己就可以当老师了。"

还有一个弟子说："这个老师真的太差劲了，我们是来自各地的精英，谁不知道活在当下呢？这句话也轮得到他来说吗？我们想学的是历代圣贤的言论和思想呀！"

在背后议论老师久了，许多弟子都生起了这样的想法：等到老师死了，我只要抢到那本圣贤书，就可以做老师的继承人，收很多的弟子，为别人解决生命的困境！

老师渐渐老了，终于要告别人间了，他并没有指定任何的继承人，也没有把圣贤书交给任何的弟子，他只说了一句遗言："要活在当下呀！"就咽下了最后一口气。

老师死后，弟子们不但没有哀伤，反而一拥而上，冲进书房，争夺那锁在最高柜子里的圣贤之书，甚至因为抢夺太激烈，把书柜都打碎了。他们把那本大书撕成好多残篇，才发现那本书根本是空白的，一个字也没有。

只有书的封面有老师的笔迹，写了四个大字："活在当下"。

众弟子们寻求一生的答案，便是老师的那句"活在当下"，但当他们领悟的时候，老师却已经死了，这不能不说是一种遗憾。

每一个淡定的女人都有所追求，都在追求幸福快乐的生活，这付出、奋斗的过程就已经是"活在当下"了，只是潜意识中没有更深的体会。人们总是习惯于让快乐或痛苦匆匆而过，没来得及慢慢品味，时间已如山涧水一样流逝。快乐时，如果用物理学的名词来说，就是势能大一些，水流快一点，发出的响声也更清脆轻快，时间过得如此之快；痛苦时，水的势能小一些，水流慢一些，发出的响声也是闷闷之音，从而觉得每一分钟都是钻心的痛楚。对自己的生活要珍惜，对自己的生命要仰视和敬畏，就像登山人对珠穆朗玛峰的敬畏一样，不要用征服的字眼，而要用感恩的心情来攀登。

第四章：有一种爱叫放手——爱与被爱千万不要伤害

爱情是美妙的，然而，很多时候，女人并不能按照自己的心愿和自己喜欢的方式去拥有爱情。面对所爱的人，伤害对方也就是伤害自己，放手反而是对双方的解脱。当爱而不得的时候，要学会淡定放手。

爱要两情相悦，志同道合

爱情是两情相悦，是心与心的交流；爱情是志同道合，是灵魂的融合。相爱的两个人总是有着很多的共同之处，只有这样，他们在相爱的过程中才会更加融洽和谐。

爱情是美丽的，是所有人都心之向往的，女人更是对爱有着深深的渴望。但是，爱情却是可遇而不可求的。所谓的单相思并不能称之为爱情，或者只能称之为一个人的“爱情”。通常情况下，爱情必须是相互的，双方彼此倾慕，彼此珍惜。面对生活中的艰难坎坷，两个人一起携手并肩地走过；面对人生的风风雨雨，两个人同甘共苦，生死与共。

张霞和李刚是大学同学，张霞比李刚高一个年级。当时，正在读大三的张霞被老

师安排到了李刚所在的系里做辅导员，身为班长兼团支部书记的李刚有了更多的机会和张霞接触，从此以后，两个原本是平行线的人生轨迹开始出现交叉点。一次偶然的机会，两个人闲聊起来，她发现刚开始的时候他有点紧张，后来，两个人渐渐放松了下来，居然谈了整整三个小时。李刚说了很多自己小时候的事情，而且谈起了自己对于未来人生的规划，她喜出望外，因为眼前的李刚是如此的单纯正直、积极向上。同时，她也惊讶地发现他的很多观念居然和自己如出一辙。这次交谈拉近了他们之间心灵的距离，此后，他们的接触越来越频繁。他们都意外地发现对方居然和自己是那么的志同道合：同样喜欢音乐和绘画，同样喜欢阅读古今中外的名著，同样喜欢文学写作……就这样，浪漫的爱情开始了。

相爱的时间总是短暂的，很快，张霞和李刚已经参加工作几年了，自然面临着人生大事——结婚。有人说，婚姻是爱情的坟墓，然而，他们俩却用事实证明了志同道合的爱情在婚姻中的历久弥新。

婚姻必须以爱情作为基础才能变得坚实牢固，而相爱的情侣之间往往心有灵犀。一天夜里，张霞突然惊醒，辗转反侧无法入睡，因为她心里还在惦记着白天无意中看到的那款手机。想着想着，她居然情不自禁地说："那款手机可真漂亮啊！"她以为丈夫已经睡着了，但是，出乎意料的是，李刚也笑着说："我也在想那款手机呢，想不到咱们是如此的心有灵犀！"还有一次，李刚在外地出差，思念他的张霞给他发了一条短信，想不到的是，她居然刚刚把短信发出去就收到了丈夫的短信，原来，遥远的空间无法阻隔心灵的感应。

尽管他们婚后的生活非常幸福，但是他们却不愿意就这样平庸下去。他们是一对有着共同梦想的夫妻，为了心中共同的愿望，他们相互支持，相互鼓励。很小的时候，李刚就梦想着能当一名律师，随着年龄的增长，这个愿望越来越强烈。因此，结婚后，只有大专文凭的他毅然决然地报考了法律专业自学考试。他知道，只有具有法律专业的本科文凭，才有资格参加全国司法考试。为了支持和鼓励李刚，张霞也报考了法律专业自学考试。尽管遭遇了很多挫折，但是他们始终给予彼此最强的支撑，相互扶持着走下去。

因为需要查找资料，他们常常要到各家书店搜寻相关书籍；为了准备考试，他们总是埋头苦读，在夜深人静的时候遭到瞌睡虫的打扰，他们就会用冷水洗把脸后继续学习。夫妻俩每个人都有一个专门的房间，互不干扰，遇到问题就在一起讨论，他们的家简直就像一个学校，每个学生都在安心学习。如此看来，已经安定的婚后生活难免显得有点辛苦，但因为有爱，因为志同道合，他们始终一起努力，他们的心在此过程中贴得更近了。最终，他们如愿以偿地通过了法律专业自学考试。接下来，等待他们的是一年一度的司法考试。夫妻俩一鼓作气，再次开始了漫长的学习过程，经过无数个苦读的夜晚之后，李刚率先通过了司法考试，张霞也成了一名执法人员。

因志同道合而结合的李刚和张霞感情基础更加牢固，在学习和提升自我的过程中，他们的世界观、人生观、价值取向、爱情婚姻观越来越相似，在性格方面也磨合得越来越好。他们不仅一起努力学习，也一起为了能够拥有更好的人生而坚持不懈，虽然生活很忙碌，学习很劳累，但是他们的心里是甜的，他们的感情也变得越来越深厚，足以抵挡岁月的侵蚀。

从张霞和李刚的身上，我们不难验证一个道理，即两情相悦、志同道合的夫妻能够在人生的道路上走得更久，拥有更加幸福美好的生活。

浪漫与现实的爱情

爱情是高高在上的，不容亵渎；爱情也是现实的，必须和琐碎的生活结合在一起。要想拥有幸福美好的爱情，就要学会把浪漫与现实完美得结合起来。

通常情况下，爱情包含情感成分、性欲成分和认知成分。以情感成分为主的爱情是浪漫的，以性欲成分为主的爱情是热烈的，而以认知成分为主的，即建立在相互了解、理解、认同基础上的爱情则是最为醇厚的。

无论由哪种因素为主要成分的爱情，都会给人们以强烈的感受。不过，因为爱情的内容和基础不同，爱情在现实生活中往往会有不同的模样和变化轨迹。以现实为基础的婚姻非常踏实，讲求实际；以浪漫为基础的婚姻非常美好，美好得使人感到不真实。生活不仅需要浪漫，也需要现实作为基础，只有这样，夫妻的感情之路才会走得更加顺利。

很久很久以前，浪漫和现实是一对恋人，他们感情很好，如胶似漆。一天，浪漫突发奇想，想考察现实对自己的忠诚度，所以就问现实：“你真的爱我吗？”现实不假思索地回答道：“当然！”浪漫还是不相信，继续问：“如果我突然离开人世，你愿意陪着我吗？”

现实沉思良久，说：“我想不会。”“那么，如果我突然离开了人世，你会怎么做呢？”浪漫心有不甘。现实坦诚地回答：“在痛苦之后，活下去。”听了现实的话，浪漫心灰意冷，觉得现实不是真爱。他和现实分手了，去远方寻找真爱。浪漫首先遇到了甜言，随后又碰见了蜜语，相处一段时间之后，浪漫觉得甜言和蜜语都不合心意。过

烦了流浪的生活，浪漫最终还是认为现实与自己理想中的恋人更相符。因此，浪漫回到了现实面前。想不到的是，如今的现实已病入膏肓，奄奄一息。浪漫非常痛心地问："你要是去世了，我怎能独活呢？"现实拼尽全身的力量告诉现实："你一定要好好地活下去，为我而活！"

故事里的现实一生都活在现实里，踏实又诚恳，最终以悲剧收场；相比之下，现实的爱深沉，没有任何花哨，但是浪漫却无法接受现实没有温度的话语，直到负气而去，最终才发现其实现实才是最好的，只是为时晚矣，给人生留下了遗憾。

浪漫和现实就像是生活的两面，缺一不可。过分的现实会扼杀激情，过分的浪漫又不切实际，因此，不管是浪漫还是现实，都要适度。生活是很艰难的，假如过分现实，那么难免会被烦恼和无味重重包围；相反，假如过分浪漫，那么就无法脚踏实地地生活，毕竟生活是现实的。因此，我们应该把浪漫和现实结合起来，这样，生活既不会因为太浪漫而不切实际，也不会因为太现实而使人索然无味。

作为女人，对于爱情往往有着更多的憧憬和更加美好的向往，我们确实应该朝着完美的结局去努力，但是却要立足现实，实实在在地生活。

爱需要用尽一生去经营

《圣经》告诉人们，爱的真谛是凡事包容、凡事忍耐、凡事相信、凡事盼望。对于婚姻而言，两个原本陌生的人在同一个屋檐下生活，必须要经历很多的磨合和适应。因为成长经历、人生背景、受教育程度等的不同，在成为夫妻之前和之后，夫妻二人之间都会有着很多的不同，有的时候，还会有矛盾和冲突。此时，我们要学会用爱心、耐心去包容、理解和支持对方。懂爱的女人知道，世上没有十全十美的男人。善于经营爱情的女人知道，对身边的这个男人，要尊其如父，要爱其如兄，要怜其如子。

男女恋爱的时候，总是如胶似漆，难解难分。而一旦结婚，情况就会在转瞬之间发生质的变化，曾经男人对于女人的百般呵护和女人对于男人的百依百顺消失了，随之而来的是无休无止的争吵。男人抱怨女人结婚了就爱唠叨，女人抱怨男人结婚了就不浪漫了；男人抱怨女人结婚了就不那么风情和性感了，女人抱怨男人挣的钞票太少……究其原因，是因为虚无缥缈的爱情一旦落入俗世，就会在不知不觉之间成为婚姻的牺牲品。不过，并非所有的婚姻都是如此枯燥乏味的。婚姻需要用尽一生去经营，不管是刚刚结婚的年轻夫妻，还是经历过金婚的老夫老妻，无一例外需要用心地经营自己的爱情和婚姻。

爷爷和奶奶的爱情就像一杯白开水，朴实无华，但是却并不乏味。他们虽然不知道那么多新鲜的爱的技巧，但是却在爱的驱使之下把自己的爱情经营得有声有色。

那时候，家家户户都很穷。奶奶是没落的大户人家的小姐，从小锦衣玉食，嫁给爷爷之后，贫苦的生活使她保守艰辛。爷爷虽然不富裕，但是却总是想法设法地使奶奶生活得更加幸福一些。在爷爷心目中，奶奶甚至比他的子女更加重要。爷爷每个月只有几块钱的工资，因为家里孩子多，所以总是月初花不到月尾。即使如此，爷爷每到发工资的日子就会给奶奶买一件小礼物，或者是几块奶奶爱吃的酥糖，或者是一根红头绳，或者是一个芝麻烧饼。而这些，在奶奶想给孩子吃或者是用的时候，爷爷都以孩子小不要娇惯为由阻止了。

爷爷认识的字很少，但是，他却总是给奶奶写情书。因为爷爷在外工作，一个月才能回一次家，所以，每次回家的时候，爷爷就会把在分离的日子里所写的情书藏在家中的各个角落里，等着奶奶在漫长的岁月里去发现。爷爷的情书很短，诸如“媳妇儿，你一个人在家辛苦了，要注意身体”、“孩子听话吗？让老大带老二吧，这样你就可以休息一下了。等到老了，我要好好伺候你，你为这个家付出了很多”等。奶奶呢？每次找到这样的爱的纸条她就会幸福整整一天。直到奶奶去世的时候，仍然保存着这些纸条。社会在变，爷爷和奶奶的感情却始终未变。

爷爷和奶奶的爱情不花哨，但是却不缺少浪漫，因为他们都很用心。生活是艰难的，而我们却可以调整自己的心态。既然哭着也是一天，笑着也是一天，吵吵打打的是一生，恩恩爱爱的也是一生，为什么不幸福地度过一生呢？只要用心，即使生活再怎么艰难，爱情也能够开出绚烂的花朵。

别因为寂寞爱错人

大多数女人都害怕独自面对黑夜，因为黑夜中的死寂会吞噬她原本鲜活的灵魂。人们常说，女人是水做的，对于女人而言，无边无际的寂寞就像是干涸的沙漠，使人难以忍受。当一个女人被寂寞侵蚀的时候，心中就会渴望甘泉的滋润。毋庸置疑，爱

情就是寂寞女人的甘泉。

在过分期待爱情的时候，女人就会在不知不觉之间变得盲目。在享受爱情甘泉的同时，她们难免会有疏忽大意的时候。很多时候，爱情会蒙蔽人们的眼睛，尤其是心灵寂寞的女人，更容易被爱情冲昏头脑，使自己置身于危险的处境之中。

虽然寂寞的时光是漫长的，但是，为了避免自己在寂寞之中犯下错误，女人千万不要总想着找男人谈恋爱。其实，家人、朋友也同样能够给予心灵慰藉。只有在健康的心态之中，女人才能从容地寻找自己的人生爱侣。

在生活中，排遣寂寞的方式很多。例如，用酣畅淋漓的运动发泄自己的精力，释放自己的心灵；用舒缓的音乐平复自己抑郁的情绪，使自己的内心充满阳光；女人通常都喜欢购物，如果购物能够使你开心起来，那么，不妨偶尔去血拼一下；和自己的闺蜜一起喝茶、旅游，畅想人生……此外，还可以给自己充电，用学习来消磨时间，或者努力工作，这些都是一举两得的办法。

林倩今年33岁了，属于典型的“三高”人群，即高学历、高收入、高年龄。这前两高是大多数人都梦寐以求的，但这最后一高却是每个女人都谈虎色变的。众所周知，对于女人而言，如花似玉的好时光只有那么几年时间，转瞬即逝。林倩也正是在挑挑拣拣之中，度过了自己人生的最美好的青春岁月。28岁之前，面对着那些火急火燎的男人，林倩总是以一副泰然自若、高高在上的样子示人；28岁之后，眼看着30岁的生日即将扑面而来，林倩开始着急了，但是她却突然发现自己的身边一夜之间冒出来很多20出头的小姑娘，她们年轻、漂亮，有活力，远远比林倩的“三高”更加吸引男人。

在林倩心急如焚之中，她的33岁生日如约而至。林倩甚至不敢过生日，不敢面对那些闺蜜好意的问候和同事们关于她的个人问题的关心。林倩一个人偷偷地过完了33岁生日。在寂寞之中，她问自己：“我是不是要求太高了？”终于，在34岁生日的前几天，林倩成功地通过相亲的方式和一个男人确立了恋爱关系。

当林倩把自己的男友介绍给闺蜜认识的时候，闺蜜私下里不由得质问林倩：“这就是你梦想中的白马王子？你可是等了很多年啊，怎么就这样缴械投降了呢？也许，胜利就在眼前呢？”林倩无奈地说：“我可不想再一个人偷偷地过35岁生日了！”林倩的男友远远不如她曾经无数次高调宣扬的标准那样完美，而是一个非常平庸的男人。只是，林倩已经在一个一个接踵而至的生日前慌张了，匆匆忙忙地就把自己嫁掉了。婚后不久，林倩就万分后悔，她发现，这个男人不仅远远低于自己曾经的要求，而且心胸狭隘，是一个典型的“凤凰男”。很快，曾经的大龄剩女林倩成为了一个年轻的离异女性。

因为寂寞，林倩降低了自己长期坚持的标准，把自己匆匆忙忙地嫁给了一个还没有深入了解的男人，目的就是为了逃避一个人度过35岁的生日。然而，为这个想要别人陪伴自己过生日的心愿付出的代价太大了，她从一个待嫁的姑娘变成了一个离异的女性。等待着她的，也许是更加残酷的未来。

其实，爱情是讲究缘分的，我们没有必要因为寂寞就降低自己的标准。爱情之后，随之而来的就是漫长的婚姻。因此，我们必须慎重地选择自己的人生伴侣，而不要因为寂寞看错人，爱错人。否则，就会为此而付出惨重的代价。记住，只有耐得住寂寞的女人，才能守得云开见日月。

撒娇也是一种爱

两个原本陌生的人开始了心与心的碰撞和交融，相处时难免会遇到很多困难，此时，男人也许脾气暴躁，动辄发怒，那么，女人应该如何应对呢？论身板，女人肯定不是男人的对手；论吵架的气势，女人也无法占到任何优势。此时，聪明的女人有一种屡战屡胜的武器，那就是撒娇。面对一个娇滴滴的女人，面对一个柔情似水的女人，再强悍的男人也会百炼钢化成绕指柔，正所谓以柔克刚。

新婚之后，马蕴和丽娜非但没有像人们想的那样延续恋爱中的如胶似漆，反而隔三岔五地吵架。渐渐地，都快把恋爱中的那点儿感情吵没了。其实，他们吵架并非因为原则性问题，而是因为生活中的一些琐碎小事，马蕴是个刚直的脾气，而丽娜呢，也是死鸭子——嘴硬，最终，他们爆发了婚后的第一次打架。

丽娜哪里吃过这种亏啊，她当即就捂着脸跑回了娘家。看着女儿脸上的五个鲜红的手指印，妈妈心疼得无以言表。但是，她并没有袒护自己的女儿，而是直截了当地说："你啊，从小就被我和你爸爸惯坏了，脾气一点儿都不像个女人。这下子吃亏了吧！"丽娜哭着说："我要和马蕴离婚！"妈妈赶紧劝道："挨个巴掌就离婚，那每个人得离多少遍啊？况且，事情是谁对谁错都还不知道呢，你也不是个省油的灯！"

原来，马蕴计划和哥们一起去心仪已久的西藏旅游，丽娜一听就炸了锅。她劈头盖脸地指责马蕴："去西藏，那么远，得花多少钱啊？咱们有房贷，有车贷，你过日子怎么也要收敛一些吧。你这么大手大脚的，将来拿什么养孩子呢？"马蕴一听就火了：

"咱们谈恋爱的时候，你不是支持我去一趟西藏的吗？"丽娜打断了马蕴的话，说："那是以前，以前你的钱不归我管，现在咱们都要为这个家着想。况且，你一走就是一个月，我怎么办呢？你还以为你是无牵无挂的单身汉哪？"马蕴更生气了："难道结个婚我就失去自由了不成，我就要去……"就这样，他俩你一言我一语地吵开了，最终，马蕴在丽娜的尖刻言辞之下给了她一个大耳光。听了事情的始末之后，妈妈语重心长地对丽娜说："这件事情是你的不对，你说话的方式男人根本接受不了。男人最害怕的就是失去自由，最讨厌的就是别人的管束。其实，假如你能够换一种方式，也许会起到更好的效果，而且还能避免一场争吵。例如，你可以撒娇啊，没有哪个男人会喜欢强势的女人。你可以说你直接留在家里很害怕，你不想和他新婚燕尔就分离，等等。"

在妈妈的启发和开导之下，丽娜回到了家中。她对马蕴说："老公，你去西藏吧，虽然我一个人在家很害怕，但是我可以整夜地亮着灯睡觉；虽然我很想你，我可以每天都抱着你的照片睡觉。咱们刚刚结婚，假如你可以多陪我一段时间再去西藏，我会很感谢你的。老公，我不是心疼钱，其实我只是舍不得和你分开。"结果可想而知，面对娇妻的嗔怪，马蕴主动延迟了去西藏的日程，并且承诺会找其他机会带着丽娜一起去。

从某种意义上来说，"撒娇艺术"就是"以柔克刚"的艺术。老子有云，"天下柔弱莫过于水，而攻坚强者莫之能胜，以其无以易之"。在男人面前，只要女人能够恰当地运用"柔"术，用温软的话语向男人表达自己的内心，那么，男人一定会融化。会撒娇的女人往往拥有更加稳固和幸福的婚姻，因为没有男人忍心拒绝一个娇滴滴的向他求助的女人。

别把暧昧当爱情

尽管时代在变迁，社会越来越开放，但是，专一的女人永远都是男人的最爱。在面对爱情的时候，很多时候，男人是只许州官放火，不许百姓点灯的。即使是花心的男人，也要求自己的女人对自己一心一意。因此，不管在什么情况下，女人都应该自尊自爱，不要同时把自己的爱情抛洒在两个以上的男人身上。否则，就会被人们视为滥情，从而被男人轻视、小视，甚至还会被人指责为玩弄感情、水性杨花。

当然，每个人的感情之路都是一波三折的，很少有人能够在遇到第一个人的时候就顺利地相爱、结婚。因此，在寻找爱人的过程中，尝试着和一个男人交往是无可指责的。假如觉得不合适，可以选择分开，给自己和对方更多的机会。假如觉得合适，就顺其自然地发展下去。需要注意的是，虽然一个女人一生可能经历几段感情，但是必须是在前一段感情结束的情况下才能开始下一段感情。在生活中，有些女人觉得自己的婚姻生活不幸福，所以就在外面与其他男人调情，玩暧昧。这不仅是在侮辱自己的丈夫，更是在侮辱自己。如果真的觉得婚姻走到了尽头，可以选择结束之后重新开始，而不要红杏出墙。

当然，情人关系的确是非常刺激的，能够给人带来别样的欢愉，但是却是不道德的，是要遭受世人指责的行为。为了自己的尊严，女人应该而且必须控制自己的感情，认真审慎地对待自己的婚姻。

琳达觉得自己的丈夫约翰简直就是个榆木疙瘩，不解风情。面对如一堆奄奄一息的篝火似的婚姻，琳达万般绝望。但是，看着一双儿女，她又犹豫了，毕竟婚姻不是两个人的事情，还关系到子女的幸福。

一个偶然的机会，琳达在出差的时候邂逅了一个成熟的男人史密斯。史密斯高大英俊，事业有成。经过在异地的几天短暂的相处之后，琳达觉得自己爱上了史密斯。史密斯也说琳达是他心目中的女神，是无人可以替代的，是完美无瑕的。回到家之后，琳达看着沉闷的丈夫，终于下定决心离婚。她情不自禁地想象着自己和史密斯生活在一起的情景，幻想着他们美好幸福的未来。为了给史密斯一个惊喜，琳达并没有告诉史密斯自己正在办理离婚的相关事宜。当琳达拿着离婚证书给史密斯打电话的时候，史密斯却一反往日缠绵的常态，惊讶地问："你离婚了？你真的离婚了?!"琳达再次确凿地告诉史密斯自己已经离婚了，史密斯支支吾吾地告诉琳达："我现在的事业是从我妻子的父亲那里继承来的，所以，我暂时还不能离婚。但是，只要你耐心地等待，只要一有机会，我就一定会离婚的。我爱你，相信我。我还有事，咱们晚些联系吧！"听着电话那头传来的忙音，琳达呆住了。然而，她已经离婚了，只能等待。在史密斯一次次的推脱之中，时间过去了五年，眼看着自己容颜老去，琳达终于意识到一件事情：史密斯是不可能离婚了，否则，他就会失去现在拥有的一切。他和琳达在一起只是为了调剂自己枯燥的生活，是一次艳遇。

琳达面对着未来的人生，迷惘了……

婚姻不是儿戏，暧昧不是真情。琳达为了史密斯放弃了自己的家庭，但是史密斯却对琳达没有任何真心。这就是把暧昧当爱情的恶果。

对于那些短暂的、偶然的、浪漫的感情，张小娴曾经说过："无法厮守终生的爱情

只是人生的一个转机站，不管你停留多久，你都会乘另一航班匆匆离去。”暧昧是最短暂的感情，短暂到一杯茶甚至还没有凉就已经结束了。琳达却把暧昧当了真，因此使自己的整个人生都脱离了轨道。

爱要深，幸福不能等

罗密欧与朱丽叶相爱，但由于双方家庭是世仇，他们的爱情遭到了极力阻碍。但压迫并没有使他们分手，反而使他们爱得更深，直到殉情。心理学把这种在爱情中“越是艰险越向前”的现象称为“罗密欧与朱丽叶效应”，即，当出现干扰恋爱双方爱情关系的外在力量时，情感反而会加强，恋爱关系也因此更加牢固。

每个人都有自己的理想，都有自己的处事方式，每个人都希望得到别人特别是自己伴侣的理解和支持。在婚姻生活中要发挥罗密欧与朱丽叶效应，就要理解、支持对方，只有这样才能让婚姻“保持新鲜”。

女人在丈夫的要求下做了很多年的家庭主妇。她照顾丈夫，照顾孩子，把家里的一切打理得井井有条。丈夫在外有自己的公司，赚大把的钞票，无论在外人看来，还是在自己的丈夫看来，他们的婚姻、生活都是和和美美，让人羡慕的。可是有一天，女人发现丈夫口袋里有一封没有寄出去的情书——当然不是给她的。这时候女人才发现自己的世界除了那个家，除了丈夫和孩子，她什么都没有，没有自己的工作，没有太多的朋友，没有丰富的生活……她觉得自己毫无价值，从而感到恐惧和后怕。于是她想到了放弃婚姻，去寻找自己的生活。而就在这时候，意外发生了——由于经济危机，丈夫的公司垮了，还欠了一屁股的债。

公司没了，以前围绕在丈夫身边的那些人（包括那些口口声声说爱他的人）都走了，这样的结果把丈夫推到了绝望的深渊，朋友跟女人说：“这是他应得的报应，你现在离开他，不会有一丝的后悔了。”父母说：“既然他对你不忠在先，选择离婚也是情理之中。”可是，这时候的女人已经没有离婚的念头了，她对丈夫说：“我们之前也什么都没有，现在只是回到原点，你以前能成功，现在也还能成功。我相信你。”接着，她拿出了自己所有的存款，卖掉了自己的首饰，还卖掉了他们的房子——她拿出所有能凑到的钱给丈夫还债，让他重新开始。

对女人的理解和支持，丈夫无比感激，想到之前自己的所作所为，非常愧疚，他暗暗发誓，一定要让这个永远支持他的女人过上最幸福的日子。在他们租来的简易的房子里，他们的婚姻似乎回到了最初的阶段——甜蜜、温馨。虽然艰苦，两人的感情却比之前更牢固。之后在女人的支持下，丈夫再一次获得了成功，只是不管是贫穷还是富裕，丈夫都知道他已经有了真正值得爱的人，而女人很久之前有的离婚的念头，也再没出现过。

理解和支持更能巩固婚姻，当遇到阻力和压力的时候，我们可以通过对对方的了解和支持，让罗密欧与朱丽叶效应产生。

一、要加强沟通

沟通是了解对方处境和想法的最佳途径，只有了解了对方才能谈得上理解，才能明白哪里是要支持的部分；通过沟通也可以把自己的感受传达给对方，让对方了解自己的心意。

二、站在对方的角度考虑问题

夫妻双方有着不同的生长经历，不同的教育背景，不同的性格，也许在其他人眼里你们的结合是互补型或者是心心相印型的，但是不管是哪种类型，总会有发生分歧的地方。遇到这样的情况时，不要把自己的意愿强加到对方身上，要试着站在对方的角度考虑问题，即使不能理解也不要一味地批评指责。

三、信任对方

信任其实是对对方起码的尊重，如果没有信任，婚姻本身就是岌岌可危且不踏实的，更谈不上什么理解和支持。如果妻子对丈夫说：“我是理解你的，我是支持你的事业的。”可是丈夫下班晚回家半个小时就怀疑丈夫对自己不忠，“理解和支持”也就只是一个口头名词而已，根本就没有可信度，相反还会让人觉得很虚伪。如果想要给婚姻贴上“保鲜膜”，即想跟对方有一个不仅美满而且长久的婚姻，那么理所当然地会觉得对方是自己愿意相伴一辈子的人，既然是这样的人，为什么不能信任他（她）？妄加猜忌不仅不会让婚姻保持新鲜，反而会加速两个人感情的变质。

幸福不是等来的。而要获得幸福首先要有一个温馨和谐的家庭。因为家庭和谐是人生幸福的根基。女人是浇灌培植根基的农妇，是在根基上建设美丽大厦的设计师和建筑师。她们不仅关爱丈夫的身体健康和生活，同时又能不动声色地用技巧帮助丈夫成熟，协助丈夫事业成功，丈夫事业成功、孩子长大成才、家庭幸福美满，这些都是女人的人生杰作。

第五章：学会善待自己——即使沧海桑田也别放弃、抛弃自己

善待自己，就一定要善待生活。懂得享受生活的女人才能拥有幸福快乐的人生。生活是一曲动人的旋律，只有用心去聆听，才能体会到其中的美妙所在；生活是一部深奥的经书，只有用心去参悟，才能理解到其中的哲理之处。用心生活，才能感受到阳光的温暖、空气的清新、心灵的宁静、人生的美丽。

善待自己，也善待他人

爱是源于对生命本身的尊重。它可以让自身的生命更为健康，灵魂更为自由。爱有两种，一种是对自己的爱，一种是对他人的爱。

女人一生中总有许多时候没有人督促她们、指导她们、告诫她们、叮咛她们，即使是最亲爱的父母和最真诚的朋友也不会永远伴随在她们左右。她们拥有的关怀和爱抚随时都有失去的可能。这时候，就必须学会自觉为自己修枝打杈、添水加肥，以使自己成长为一株笔直葱茏的大树。

学会爱自己，就是让自己在痛楚无助、孤立无援的时候，在必须独自穿行黑洞洞

的雨夜、没有星光也没有月光的时候，在独立支撑人生的苦难、没有一个人能为你分担的时候，要学会自己送自己一枝鲜花，自己给自己画一道海岸线，自己给自己一个明媚的笑容，然后，怀着美好的憧憬和吉祥的愿望活下去，坚韧地迎接一个又一个挑战。

爱自己，是对自己的一种珍重。这不是一种狭隘，而是一种光荣。因为这并非出于一种夜郎自大的无知和狭隘，而是对生命本身的敬重。你可以让自己在陷于窘境的时候，亲手去砌砖叠瓦，建造出自己的宫殿，成为自己精神家园的主人。

爱自己，就要善待自己。如果你还希望得到真爱，得到尊重，就请你从现在开始学着做一个懂得爱自己、懂得保护自己的人，而不要做一个没有主见、没有自我的人。智慧的女人在爱自己的同时，更懂得爱别人的重要性。

《红楼梦》中的贾宝玉说：“女人是水做的。”是的，女性洁净如水，温润如水。她们的爱心也像溪流一样静静流淌，灌溉着农田，呵护着树木，也滋润着小草。她们用自己的善良织就晨露般的珠衫，覆盖向每一个干涸的角落，滋润着那里几乎被遗忘的生命。而从我们呱呱坠地，哇哇啼哭，到我们长大成人之时，我们也被来自四面八方的爱包裹着——父母无微不至的慈爱，老师谆谆善诱的厚爱，同学的友爱，社会的仁爱……众多的爱使我们学会了感恩，学会了用自己的爱心去播撒幸福的种子。

有爱心的女人，她会关心自己身边的亲人、朋友，她会同情弱者，会伸出自己的双手，尽自己的所能去帮助那些需要帮助的人；她会关心环境问题，会担心生活在环境严重污染地区的人或小动物；她会为遭遇灾难和战争的人们祈求平安。

也许你没有能力去扭转世间的苦难，也许你没有能力去拯救战争中流离失所的人们，但是你能用自己的爱温暖周围的生命，一点点驱走他们头顶上的乌云，让阳光慢慢地挤进每一处阴暗的空间。当一张张曾经沮丧的脸上重新露出欢颜，你会感到无比的满足与愉悦。

有人曾经说过：“一个女人可以没有美丽的外貌，但是不能没有一颗善良仁慈的爱心，因为心慈则面善。”

一个“心慈”的女人，是一个淡定的女人，她在奉献自己爱的同时也会被爱紧紧地包围。一个时时让人感动的女人，也会为别人所感动。

女人有了爱的能力，她的心灵也会沐浴在春风和煦的大自然之中。她的内心深处一直对这个世界存在感恩：感谢父母对自己无私的爱；感谢丈夫对自己说“宝贝，我去买”时表现的不经意；感谢孩子被她斥骂着弹完琴以后还在她的额头上留下的亲吻；感谢她的朋友、同事和周围许许多多的人对她的爱。

不要跟自己过不去

人生的道路本就苦难多多，如果自己还要跟自己过不去，那么生活还有什么美可言。别跟自己过不去，不要自寻烦恼，带着自信上路，一定能找到自己的快乐。

在生活中，经常有很多人总是挑剔自己，不是这儿不好，就是那儿不如别人。你是从什么时候起开始刁难折磨自己的呢？是在你不断地参照别人对照自己的时候开始的吗？总是跟自己过不去，你不觉得这样做很累吗？

很多人会对自己有负面评价，并设想别人对自己的评价也是如此。实际上每个人都有自己的优点。比如，长相一般的人，或许有一颗温柔的心和一副好脾气；事业无成的人，或许孝敬长辈，热心公益；学历不高、身份低微的人，或许个性谦虚，工作努力。虽然可能是不起眼的优点，但至少不至于让自己跟自己过不去。

可以肯定地说，世上不存在十全十美、毫无缺点的人。别人看来是极完美的人，他却认为自己缺点很多。因而可以说，优缺好坏全在于你对自己的期许及评定。你如果感觉自己很好，你就必然会很好；你如果感觉自己很差，你就真的会很差。肯定自己，就会自爱、自信。藉由自爱、自信，你就能在生活中化解矛盾、克服挫折、突破障碍，从而也会培养起更多的优点。

有一个叫莉莉的女孩，从小特别敏感而又腼腆。她的身体一直太胖，而她的脸使她看起来比实际还胖得多。

莉莉的母亲认为把衣服弄得漂亮是一件很愚蠢的事情。她总是对莉莉说：“宽衣好穿，窄衣容易弄破。”同时，母亲总照这句话来打扮莉莉。莉莉也从来不和其他的孩子一起做室外活动，甚至不上体育课。她非常害羞，觉得自己是个完全不讨人喜欢的女孩子。

长大之后，尽管嫁了人，可是莉莉却没有改变。婆家人都很好，都自信满满的。莉莉尽自己最大的努力试着做到像他们一样，可是她怎么也做不到。他们为了使莉莉变得开朗而去做的每一件事情，都只是更令她退缩到她的壳里去。她开始变得紧张不安，躲开了所有的朋友，情形坏到她甚至害怕听到门铃响。莉莉知道自己是一个自闭者，又怕她的丈夫发现这一点，所以每次他们出现在公共场所的时候，她都假装很开心，甚至有时装得开心得有点过头，事后，她又会为这个难过好几天。痛苦的莉莉觉得再活下去已经没有什么意思了，甚至想到了自杀。

这一天，婆婆的一句话却点悟了她。婆婆听到莉莉谈自己怎么教养孩子后说：“不管事情怎么样，我总会要求他们善于肯定自己的优点。”

“肯定自己”，这几个字像一道灵光闪过脑际，莉莉晃然醒悟原来所有的不幸都起源于她把自己套入了一个不属于自己的模式中去了。从那以后，莉莉就像变了个人似的开始改变自己。

莉莉后来回忆道：“在一夜之间我整个人都改变了。我开始找出自我：试着研究自己的个性、自己的优点，尽我所能地去学色彩和服饰知识，尽量以适合自己的方式去穿衣服，并且主动去交朋友。我参加了一个社团组织——起先是一个很小的社团，他们让我参加活动，当时把我吓坏了。可是我每一次发言，就增加一点勇气。今天我所拥有的快乐，是我从来没有奢望过的。”

所以，一味地跟自己过不去是毫无益处的，开心地接纳自己吧。一旦你开心地接纳了自己，别人也才会乐于接纳你。如果连你自己都不喜欢自己，别人怎么会喜欢你呢？若你总是觉得自己不好，并将自己的不好怪罪于家庭、社会，那你是在残害自己。

在现实生活中有很多人常因自己角色的卑微而否定自己的智慧，因自己地位的低下而放弃儿时的梦想。这是一个多么大的错误啊！其实造物主常把高贵的灵魂赋予卑贱的肉体，就像我们在日常生活中，总是把贵重的东西藏在家中最不起眼的却是最安全的地方。

不妨把你的优点列出来，并为自己具有这些优点而欢呼雀跃。你踏实吗？你乐观吗？你乐于助人吗？你勇于接受考验吗？你热爱所处的世界吗？……同时列出自己的缺点，以愉快乐观的心态一一改正它们。这样，你就会精神振奋，美好地度过每一天，你的生活也会更具光彩。

下面是总和自己过不去的几种解决办法，不妨借鉴一下：

1. 生活就是端在手里的那只碗，而幸福就是碗里的水。如果你想拥有幸福快乐的生活，就要以一个良好的心态去看待物质与精神的双重需求，两者缺一不可。

2. 心理上的狭隘、观察生活角度的偏颇是一些人不够快乐的原因之一。若能以大慧眼来看，拿创意的耳朵去听，用弹性的心境去面对，你就会享受到生活中的乐趣。

3. 生活质量可以高，也可以一无是处：你怎样对待生活，生活就怎样回馈你。只有让内心的自我永不消失，做自己的上帝，而不是让命运主宰你，快乐才会永远跟随。

4. 你的一切烦恼和痛苦都是因为欲求太高，背负的东西越多，便会觉得越累。如果你不患得患失，舍得放弃，那么，放下就是快乐。

5. 没有什么烦恼比死更叫人痛苦，所以，世上再没有比活着更值得庆幸的事了。

明白了这个道理，那些所谓的烦恼和担忧便算不了什么了。

6. 不快乐的事，当然会影响人的情绪，但是，如果不能正确判断或理解事物，那对自己造成的伤害才是致命的。切记，将烦恼拒之门外，勿让其左右你的生活。

7. 有些人不快乐普遍是因为他们总喜欢按照计划来生活。他们不是在享受人生，而是在等待将来发生的事情。生活就是一连串的问题，如果要快乐就要给心情放个假，没有压力的快乐，才是真正的快乐。

如果总是看着自己的缺点，就会一直跟自己过不去。而善于肯定自己的优点，则是善待自己。别跟自己过不去，快乐才能来到。

真诚地欣赏别人

真诚地欣赏别人，是与人交往时最有效的法宝。在你对别人表达欣赏的同时，也会受到别人的欣赏。

在一个暖洋洋的春日中午，女儿和爸爸在郊区公园散步。在那儿，女儿看见一个很滑稽的老奶奶。天气那么暖和，她却紧裹着一件厚厚的羊绒大衣，脖子上围着一条毛皮围巾，仿佛天上正下着鹅毛大雪。女儿轻轻地拽了一下爸爸的胳膊说："爸爸，您看那位老奶奶的样子多可笑呀。"

爸爸的表情显得特别严肃，沉默了一会儿说："孩子，我突然发现你缺少一种本领，你不会欣赏别人。这证明你在与别人的交往中少了一份真诚和友善。"

女儿觉得爸爸有些小题大做了，就很不服气地问："您难道不觉得那位老奶奶的样子很可笑吗?"

爸爸说："和你相反，我很欣赏那位老奶奶。"女儿听了以后惊讶极了。

爸爸接着说："那位老奶奶穿着大衣，围着围巾，也许是生病初愈，身体还不太舒服。但你看她的表情，她注视着树枝上一朵清香、漂亮的丁香花，表情是那么生动。你不认为她很可爱吗? 她渴望春天，喜欢美好的大自然。我觉得这位老奶奶令人感动。"

这时，女儿仔细地看了一下，那位老奶奶确实像爸爸说的那样，眼睛中闪动着某种渴望，荡漾在她脸上的笑容掩饰不住她内心的喜悦。

爸爸领着女儿走到那位老奶奶面前，微笑着说："夫人，您欣赏春天时的神情真的令人感动，您使这春天变得更美好了！”

那位老奶奶似乎很激动：“谢谢，谢谢您！先生。”她说着，便从提包里取出一小袋甜饼递给了女孩，并说：“你真漂亮……”

事后，爸爸对女儿说：“一定要学会真诚地欣赏别人，因为每个人都有值得我们欣赏的优点。当你这样做了，你就会获得更多的朋友。”

真诚的欣赏不只是表面上简单地赞美别人，更是一种能够折射出一个人美好心灵的积极的思维方式。只有拥有春天般美丽心灵的人，才会真正领悟到春天的美丽。心中有阳光，眼前才会有光亮。纯洁的思想，可使微小的行动变得高贵。

学会欣赏别人，养成一种积极的思维方式，它可以使你受用一生。人生需要用一颗善感的心灵去欣赏，而不要只用一双忙碌的眼睛去观看。如果人生中缺乏欣赏，就缺少了应有的乐趣。欣赏别人的豁达真诚，从而陶冶自己的情操；欣赏别人的博学多才，从而培养自己的智慧；欣赏别人精湛的作品，从而提升自己的艺术水准……

一个不懂得欣赏的人是可悲的，因为他的心灵已经十分衰老。培根说：“欣赏者心中有朝霞、露珠和常年盛开的花朵；漠视者冰结心城、四海枯竭、丛山荒芜。”欣赏会给人带来轻松、愉快和满足感，人的心灵也会在不知不觉中得到净化与调适。欣赏还能开阔人的视野，充实生活并增添生活情趣。从现代医学的角度来看，人的精神状态与肌体健康有着十分密切的联系。作为一种审美活动，欣赏往往能够促使人进入一种积极乐观的精神状态。这对于身心健康而言，自然是大有益处的。

学会欣赏别人，是一种人格修养，一种气质提升，有助于自己逐渐走向完美。欣赏他人并不难做到，这要求我们去积极接触生活中和工作周围的人，想想他们的好处和优点，并毫不吝啬地称赞他们，从而在人与人之间形成良性互动，使我们的社会和工作环境更温馨和谐。

尺有所短，寸有所长，每个人都有值得别人欣赏的地方，随时发现别人的进步，随时为别人的成绩喝彩，真诚地欣赏别人，这样才会为你开发出丰富的人际感情，提升你的品味，塑造你的格调。

以积极的态度对待人生

人生因为积极的态度而精彩。积极的态度，让我们改变了命运；积极的态度，减少了我们的痛苦，为我们增添了无数的快乐。在生活中，只有保持积极的态度，我们的人生才会充满快乐的阳光，我们才会收获幸福的人生！

一天，罗伯特·斯契勒来到芝加哥，向一群中西部农民发表演说。

其中有位农民对他说：“我们正过着艰苦的日子，我们需要帮助。我们最需要的是希望，给我们希望吧！”

听了这位农民的话后，罗伯特临时决定修改演讲主题，他放下事先准备好的演讲稿，向听众讲起了自己的故事：

罗伯特的童年是在中西部的一个小农场里度过的。他的父亲本来是一个雇农，后来攒够了钱才买了一个65公顷的农场。

有一年春天，遇到严重春旱。罗伯特的父亲准备把辛辛苦苦留起来的几斗宝贵的玉米用作种子。

“种了可能枯死，何必还要冒险去种呢？”罗伯特问。

父亲说：“不冒险的人永无前途。”

于是，他父亲把留起来的最后一些玉米粒和燕麦全都拿出来种了。可是，四个星期过去了，还不见雨水来临，父亲的脸绷得紧紧的。他和其他农民聚在一起祈祷，请求上帝拯救他们的田地和作物。后来，雷声终于响起，天下起了大雨。

虽然罗伯特雀跃万分，但他的父母知道雨下得不够。阳光不久就再次出现，天气又热起来了，他父亲抓了一把泥土，发现只有上面四分之一是湿的，下面全是粉状的干泥。

那年夏天，罗伯特看见弗洛德河逐渐变成干涸的河床，小水坑变成泥坑，里边的鱼儿都死了。他父亲的收成只有半车玉米，这个收成和他所播的种子刚好差不多。

父亲在晚餐祈祷时说：“慈爱的主，谢谢你，我今年没有损失，你把我的种子都还给我了。”当时并不是所有的农民都像他父亲那么有信心。一家又一家的农场挂起了“出售”的牌子。他父亲当时请求银行给予帮助，银行信任他，所以帮助了他。

罗伯特还记得童年时穿着补缀的大衣跟父亲去爱荷华银行，他记得银行的日历上有这样一句格言："伟人就是具有无比决心的普通人。"他觉得父亲就是拥有这种积极态度的榜样。

几年之后，在一个寂静的夏日的下午，罗伯特家受到龙卷风的侵袭。

父亲带着全家人慌慌张张地开车上路。南行 3 公里之后，他们把车子停好，观看那凶暴的旋风在他们后面肆虐……

当他们返回家后，发现一切都没有了，半小时前那里还有九幢刚刚粉刷过的房屋，现在一幢也不存在了，只留下一片空地。父亲坐在那里惊愕得双手紧握方向盘。这时，罗伯特注意到父亲已是满头白发，身体由于艰辛劳作而显得瘦弱不堪。

突然间，父亲的双手猛拍在驾驶盘上，他哭了："一切都完了！26 年的心血在几分钟内全完了！"

但是，他父亲不肯服输。两星期后，他们在附近小镇上找到一幢正在拆卸的房子，他们花了 50 美元买下其中一截，然后，一块块地把它拆下来。就是用这些零碎东西，他们在原先的地基上建了一幢很小的新房子。以后几年，又建了一幢幢房屋。结果，他父亲在有生之年，看到了他的农场经营得非常成功。

讲完了自己的故事，罗伯特告诉听众："苦难不会持久，强者却可长存！"听众们深受鼓舞，他们热烈地鼓起掌来。那些已经失去希望以及曾与沮丧情绪搏斗的人，重新获得了希望。他们有了新的憧憬，再度开始梦想未来。

生活中，在你遇到艰难困苦的日子时，千万不要悲观失望，因为每件事情的结果都要比你预期的好。当你尝试着从积极的一面去看待和解决问题时，事情总会往好的方向发展。

在生活中，只要我们保持积极的态度，我们的人生就会少了很多痛苦，多了很多快乐。人生因为我们的积极态度而改变，生活因为我们的积极态度而变得丰富多彩。只有积极的态度，才能让我们的人生完美而快乐！心态决定一个人的命运，只要你改变心态，从积极的一面去看待人生，你总能看到事物最好的一面。

同一件事情，由具有两种不同心态的人去做，其结果必然相反。淡定的女人不要因为消极的心态而使自己成为一个失败者。要知道，成功永远属于那些抱有积极心态并付诸行动的人。

自信，是一种神奇的力量

每个女人都祈求成功，但是最终只有那些充满自信的女人，才能有幸到达成功的彼岸。

美国有个NBA联赛，经常在NBA联赛中出场的有个夏洛特黄蜂队，黄蜂队有一位身高仅1.60米的运动员，他就是尼·博格斯，NBA最矮的球星。博格斯这么矮，怎么能在巨人如林的篮球场上竞技，并且跻身大名鼎鼎的NBA球星之列呢？这是因为博格斯的自信。

博格斯从小就喜爱篮球，可因长得矮小，伙伴们瞧不起他。

有一天，他很伤心地问妈妈："妈妈，我还能长高吗？"

妈妈鼓励他说："孩子，你能长高，长得很高很高，会成为人人都知道的大球星。"

从此以后，长高的梦像天上的云彩在他心里飘动着，每时每刻都在闪烁希望的火花。

"业余球星"的生活即将结束了，博格斯面临着更严峻的考验——1.60米的身高能打好职业赛吗？

博格斯横下一条心，要靠1.60米的身高闯天下。"别人说我矮，反而成了我的动力，我偏要证明矮个子也能做大事情。"在威克·福莱斯特大学和华盛顿子弹队的赛场上，人们看到博格斯简直就是个"地滚虎"，从下方来的球百分之九十都被他收走，他越是个子矮越是飞速地低运球过人……

后来，博格斯进入了当时名列NBA第三名的夏洛特黄蜂队。在他的一份技术分析表上写着：投篮命中率50%，罚球命中率90%……

一份杂志专门为他撰文，说他个人技术好，发挥了矮个子重心低的优势，成为一名使对手害怕的断球能手。

"夏洛特的成功在于博格斯的矮"，不知是谁喊出了这样的口号，许多人都赞同这一说法。许多广告商也推出了"矮球星"的照片，上面是博格斯淳朴的微笑。

博格斯已与夏洛特队接连签了7个赛季的合同，最后一个赛季一签就是5年。他曾多次被评为该队的最佳球员。

博格斯至今还记得当年他妈妈鼓励他的话，虽然他没有长得很高很高，但可以告慰妈妈的是，他已经成为人人都知道的大明星了。

这位矮星说，他要写一本传记，主要是想告诉人们：“要相信自己，只有相信自己，才能成功。”

自信，是一种伟大的力量。它可以让女人改变命运，摆脱艰难的处境，让女人从失败中走向成功。自信的女人有资格享受人生快乐的果实，收获属于自己的快乐的人生！

一个有自信的女人，会产生强大的意志力量。人与人之间，弱者与强者之间，最大的差异就是意志力量的差异。一个淡定的女人一旦有了强大的意志力量，就能战胜自身的各种弱点，从而到达成功的彼岸。

珍爱生命，好好活着

大多数人的生活是平淡的，他们的生命与草木同腐，这本是一种非常正常的生活方式。而从另一种意义上说，当生命一旦剥离了各种外在的装饰，裸露出内在的真相时，活着本身就是一种最大的幸福。

《庄子》中的一则寓言从另一个角度表达了活着的可贵和生命本身的意义。

有一个著名的木匠在去齐国的路上，看见一株被当地人尊奉为“社神”的栎树。这棵树大到可以供几十头牛遮阳，树身有几百尺宽，高达山头，好几丈以上才生枝，旁枝可以造船。围观的人群密密麻麻，好像赶集一样，这个木匠却一眼也不瞧，一直往前走。

他的徒弟站在那儿看了个够，然后追上木匠问道：“自从我拿了斧头跟随先生，从没有见过这么大的木材，先生却不看一眼，一直往前走，这是为什么呢？”木匠就告诉他：“那是一棵没有用的散木，用它造船很快就会沉没；用它做棺材很快就会腐烂；用它做器具很快就会朽毁；用它做梁柱很快就会被虫蛀。这是不材之木，没有一点用处，所以才会有这么长的寿命。”

木匠回到家里，夜里梦见栎树对他说：“你要拿什么东西和我相比呢？拿有纹理的树木来跟我比吗？那梨、柚、橘一类的树，结瓜结果，果实成熟了，立即被采下来，大枝被折断，小枝被拉下来。这都是由于它们的才能害苦了自己，所以不能享受天赐

的寿命而中途夭折。事物如果有用就会招来世俗的打击，一切东西没有不是这样的。我力求做到这种无所可用，曾费尽了周折，有几次差点就被砍死，好不容易才保全了下来，这正是我的大用。假使我显示出一点的用处，试问，我能有今天的壮观吗？”

这则寓言是说，当生命裸露出真相的时候，活着本身就是最大的收获和成就。当然，这绝非简单的“好死不如赖活着”所能概括的，而包含着对人生价值和生活意义的透彻感悟。

为什么海明威在飞机失事、死里逃生后读到关于自己的讣告时却说：“一个人有生就有死，但只要你活着，就要以最好的方式活下去。”为什么三毛在撒哈拉沙漠中举行婚礼时，见到丈夫荷西送给她的礼物是从沙漠中捡来的一副骆驼的骷髅竟会欣喜若狂，珍爱如命……

我们习惯于活着，并且往往将之视为理所当然的事。但仔细想一想，我们来到这个世界上，本身就是一种奇迹，应该感谢上苍的恩宠，珍惜生命的可贵。好好活着，就是一种莫大的幸福。人正是知道了死，才掂出了生的分量。尽管长途跋涉叩开的都将是死亡的大门，人还是要去抓住生命的每一瞬间，发掘生命的价值。试问：还有什么比活着更为宝贵的呢！

每天给自己一个希望

希望，是生活中的阳光；希望，是生命中的甘泉；希望，是人生快乐的音符。每天给自己一个希望，女人的一生就一定会多姿多彩。在通往理想的征途中，常常是荆棘丛生，险山恶水挡道。面对无法避免的困难，女人需要希望来指引。

每天给自己一个希望，就是给自己一个目标，就是给自己一点信心。希望是什么？是引爆生命潜能的导火索，是激发生命激情的催化剂。

在这个世界上，有许多事情是女人难以预料的。女人不能控制机遇，却可以掌握自己；无法预知未来，却可以把握现在；女人不知道自己的生命到底有多长，却可以安排当下的生活；女 人左右不了变化无常的天气，却可以调整自己的心情。女人只要好好活着，就有希望。

有位女医生素以医术高明享誉医学界，事业蒸蒸日上。但不幸的是，就在某一天，她被诊断患有癌症。这对她不啻当头一棒。她一度情绪低落，但最终还是接受了这个事实，而且，她的心态也为之一变，变得更宽容、更谦和、更懂得珍惜所拥有的一切。在勤奋工作之余，她从没有放弃与病魔搏斗。就这样，她已平安度过了好几个年头。有人惊讶于她的事迹，就问是什么神奇的力量在支撑着她。这位女医生笑盈盈地答道："是希望。几乎每天早晨，我都给自己一个希望，希望我能多救治一个病人。希望我的笑容能温暖每个人。"可见，这位女医生不但医术高明，做人的境界也很高。

每天给自己一个希望，淡定的女人将活得生机勃勃、激昂澎湃，哪里还有时间去叹息、去悲哀，将生命浪费在一些无聊的小事上呢？生命是有限的，但希望是无限的，只要女人不忘每天给自己一个希望，就一定能拥有一个丰富多彩的人生。

不论干什么，淡定的女人都希望自己能够成功，都试图避免失败或走弯路。每天给自己一个希望，正是指引女人前行的一盏明灯。

第六章：感谢折磨我的人——没有他们就没有我的坚强

感恩是力量之源，爱心之根。美好的生活需要有一颗感恩的心来创造，一颗感恩的心需要生活来滋养。一页页崭新的生活会因为我们的感恩而变得更加璀璨。淡定的女人常怀感恩心，一生无憾事；淡定的女人学会感恩，定能收获别样的人生。

满怀感恩的心

在女儿踏入社会前，有位父亲告诫女儿三句话：“遇到一位好领导，要忠心为他工作；假如第一份工作就有很好的薪水，那算你的运气好，要努力工作以感恩惜福；万一薪水不理想，就要懂得在工作中磨炼自己的技艺。”

这位父亲无疑是睿智的。所有的女孩都应将这三句话深深地记在心里，始终秉行这个原则做事。

或许每一份工作都无法尽善尽美，但还是要感谢工作环境，感谢老板，感谢每一次的工作机会，满怀感恩之心去工作。即使起初位居他人之下，也不要去计较，要积极地将每一次工作任务视为一个新的开始，一段新的体验，一扇通往成功的机会之门。

因为每一份工作都有宝贵的经验和资源，如失败的沮丧、成功的喜悦、老板的严苛、同事间的竞争等，这些都是任何一个女孩走向成功必须体验的感受和必须经历的锻造。

程序员李霞在一家软件公司干了八年，正当她干得得心应手时，公司倒闭了。这时，又恰逢她的第三个儿子刚刚降生，她必须马上找到新工作。

有一家软件公司招聘程序员，待遇很不错，李霞信心十足地去应聘了。凭着过硬的专业知识，她轻松地过了笔试关。两天后就要参加面试，她对此充满了信心。可是面试时，考官提的问题是关于软件未来发展方向的，她从来没考虑过这方面的问题，她被淘汰了。

不过这家公司对软件产业的理解让她耳目一新。她给公司写了一封感谢信：“贵公司花费人力物力，为我提供笔试、面试的机会，我虽然落败了，但长了很多见识。感谢你们的劳动，谢谢！”这封信经过层层传阅，后来被送到老板手中。

三个月后，李霞却意外地收到了该公司的录用通知书。原来，这家公司看到了她知道感恩的品德，在有职位空缺的时候自然就想到了他。多年后，李霞凭着出色的业绩成了公司的副总经理。

在企业中，知道感恩的人会更受到欢迎。许多知名企业在招聘女员工时，看重的不仅仅是她们的专业知识，而是她们处理问题的方式和融入企业的速度，换句话说，就是能否怀着一颗感恩之心去踏实做人、做事。

当然，每个人的成功都离不开自己的努力。可无论你的行为是多么的完美和明智，你都不能不对别人心存感激。想想自己的每次行动，哪一次没有别人的帮助？正是有了同事的理解和支持，还有平时从他们身上学到的知识，才让你有了成才和晋升的机会。

成功学家安东尼说：“成功的第一步就是先存有一颗感恩之心，时时对自己的现状心存感激，同时也要对别人为你所做的一切怀有敬意和感恩之情。领袖的责任之一便是谢谢。”

满怀感恩去工作，并不仅仅有利于公司和老板。“感激能带来更多值得感激的事情。这是宇宙中的一条永恒的法则。”班尼迪克特说，“受人恩惠不是美德，报恩才是。当人拥有感恩之心的时候，美德就产生了。”不要以为工作是平淡乏味的，当你满怀感恩之心去工作时，你就很容易成为一个品德高尚的人，一个更有亲和力和影响力的人，一个有着独特的个人魅力的女人。你要相信：感恩将为你开启一扇神奇的力量之门，发掘出你无穷的潜力，迎接你的也将是更多、更好的工作机会和成功机会。

有一个没有双手的女孩儿，以自己的顽强考入了大学，当别人问起她的求学经历的时候，她眼含泪水说：“我永远都感激我的小学老师，是他为我打开了知识的大门。”

那是一个冬天，非常冷，女孩子因为自己的残疾不能进入学校读书，可是她是那么渴望上学，于是就顶着寒风趴在教室外的窗户听老师讲课。教师提了一个问题，班里的学生都答不上来。已经听得入迷的女孩子忘了自己是在“偷听”，就把答案喊了出来。

老师听到教室外传来的声音，感到很惊讶，就推开门出来看。女孩子吓坏了，她以为这下子一定会被老师批评。没想到，老师把她领进了教室，并对学生们说：“以后让她和你们一块儿上课吧。”就这样，她上完了小学，并且取得了全县第一的考试成绩。

可是，没有一个中学肯录取她，因为她没有双手。辍学在家的女孩除了做些简单的家务，还自学了中学的课程。她会用脚切土豆丝、蒸包子、包饺子，还会用脚画画、写毛笔字。她的字端正大方，根本看不出来是用脚写的。

后来，女孩子被一所大学破格录取。军训时她叠被子的情景让领导吃惊，说那是最标准的“豆腐块儿”，领导说要把她叠的被子的录像放给那些入伍的新兵看，让他们瞧瞧有人用脚比他们用手做得更好。

女孩子的双手是因为母亲离家出走而失去的，有人问她恨不恨那个不负责任的母亲。女孩子说：“不，我从来都不恨她。我爱她。我总是觉得对不起她。她是因为精神有问题才会经常离家出走的。”一次，她的母亲又一次出走后，再也没有回来。后来，在河里找到了母亲的尸体。一想起来，女孩子就泪流满面，说：“是我没有照顾好母亲。”

没有双手，没有母亲，没有一个富裕的生活环境，可是女孩子从不怨恨，她曾写过一篇作文，题目是《我最幸福》。这篇作文里没有一句抱怨，而全是对生活的感激，在全县的一次征文中得了一等奖。

她的经历如此坎坷，承受了太多的苦难。可是她却感觉自己“最幸福”，把苦难全部接受，并当作是一种施与，以感恩之心面对苦难。她的生活也因此不曾被苦难给束缚，而是不断向她展现美好，让她越走越开阔。

淡定的女人应当感谢生活赐予我们的苦难，因为这是非常难得的人生经验。有了痛苦和磨难，生活的美好才愈发让人珍惜。

苦难让生命焕发光彩

生命的美丽在于克服艰难困苦走向成功的过程。只有经历了艰难困苦的生命，才能够焕发出灿烂的光彩。

斯潘琴说：“许多人的生命之所以伟大，都来自他们所承受的苦难。”最好的才干往往都是从烈火中冶炼的，都是从坚石上磨砺出来的。

世界上原本有许多奇人异士，只是因为没有经历苦难的磨练，激发不出他们体内潜伏着的力量来，因此他们的才能得不到淋漓尽致的发挥。而只有努力奋进才能帮助人们达到成功的境地，只有尽力奋斗的人才会获得自己心中期望的东西。

困难与障碍其实不是我们的仇人，而是我们的恩人。正是苦难与障碍的出现，使得我们体内克服障碍、抵制苦难的力量得以发展。这就好像森林里的橡树，经过千百次暴风的摧残，非但不会折断，反而愈见挺拔。正像暴风雨吹打橡树一般，人们所承受的种种痛苦、折磨和悲伤，也在启发人们的才智，激发人们的潜能。

在一次战争中，有一枚炮弹击中一个城堡后，毁灭了一座美丽的花园。可在那个炮弹落下的深穴里，竟不住地流出泉水来，后来这里竟然成了一个永久不息的著名喷泉。同样，不幸与苦难，也会将我们的心灵炸破，而在那炸开的缝隙里，也会时刻流出奋斗前进的泉水来。

现实生活中，许多女人遇到困难就打退堂鼓，不能发现自身潜在的能量。不能把生命雕琢得更加美丽动人。一个著名的科学家曾经说过，每当他遇到眼看不能克服的困难时，总会有新奇的发现。

失败往往激发女人的潜力，唤醒沉睡着的雄师，引领女人走上成功的道路。有勇气的女人，会把逆境变为顺境，如同河蚌能将恼它的沙泥化成珍珠一样。一旦雏鹰能起飞，老鹰便会立即将它们逐出巢外，让它们在空中做飞翔的锻炼。而雏鹰因为有了这种的锻炼，这种本领，将来才配做百鸟之王，才会凶猛敏捷，才能做追逐猎物的高手。

贫穷与困难都是一种激励，能坚定女人的思想，发展女人的精力。钻石愈坚硬，它的光彩也愈眩目，而要将其光彩显示出来所需的琢磨也愈有力。只有琢磨，才能显露出钻石的全部美丽来。火石不经摩擦，不会发出或光；同样，人们不遇逆境，人体里的力量也将永远不会发挥出来。

有史以来，犹太人便一再受尽异族的压迫，可是世界上最可贵的诗歌、最明智的箴言、最悦耳的音乐，却都是由犹太人贡献的。对于他们来说，仿佛是不断的压迫给了他们繁荣。如今，犹太人依然很富有，不少国家的经济命脉几乎就是控制在犹太人手中。对于他们，困苦是快乐的种子，正是因为隆冬的严寒杀尽了地下的害虫，植物才能繁茂地生长。

诸如此类的例子简直不胜枚举。音乐家贝多芬在他两耳失聪、穷困潦倒之时，创作了他最伟大的乐章；席乐病魔缠身十五年，却在此期间写就了他最好的著作；密尔顿就是在他双目失明、贫困交加之时，写下他最著名的著作的。所以，为了得到更大的成就与幸福，班扬甚至说：“如果可能的话，我宁原祈祷更多的苦难降临到我的身上。”

一个真正勇敢的女人，愈为环境所迫，反而愈加奋勇，不战栗不逡巡，昂首挺胸，意志坚定；她敢于对付任何困难，轻视任何厄运，嘲笑任何障碍，因为贫穷困苦不足以损他毫发，反而增强了她的意志、品格、力量与决心，这使她成为所有人中最卓越的人。对于这样的人，命运绝对无法阻挡他们的前程，因为艰难困苦已经让他们的生命焕发出了夺目的光彩。

不必为自己的缺陷苦恼

墨子说过：“甘瓜苦蒂，天下物无全美。”世间没有绝对完美的事物，存在缺陷并不可怕，关键在于女人的心态是如何看待缺陷。世间没有完美的人只有完美的心，一个能正视缺陷的人，他的世界观、人生观、价值观才是健康的。

残缺也是一种美，关键在于女人用什么心态去看待。圆明园用自己残缺的美来让世人更深刻的了解战争，更深刻的体会到清政府的腐败无能，它的存在是一种让人心痛的残缺美。

其实，残缺并不可怕，怕的是你没有接受缺陷的勇气，如果我们能够正确的认识自己的缺陷和不足，找到属于自己的位置，用自己的长处去弥补自己的缺陷。缺陷有时候就会成为了我们前进的动力。张海迪、史铁生他们在身体上都有残缺，但是这并没有成为他们自甘堕落的理由，反而成为了他们奋发图强的动力和勇气。他们身体上的残缺却让他们的灵魂得到了更完美的升华，也让整个世界的人们为他们而感动。秋天失去了夏天的勃勃生机，只剩下了枯黄的落叶，但是却是别有一番风景。初一的月牙固然没有十五的月亮皎洁明亮，但是它依然能够煽动你的情怀。

正视缺陷需要勇气。一个女人能够正视自己的缺陷，不仅是一种勇敢的表现，更是一种智慧的体现。只有缺乏自信心的人才不敢面对自己的缺陷。正所谓“尺有所短，寸有所长”“人无完人，白璧微瑕”世上没有绝对完美的事物。就像号称中国古代四大美女的西施、貂婵、王昭君和杨玉环也都有各自的缺陷和不足。例如杨玉环有狐臭，西施体弱多病。但是他们不但知道自己的缺陷，而且还懂得从其它方面来弥补。杨玉环制作了花露水，西施皱眉抚胸的样子更是被世人称美。

女人可以没有大海的壮阔，但还可以拥有小溪的优雅，女人可以没有大树的高大但还可以拥有小草的坚韧，女人可以没有蓝天的辽阔，但还可以拥有白云的飘逸。女人可以通过自己的努力来获得自己想要的东西，有不足之处意味着女人还可以继续努力。拥有追求的人生才是最完美的人生。

有一个女孩，身材很矮小不足一米五，为此她经常受到同伴的嘲笑和讥讽。但是她并没有因为自身的不足而自暴自弃，而是成功的将自己本身的缺点转化成了优点。她利用自身的矮小的优势参加了举重训练。经过坚持不懈的努力，几年之后，这个身材矮小的女孩一举成名，成功的站在了奥运会最高领奖台上。

其实很多时候我们会发现，缺陷只能妨碍我们在某一方面的发展，它能够限制我们做的事情只能是一个圆，而不管这个圆有多大，在这个圆之外的空间则是无限广阔的。因此我们所能做的事情也是无限的。正如，坐在轮椅上的张海迪，用自己坚强的意志和智慧的头脑改变了自己的人生。女人只有正视自身的缺陷，才能更好的实现自己的人生理想，才能让自己拥有一颗完美的心。

有时候，生理上的痛苦会让你的心理保持更加清醒。一个人在痛苦的时候更容易反思自己，重新开启自己的内心世界，并且规划出更美好的人生，带来更明确的前进方向。缺陷已经无法改变，就要学会正视，让缺陷化为成功的动力，而不是沉重的负担。勇于承认自身的不完美，我们每个人都有自己的缺陷，也都会有自己的优点，我们要学会扬长避短，突出自己的优点。不完美是我们人生的一部分，而拥有缺陷是我们人生另一种意义上的完美和成熟。

缺陷是无处不在的，女人难免会有缺陷。对待缺陷，关键是女人要用正确的心态去看待。只有勇敢地接受缺陷，才能够看到更完美的人生。学会欣赏缺陷，欣赏不完美，淡定女人的心才会变得更完美。

绝境中常藏有转折的机会

虽然我们常常是事务繁忙，有时不得不陷于被动、无目的地追求中。但人生最可怕的却是放弃追求的那一刻。只要我们不放弃，我们的人生就会有成功的转机。对于能够坚持到底的人来说，所有的危机都是转机，所有的苦难都孕育着幸福和快乐。只要我们能够坚持再坚持，我们就会收获人生的幸福和快乐！

刘霞是个孤儿，从小由祖父抚养长大，后来祖父过世，她顺理成章地继承了祖父一生的事业——美丽的“森林庄园”。谁知老天捉弄，刚接手不久，一场雷电引发的山火就将“森林庄园”化为灰烬。面对焦黑的树桩，刘霞欲哭无泪。年轻的她不甘心百年基业毁于一旦，决心倾其所有也要修复庄园，于是她向银行提交了贷款申请，但银行却无情地拒绝了她。接下来她四处求亲告友，依然是一无所获……

所有可能的办法全都试过了，刘霞始终找不到一条出路，她的心在黑暗中挣扎。她知道，自己以后再也看不到那郁郁葱葱的树林了。为此，她闭门不出，茶饭不思，眼睛熬出了血丝。一个多月过去了，年已古稀的外祖母获悉此事，意味深长地对刘霞说：“孩子，庄园成了废墟并不可怕，可怕的是你的眼睛失去了光泽，一天天地老去。一双老去的眼睛，怎么可能看得见希望呢？”刘霞在外祖母的劝说下，一个人走出了庄园，走上了深秋的街道。她漫无目的地闲逛着，在一条街道的拐角处，她看见一家店铺的门前人头攒动，她下意识地走了过去。原来，是一些家庭主妇正在排队购买木炭。那一块块躺在纸箱里的木炭忽然让刘霞眼睛一亮，她看到了一线希望。

在接下来的两个多星期里，刘霞雇了几名烧炭工，将庄园里烧焦的树加工成优质的木炭，分装成箱，送到集市上的木炭经销店。结果木炭被一抢而空，她因此得到了一笔不菲的收入。不久，她用这笔收入购买了一大批新树苗，一个新的庄园又初具规模了。几年以后，“森林庄园”再度绿意盎然。

法国有一名女记者叫兰迪，在年轻的时候，因一场事故导致四肢瘫痪。在全身的器官中，唯一能动的只有左眼。可是，她还是决心要把自己在病倒前就构思好的作品完成。

兰迪只会眨眼，所以就只有通过眨动左眼与助手沟通，逐个字母地向助手背出她的腹稿，然后由助手抄录下来。助手每一次都要按顺序把法语的常用字母读出来，让兰迪来选择，当她读到的字母正是文中的字母时，兰迪就眨一下眼表示正确。由于兰迪是靠记忆来判断词语的，有时不一定准确，她们需要查辞典，所以每天只能录一两页，可以想象她们两个人的工作是多么的艰难！几个月后，她们历经艰辛终于完成了这部著作。为了写这本书，兰迪共眨了二十多万次眼。这本不平凡的书有 150 页，它的名字叫《潜水衣与蝴蝶》。

一只眼睛就可以出一本书，还有什么是不可能的呢？

这个世界上，从来没有什么真正的“绝境”。无论黑夜多么漫长，朝阳总会冉冉升起；无论风雪怎样肆虐，春风终会缓缓吹拂。当挫折接连不断，当失败如影随形，当命运之门一扇接一扇地关闭，我们永远也不要怀疑总有一扇窗会为你打开。机会总是存在的，只要你能灵活运用，没有足够的灵活，你可能就会放弃生活，放弃机遇，认为命运不公，陷入绝境。不要磨灭你眼中希望的光，它投射出的明亮、美丽和快乐会照亮你生活的每一个角落。当你感到寒冷的时候，它可以给你温暖；当你遭受苦难的时候，它会给你抚慰；当你觉得困惑时，它将为你指明道路；当你萎靡不振的时候，它可以让你重新振奋，去面对生活的挑战。它可以让你的生活焕发出无穷的光彩。困难无处不在，女孩只有将阴暗的悲观心情赶走，才会获得阳光般的灿烂人生。

既然痛苦无法躲避，那唯一的办法就是勇敢接受。因为只有接受痛苦，才能够改善现状。而接受痛苦，源于对新生活的希望，希望能够带给人完全不一样的人生。在痛苦中，多想想希望中的新生活，就会让人得到在痛苦中站起来的机会和勇气。痛苦并不可怕，可怕的是在痛苦中丧失积极的心态。只有拥有积极心态的女人才能收获隐藏在痛苦后面的馈赠，才能借助痛苦，一次次强大自己的心灵，从而把握住真正的幸福。

逆境是块试金石

很多时候我们的潜力没有被发掘出来，是因为我们还没有遇到逼迫我们使出能力的逆境。顺境使我们的精力闲散无用，使我们感觉不到自己的力量，但是障碍却能唤醒这种力量。善待逆境，阳光总在风雨后。保持乐观的心态，发掘逆境的价值，期盼生活的彩虹。

逆境是块试金石，面对逆境，强者，就会战胜它，最终取得成功；弱者，就只有面临失败的结果了。梁启超曾说：“患难困苦，是磨练人格之最高学校。”只有在患难困苦面前始终听从内心中正确的声音，我们才会有良好的人格。

吴敬梓就是一个面对逆境却不服输的人。《儒林外史》这部名著就出自于他之手。他从37岁开始写这部书，依靠典当衣服、卖文和友人的周济维持生活。冬天天气寒冷，家中没有火取暖，夜间写书更加寒冷，他就乘月光绕城跑步取暖。他就是在这样困苦的3年时间里完成了33万字的巨著《儒林外史》。面对逆境，吴敬梓不曾退缩半分，而是努力想办法，这种精神是值得我们学习的。

法国军事家拿破仑曾说过：“人生之光荣，不在于永不失败，而在于屡仆屡起。”也就是说，面对逆境，我们应该努力去战胜它，就算是失败了，也要重新振作起来，继续努力奋斗。逆境的确能够磨练出人的坚强意志。

美国总统尼克松小时候家里的生活比较艰苦，为了生计，尼克松的父亲开了一家小小的汽车加油站兼食品杂货店。年仅10岁的尼克松每天必须到店里帮忙干活，长大一点之后，他便独自承担起采购水果和蔬菜的任务。这个工作是相当艰苦的，他必须每天凌晨4点起床，以便5点之前把马车赶到菜市场。当他把采购好的货物运回后，还必须争分夺秒地将其洗净、分级，送上货架陈列好，而且到8点要赶到学校去上课。下午放学之后，他第一个任务不是回家完成功课，而是要去店里干几个小时的活。因此，他几乎每天到了深夜才能做完功课，做完功课，刚睡了一会儿，又要去采购了。当年的加利福尼亚对于不畏艰苦的人来说，似乎是一个有无穷机会的地方，少年时的尼克松就是在这里受到了磨练。进入中学时为了锻炼自己的竞争能力和减轻生活压在自己工作和学习上的重负，他与足球结下了不解之缘。由于他具有坚强的意志和良好的自我约束能力，尽管学习环境艰苦，但他的学习成绩却一直很好。尼克松面对那么大的压力却没有放弃，面对逆境，他勇敢地迎了上去，于是他就成功了。

伏尔泰曾说：“人生布满了荆棘，我们知道的唯一方法就是从那些荆棘上迅速踏过。”这就是面对逆境应有的态度。

逆境就是上天赐给我们的最好的试金石。在逆境中，淡定的女人能够发挥出自己的潜力，看到我们真正的力量。

人生因为顽强而美丽

人生的美丽之处就在于，面对苦难和逆境，我们能够顽强地拼搏到底，并获得最后的胜利。虽然屡遭痛苦，却能够百折不挠地挺住，这就是成功的秘密。所以，你一定要学会坚强。有了坚强，才有了面对一切痛苦和挫折的能力。

从前，村里有一位妇女，因为患了乳腺癌不得不去医院做了左乳摘除手术。伤口痊愈后，她下地走路时奇怪地发现自己的身体竟不自觉地向右边倾斜起来。她稍一愣怔后便明白了：也许是自己的乳房比较大且重的缘故，少了一只左乳后，身体也失去了原有的平衡。而让她更为苦恼的是，自己的胸前左边瘪塌塌的，右边鼓囊囊的，极不对称，以致穿起衣服来很是别扭和难看。

可是她又没钱买义乳。怎么办？她决定自己做一个。她“就地取材”地从家里搬出芝麻、蚕豆、玉米、小麦、绿豆等种子，依次分别往乳罩左边的罩口里装满种子，然后再缝合罩口，戴在身上测试一下身体的美观及平衡效果。最后，她选定了绿豆作为乳罩的填充物。

初戴上“绿豆乳罩”的她显得异常兴奋与激动，对于自己的身体，她仿佛又找回了曾经的那份自信与美丽。后来，她无论是下地干活，还是串门赶集，时时刻刻地戴着那副“绿豆乳罩”。

可是一天晚上，她摘下乳罩准备睡觉时，惊讶地发现——乳罩里的那些绿豆竟发芽了！

那一夜，她基本上没合眼，想着怎样解决绿豆在自己的体温下会发芽的问题。第

二天，她把那些绿豆炒熟了，然后再放进乳罩里……

可是没过几天她就发现，问题又来了，她的身上始终有一种熟绿豆的香味挥之不去。只要她一出现在人群里，人们总会耸着鼻子做闻香状，然后好奇地问：“谁兜里揣着熟绿豆？好香啊！快点拿出来让大家尝尝……”弄得她很是尴尬，又不好讲出实情。但也怪不得人家，人家也是无意的啊。

后来，经过很多次试验，她在缝制“绿豆乳罩”的时候，终于找到了一个折中的良方，就是在炒绿豆的时候，要掌握好火候——仅把绿豆炒到七八成熟的样子，这样的绿豆放进乳罩里既不会发芽，也闻不到香味，刚刚好。就这样费尽思量，才解决了绿豆作为乳房替代物与自己身体兼容的难题，这位爱美的乡下女人终于松了口气。

后来有一天，一家女性刊物的记者知道这事后，大老远地赶来采访这位村妇。采访临近尾声时，记者提出要给她拍几张照片，她一下子激动得满脸通红，因为在那个偏僻的村庄里，她很少有照相的机会，她习惯性地抻抻衣角、捋捋头发，然后站在一株从石缝里长出的芍药花旁，郑重而优雅地摆出了一个个美丽的姿势。望着镜头里那朵火红的花儿衬托着那张自信而美丽的笑脸，泪水模糊了记者的视线……

后来，这位记者在她的文章中写道：“我是怀着一种敬仰和感动的心情对她进行采访的，在为她的遭遇感到心酸的同时，又被她乐观而不屈的精神所鼓舞并深感欣慰。这样一个在贫困交加的境地里挣扎的女人，依然向往美丽，顽强地追求着美丽，她今后的生活一定会好起来的，就像她拥花而卧的那帧美丽的照片。因为她的精神不败，我坚信，仅凭这一点，足以让她战胜人生中所有的厄运和苦难！”

人生就是与重重困难斗争的漫长战役。早一些让自己懂得痛苦和困难是人生平常的“待遇”，当挫折到来时，应该面对，而不是逃避，这样，你才能早一些坚强起来，成熟起来。以后的人生便会少一些悲哀气氛，多一些壮丽色彩。记住，只有顽强的人生才美丽，才精彩。古今中外多少名人给我们做出了可歌可泣的先例：前苏联作家奥斯特洛夫斯基在双眼失明的情况下，通过向人口授内容，完成了长篇小说《钢铁是怎样炼成的》；美国女作家海伦·凯勒自幼双目失明，在莎利文老师的教导下学会了盲文，长大后成为一个社会活动家，积极到世界各地演讲，宣传助残，并完成了长篇小说《假如给我三天光明》；当代著名女作家张海迪五岁因为意外事故造成高位截瘫，但仍坚持自学完成大学课程，并精通多国语言……

虽然各人都有不同的苦难，但是顽强地与苦难斗争并坚持到底，这是他们的共同之处，也是他们最令人感动的地方。

霍金是当代最杰出的理论物理学家，一个科学名义下的巨人。在这绚烂的光环之下，他是一个坐着轮椅、挑战命运的勇士。

史蒂芬·霍金，出生于1942年1月8日，那一天刚好是伽利略逝世三百年纪念日。

从童年时代起，运动从来就不是霍金的长项，几乎所有的球类活动他都不能参与。进入牛津大学后，霍金注意到自己变得更笨拙了，有一两回没有任何原因地跌倒。一次，他不知何故从楼梯上突然跌下来，当即昏迷，差一点儿死去。

直到1962年霍金在剑桥读研究生后，他的母亲才注意到儿子的异常状况。刚过完21岁生日的霍金在医院里住了两个星期，经过各种各样的检查，他被确诊患上了“卢伽雷氏症”，即运动神经细胞萎缩症。

大夫对他说，他的身体会越来越不听使唤，只有心脏、肺和大脑还能运转，到最后，心和肺也会失效。霍金被“宣判”只剩两年的生命，那是在1963年。

然而两年后霍金并没有死去，但是，他的病情渐渐加重。1970年，在学术上声誉日隆的霍金已无法自己走动，他开始使用轮椅。直到今天，他再也没离开它。但是，永远坐进轮椅的霍金，依然在极其顽强地工作和生活着。1991年3月的一天，霍金坐轮椅回柏林公寓，过马路时被小汽车撞倒，左臂骨折，头被划破，缝了13针，但48小时后，他又回到办公室投入工作。

虽然身体的残疾日益严重，霍金却力求像普通人一样生活，完成自己所能做的任何事情。他甚至是活泼好动的——这听来有点好笑，在他已经完全无法移动之后，他仍然坚持用唯一可以活动的手指驱动着轮椅在前往办公室的路上“横冲直撞”；在莫斯科的饭店中，他建议大家来跳舞，他在大厅里转动轮椅的身影真是一大奇景；当他与查尔斯王子会晤时，旋转自己的轮椅来炫耀，结果轧到了查尔斯王子的脚趾头。当然，霍金也尝到过“自由”行动的恶果，这位量子引力的大师级人物，多次在微弱的地球引力左右下，跌下轮椅，幸运的是，每一次他都顽强地重新“站”起来。

1985年，霍金动了一次穿气管手术，从此完全失去了说话的能力，只能用三个指头和外界交流——到目前更是只剩下眼皮了。他就是在这样的情况下，极其艰难地写出了著名的《时间简史》，探索着宇宙的起源。

霍金的科普著作《时间简史——从大爆炸到黑洞》在全世界的销量已经高达2500万册，从1988年出版以来一直雄踞畅销书榜，创下了畅销书的一个世界纪录。

霍金的故事告诉我们，是否具有不屈不挠的精神，或许是能否取得成就的最大因素。他凭着坚毅不屈的意志，战胜了疾病，创造了一个奇迹，也证明了残疾并非成功的障碍。顽强的意志是排除艰险获得成功的必需保证，顽强的人生才是最美丽的。

坚强是一笔宝贵的财富

坚强的品格是上天赋予我们的宝贵的财富。

我们每个人都有梦想，也曾为之努力过、奋斗过，但是很多人却因为没有一颗坚强的心和持之以恒的毅力，最终给自己的人生留下了深深的遗憾。所以，我们要想成就一番事业，要想实现自己的梦想和追求，就必须努力为自己打造一颗坚强的心。

从前有一个失意的年轻人，向哲人请教成功的秘诀。哲人递给他一颗花生说：“用力搓它。”年轻人用力一搓，花生的壳碎了，剩下了花生仁。然后哲人叫他再搓搓它，结果红色的花生衣也被搓掉了，只剩下白白的果肉。哲人叫他再用力搓，年轻人迷惑不解，但还是照着做了。

可是，无论他如何用力，却怎么也捏不碎这粒花生仁。哲人还是叫他再搓搓它，结果仍然是徒劳无功。

最后，哲人语重心长地告诫年轻人：“虽然屡受打击和磨难，失去了很多东西，但始终都要拥有一颗坚强不屈的心，这样才有美梦成真的希望。”

其实，对于一个人来说，最有用的财富不是金钱名利，也不是人际资源，而是一颗坚强的心。

有一个农民，初中只读了两年，家里就没钱继续供他上学了。他辍学回家，帮父亲耕种三亩薄田。在他 19 岁时，父亲去世了，家庭的重担全部压在了他的肩上。他要照顾身体不好的母亲和瘫痪在床的祖母。

20 世纪 80 年代，农田承包到户。他把一块水洼挖成池塘，想养鱼。但乡里的干部告诉他，水田不能养鱼，只能种庄稼，他只好又把水塘填平。这件事成了一个笑话——在别人的眼里，他是一个想发财但又非常愚蠢的人。

听说养鸡能赚钱，他向亲戚借了 500 元钱，养起了鸡。但是一场洪水后，鸡得了鸡瘟，几天内死光了。500 元对别人来说可能不算什么，但对于一个只靠三亩薄田生活的家庭而言，不啻天文数字。他的母亲受不了这个刺激，竟然忧郁而死。

他后来酿过酒，捕过鱼，甚至还在石矿的悬崖上帮人打过炮眼……可都没有赚到钱。

35岁的时候，他还没有娶到媳妇。即使是离异的有孩子的女人也看不上他。因为他只有一间土屋，且随时有可能在一场大雨后倒塌。娶不上老婆的男人，在农村是没有人看得起的。

但他还想搏一搏，就四处借钱买了一辆手扶拖拉机。不料，上路不到半个月，这辆拖拉机就载着他冲进一条河里。他断了一条腿，成了瘸子。而那辆拖拉机，被人捞起来时，已经支离破碎，他只能拆开它，当作废铁卖。

几乎所有的人都说他这辈子完了。但是后来他却成了南方一个大城市里的一家大公司的老总，手中有数亿元的资产。

现在，许多人知道了他苦难的过去和富有传奇色彩的创业经历。许多媒体采访过他，许多报告文学描述过他。其中一个访谈令人印象深刻：

记者问他："在苦难的日子里，你凭什么一次又一次毫不退缩？"

他坐在宽大豪华的老板台后面，喝完了手里的一杯水。然后，他把玻璃杯子握在手里，反问记者："如果我松手，这只杯子会怎样？"

记者说："杯子摔在地上，肯定要碎了。"

"那我们试试看。"他说。

他手一松，杯子掉到地上发出清脆的声音，但并没有破碎，完好无损。

他说："即使有10个人在场，他们都会认为这只杯子必碎无疑。但是，这只杯子不是普通的玻璃杯，而是用玻璃钢制作的。我之所以能战胜苦难，就因为我有一颗坚强的心。"

这样坚强的人，即使只有一口气，他也会努力去拉住成功的手。所以如果他不能成功，那么还有谁能成功呢？

不管通向成功的道路是阳光灿烂，还是风雨兼程，淡定的女人都要始终保持这颗坚强的心，不得有半点的懈怠和屈服。阳光总在风雨后，经历了风风雨雨、大风大浪、坎坎坷坷之后，再回味自己来之不易的成功的时候，那一定是人世间最幸福的时刻。

危急时刻，牙关紧咬闯过关

人生没有过不去的坎，咬紧牙关一定能够闯过关。

下面是发生在日本的一个真实的故事。

一个人因为装修家而拆开了墙壁。日本式住宅的墙壁是中间加了木板后，两边是泥土，里面是空的。他拆墙壁的时候，发现一只壁虎被困在那里。一根从外面钉到里面的钉子钉住了那只壁虎。那主人觉得又可怜又好奇，仔细看那根钉子，他很惊讶，因为那钉子是10年前盖那栋房子的时候钉的。到底怎么回事？那只壁虎困在墙壁里竟整整活了10年?!黑暗的墙壁里生存10年，真不简单！

可是，那只壁虎的尾巴被钉住了，一步也走不动，到底吃什么活了10年？

那主人暂时停止了工程。过了不久，不知从哪里又爬来一只壁虎，嘴里含着食物……啊，爱情！无比高尚的爱情！为了被钉住不能走动的壁虎，这10年的岁月里另一只壁虎一直在喂它。

每个人听到这件事，都深深地被那爱的力量所感动……

生命是一种爱，除了这样的解释，很难再找到满意的答案。

罗本与妻子梅终于攀到了山顶。站在山顶眺望，两人高兴地手舞足蹈。对于终日劳碌的他俩来说这是一次难得的旅行。突然罗本一脚踩空，高大的身躯打了一个趔趄，随即向万丈深渊滑去……短短地一瞬，梅就明白发生了什么，下意识地，她一口咬住了丈夫的上衣。但是当时她正蹲在地上拍摄远处的风景，于是，她也被惯性带到岩边，仓促之中，她抱住了一棵树。

罗本悬在空中，梅牙关紧咬，她的牙齿承担了一个高大魁梧身躯的全部重量。

梅不能张口呼吸，一小时过后，过往的游客救了他们。而这时的梅，美丽的牙齿和嘴唇早被鲜血染红。

有人问梅如何能挺这么长时间，她回答说："我一松口，他肯定会死。"

死神也怕咬紧牙关！在生命中有什么样的力量可以像爱那样伟大？

在施瓦辛格主演的《魔鬼终结者2》中有这样一个场景：施瓦辛格扮演的冷酷的

机器人终结者问小孩："你们人类为什么要哭？"小孩愣了一下却答不上来。直到影片最后，一直保护着小孩的终结者为销毁储存在脑中的芯片，不得不将自己融化在钢水中时，小男孩留下了难过的泪水。这时终结者方才明白，他说出了他的最后一句话："我已经明白你们为什么要哭了！"随后，毅然地滑入沸腾的钢水之中……

人类为什么会哭？因为他们有生命，因为他们懂得爱，懂得爱是必死与不朽的交汇点。终结者认识到这点，他认为这是他赢得的最好的一场胜利，可以无憾而去了。

生命中最重要的是什么？在我们寻求成功的人生道路上，在我们经过艰苦努力实现自我的奋斗中，我们确实变得越来越强大。与此同时，我们常常会在创造才能增长的同时，忽略了心灵的成长，就像影片中的终结者一样，拥有无坚不摧的能量，但是不知道哭是什么，更不知道爱为何物。这才是对生命最大的不敬。

心若安好，便是晴天

女性在工作中的"最高境界"就是：快乐工作。在工作中时刻保持乐观豁达的心态，能够让我们更加有魅力，更可以为自己的女性风范加分。

小翎是一位精明能干的会计师，凡事都懂得精打细算。她开了一家会计师事务所，没有一分钱不在她的掌控之下，但是她每天辛苦工作挣钱，却掌控不了自己的命运。32 岁时，她因过度劳累而得了蜂窝性组织炎，自此之后，她便终日与各种中、西药品为伍。医生警告，如果她再如此操劳下去，生命就会快速老化终结。小翎原本计划 45 岁退休的时候移民到法国南部的农庄，投资红酒生意，结果，计划赶不上变化，拥有了满满的金钱存折，健康存折却是亏损连连，惨不忍睹。

其实，财富是很多人一生努力追求的目标，但如果身心不健康、不快乐，再多的金钱都是虚幻的。在工作中保持快乐豁达的心态，可以使职场女性的身心更加健康。

很多人都认为，19 世纪的绝症是黑死病，20 世纪的绝症是癌症。那 21 世纪的绝症是什么呢？许多专家都认为是"抑郁症"。近年来，罹患抑郁症的人是越来越多了，除了跟自己内在的因素有关外，整个大环境的影响也很大。每一个人都要去适应整个社会的变迁，而女性朋友因为生理周期的影响，更是必须有好的抗压性。

其实，职场女性想要保持乐观豁达、身心健康的心理暗示有如下三个秘诀：

秘诀一：笑口常开。笑是保持快乐年轻的不二法门，更是解百忧治万病的最佳良药。笑声能打开愤怒、沮丧或防卫之外的另一扇窗。每天适当地开怀大笑，可以将体内郁积的闷气一股脑儿地宣泄出去。在美国、日本等国家，甚至推行笑疗法，让病患经过大笑，达到祛病健身之效。

1988 年的一份世界医疗杂志上曾证明，幽默能够提高人体的免疫功能。聪明的女性朋友，要学会用幽默感对待压力，当你被工作及孩子搞得焦头烂额时，最好先停下来深吸一口气，再试着用幽默的态度来化解生活的无奈，你会发现人生可以过得更轻松愉快。

秘诀二：休息。很多女性朋友都很少休假，因为家庭与孩子总是让她分不开身，但是，如影随形令人头疼的压力，除了影响身体健康、降低身体免疫力之外，也会让判断力变得迟钝。

美国曾经对 749 位女性进行了 20 年的追踪调查，发现休假少于 6 年一次的女性得心脏病和死于心脏病的人数，是每年休假至少一次的女性的两倍。你不需要花很多的钱，只是让自己消失一下，从工作和生活中解脱出来，让自己的心灵得到放松、喘息与充电的机会。

有一位女强人经常利用家中保姆的放假日，把厨房里的锅碗瓢盆刷洗得晶晶亮亮，来平衡日常用脑过度的职场步调。休假可以暂时搁下问题，放下压力，特别是外出度假时，不同的人、事、物会帮助你释放压力。

秘诀三：释放压力。有人说，压力就如同贷款，无法逃避，必须实时还清，否则就会越积越多。现代女性的压力都非常大，如果你无法休假，又无法完全解除压力来源，你就应该学习如何解压，像印度的瑜伽修行者，就非常懂得利用瑜伽、静坐和调息法来去除压力。

女性们可以运用按摩的方式来解压，因为按摩对工作紧张所造成的慢性病很有效，其他像打电话给好朋友、到户外散心、运动、听音乐、骑车兜风、坐禅、太极拳等，都是缓解压力、保持快乐心态的好方法。

告诉自己“我能行”

女人要不断摆脱旧的自我，进行积极的心理调整，不要顾虑这是“逞能”“发疯”，而要对自己提出较高的要求，敢于把自己逼到进退两难的境地。事在人为，你说“我能行”，你就能行！即使一时没有达到目标，你也会从实际努力中增长见识和才干。

有时候，当人们将要采取某些行动时，态度就是内心的决策和指令，它可以正确地指导你行动，反过来，你内心里没有这种意识，那么，你的行动就会显得茫然无措。

一位硕士研究生毕业的女律师准备第一次出庭辩护，内心紧张不安：“我不要神色拘谨，说话不顺；我不要被人家看出我是第一次出庭，没见过世面；我不要被人看作太年轻，没经验；我不要被人看作太幼稚，没本事；我不要……”

她掉进了一连串的“不要”“不能”“可别”之类的陷阱里，她总是担心出错露怯，害怕挫折失败。这当然属于消极的自我暗示。可是，事情往往是你不要什么，你害怕什么，却偏偏会出现什么，得到什么。因为她的大脑里产生了一系列糟糕的图像。有关的研究表明：人的大脑里多次出现的图像会像实际情况那样刺激人的神经系统。如打高尔夫球，你总是告诫自己“不要把球打进水里”，大脑就会浮现出“球掉进水里”的情景，那么事情必然不妙。

那么，这位女律师应当怎样进行自我调整呢？她应当把注意力集中在自己所希望发生的情景上，她应当在心里说：“我相信我能行！我相信自己一出庭就显得很有精神，很有气质。我希望一张口辩护就使人感到我精通法律，主持正义，我的论点是以充分的事实为依据的。我希望语言流畅，论辩有力，能够吸引人们的注意和兴趣，赢得人们的赞成与支持！……”于是，她就想象那种充满自信、论辩有力的具体情景，经过这样的练习和准备，她就会在第一次出庭辩护中获得成功。

弃旧图新，改变自我意识，必须要自我肯定。你只有认定“我能行!”才能在心理上进行积极的自我调整。

生活告诉我：我能行！这是一位青年人的亲身体会。他说：“我从小体弱多病，不能像别的孩子那样快速奔跑，也不能像别的孩子那样干活，自感事事不如人，慢慢地养成了胆怯、孤僻的性格，从不敢冒险进取。长辈们说：‘这孩子长大不会有什么出

息。'父母对我的未来也不抱什么希望，时时迁就我的软弱，说我捡条命已经是千幸万幸的事了。

"不知是受到何种魔力的驱使，在班主任老师告诉我可以不参加期中考试时，我冲口而出的话竟是'我能行！'然而话一出口，我又后悔了，因为自从文理分班后，我就病倒在床上了。一个多月，课程落了一大截。可现在……有生以来，我第一次被逼到了进退两难的境地。我痛骂自己：'逞什么能，真是疯了！'几次想对老师说不考了，又难于启齿，只好咬紧牙关拼一场。苦过累过，那次考试我居然名列第一！

"从荒僻的乡村来到繁华的城市，我又有了自卑感。开学后不久的一次联欢会上，城市同学大显身手，吹拉弹唱样样令我羡慕不已，我自愧弗如所以只能当个观众。不知是谁非要我'露一手'，心慌意乱中，我暗暗对自己吼道：'我能行！'努力镇静下来，鼓足勇气讲了一个民间笑话，没想到同学们笑得前仰后合，报以热烈的掌声。

"第一次参加诗赛，信心不足。全国性的征诗赛，我一个无名之辈还想得奖不成？我又给自己打气：不参加怎么知道行不行呢？尽管如此，抄诗时，手仍然颤抖得难以控制。时隔数月，传来消息，我的诗获得优秀奖。

"'我能行！'成了我的座右铭。这句话不同于'芝麻开门'之类的咒语，它实实在在能鼓舞人，给人以自信和勇气，发掘出自身的潜在智能，并使之有展示的机会。"

自信是一种良好的心理素质，它来源于对实力的充分认识，对局势的清醒判断。其实很多时候，我们最大的敌人是自己的心。千万不要在败给对手前就败给自己，把所有的顾虑、所有的担忧都抛到脑后。不管遇到多大的困难，也要笑着告诉自己："我能行。"不管面对多大的压力，也要轻松地给自己打气："我能行。"

第七章：懂得选择与放弃——懂得取舍才能活得潇洒自如

“得而失，失而得，人生何必患得患失。”人生就是这样，得到了，有可能失去；失去的，有可能又在不经意间得到了。得与失相依，得到了不一定就是件好事，失去了也不见得就是件坏事。所以，这种得得失失的事，又何必太在意呢。

每个人都是独特的

女人不必羡慕别人的生命如何如何美丽，也无须嫉妒别人的生活如何如何富足，更不要叹息自己是这么普通，这么平凡，因为我们每个人都是独一无二的，并且我们永远只能是我们自己。

卢梭曾说过这样一句话：“对于整个世界而言也许我微不足道，但对于自己而言我却是全部。”事实上，我们只有面对自己的时候才是重要的，而我们活着的目的当然也就是做好自己，做那个独一无二的自己。这个世界上没有两片完全相同的叶子，更不可能有两个完全相同的人。我们从呱呱坠地到长大成人，所有的经历都那么特殊，自成风格，别人无法代替也无法复制。

当你为了找一份工作整日奔波于招聘会时，却发现身边的同学或朋友已经通过家里的社会关系进了事业单位，会不会唉声叹气、怨天尤人？当你每天早晨在公交车上被挤成“相片”时，看到一些同龄人已经开上了名车，会不会感觉有些失落？当你的男友另结新欢，抛下你扬长而去时，邻居家的女孩却披上婚纱，即将成为最美的新娘，你会不会感叹命运竟然对自己如此不公平？……但是冷静下来想一想，每个生命都有自己的闪光点，自己又何必那么辛苦地跟别人比较呢？生活对每个人来说都有不同的美好，说不定别人也正在羡慕自己呢！

这个世界就像是一望无际的蓝天碧海，没有人能了解天空每时每刻都在变幻着些什么，更没有人能知道沧海何时才能变为桑田。为生活而奔波的人是辛苦的，为事业而忙碌的人是充实的，为幸福而生活的人是快乐的……尽管我们每个人都是独特的，但我们却在各自不同的命运中寻找着同样的快乐时光，追求着同样的幸福生活。

韩友华在宁波努力了很多年仍然只是一个小小的职员，而自己大学时代的几个好友很多年前就飞黄腾达了，这一天，她们重逢在同学聚会上。

蔡冰在毕业那年就考上了公务员，并顺利进入到检察院工作，而同届的很多比她条件好、成绩好的人却仍然庸庸碌碌。当大家问起她当年怎么就那么幸运被选上时，蔡冰的脸上泛起一丝笑意：“我也不清楚，都是我老爸在疏通……”

王美更是了不得，毕业不过几年时间，她已经在北京买了房子安了家。同学都惊叹北京飞涨的房价和高水平的消费，而王美却不以为然：“我妈妈是那家房产公司的大股东，弄套房子还不是小意思？”

韩友华听到这里，心里飘过一丝惆怅，想到自己这么多年辛辛苦苦地奋斗，却还没有在这个城市拥有一砖一瓦，至今为止还住在租来的房子里，老家的爸爸妈妈年纪大了，自己却不能在身边照料……

事实上，命运并不是没有改变，只是我们太过专注于那些耀眼的、闪烁着光芒的东西。或许不是每一个在农村生长的孩子考上大学都能将自己的家乡建设成国际大都市，但起码经过努力，他使自己脱离了“面朝黄土背朝天”的日子，也为自己的下一代打好了部分成功的基础。如果我们总是在比较中生活，将“无人能比”“无法超越”作为自己获得快乐的前提，那无疑是给自己上了一副精神枷锁。

能够来到这个世界上的每一个人都是一个奇迹，而生存在这个世界上的每个人，又都拥有属于自己的独特人生。就像我们长着同样的双手，却有独一无二的掌纹；我们有着相同的器官，却有独一无二的相貌；我们每天都同样要吃饭睡觉，却有着独一无二的思想。天生的基因带给我们与众不同的天赋，后天的生活养成了我们独一无二的性格。

每个人都有自己的个性，每个生命都有闪光点，也有灰暗的一面。乞丐的生活不一定就不潇洒，百万富翁们的生活也不一定像表面看上去那么光鲜。我们无法决定自己出生在什么时代，无法选择自己生长在什么家庭，但我们却绝对可以选择自己的生活方式，也可以决定自己是快乐还是痛苦，是富有还是贫穷，是昂首挺胸还是唯唯诺诺……不管选择哪种方式来面对自己的生活，只要能活出自己的本色就是最好的。

女人不要和别人比较，也没必要仰视别人的风景，要相信自己就是一道美丽的风景，只要我们不断超越自己，努力寻找内在的完美与和谐，一切都会慢慢好起来，总有一天我们也会成为别人眼中一道闪亮的风景。

别为打碎的牛奶瓶哭泣

不要再去想已经失去的东西了，更不要捎带手把自己将来的生活也搭进去。女人如花似锦的日子何其短暂，我们何苦还要花费时间和精力流连于过去的风景？

有许多女人在漫长的人生道路上都会因为自己这样或那样的过失而滋生悔恨情绪，经常自我埋怨、自我谴责，甚至自我惩罚，使得心情痛苦万分。聪明女人是绝对不允许任何可能影响自己身心健康的坏情绪长期存在的，她们会想办法尽快摆脱阴影，重新返回充满阳光的生活；而有些女人陷入悔恨的泥沼中无法自拔，丧失了面向未来生活的信心和勇气，心中的怨气久久不能消除，不良的情绪使她们身体的免疫机能减退，导致疾病的发生。所以，女人一定要学会清除自己的坏情绪，不能让坏情绪妨碍我们的身心健康以及对美好生活的追求。

王思雨是个既美丽又活泼的女孩，在通过电影学院的初试后，她就一直积极准备着复试要表演的节目。可没想到，在复试那天，王思雨却因为一个小小意外而错过了考试。按照规定，她属于自动放弃，只能明年再来。王思雨很后悔，从回家的那一刻开始，她便饭也不吃了，门儿也不出了，像是在惩罚自己似的，整天都傻傻地坐在地板上，直勾勾地看着她复试那天穿的衣服不作声。

一个星期之后，妈妈终于忍不住了。早上，她给王思雨准备了一瓶牛奶和两片面包，推门进去的时候，一个不小心把牛奶摔在了地上，瓶子立即碎了，牛奶流得满地都是。妈妈没有马上收拾，而是跨过去坐在女儿旁边，王思雨望着地上的牛奶，眼泪

又流了出来。"我希望你可以一辈子都记得这瓶牛奶。"很多天了，这是妈妈第一次开口安慰女儿，"现在它已经漏光了，可能你会觉得很惋惜，但无论你再怎么着急，怎么抱怨，怎么悔恨，都没办法再挽回哪怕一滴，即便现在你为这瓶打碎的牛奶付出生命，它也不可能恢复原样了。"王思雨似乎听懂了妈妈话中的含义，自己错过考试已经成了无法改变的事实，现在在这里自暴自弃是徒劳无功的，简直就是浪费生命。于是她开始恢复正常的生活，继续努力学习，精心备战明年的考试。

"别为打翻的牛奶哭泣"是句英国古谚语，与中国古代的覆水难收道理相似。既然事情已不可挽回，那就别再为它伤脑费神了。错误在人生中随处可遇，有些错误可以改正，可以挽救，而有些则只能让它随着时间渐渐远去，无法挽回。面对那些改变不了的事实，聪明女人通常都会淡然处之。

反省不是为了让你纠缠于过去，而是要你放眼未来，怎样才能减少失误，怎样才能不后悔。不要因为生活中的一些细小过失而悔恨终生，倘若事事追悔，恐怕我们一辈子都会生活在数不清的遗憾之中。如果错已酿成，又无法弥补，便要当机立断，汲取教训，以后不可再犯。这种干脆的自我警告，比终生存放在心中的悔恨要管用100倍。很多时候，我们会痛苦，常常就是在为已经打翻的牛奶而难过，过失像是打在我们心头一个死结，挥之不去。

人这一辈子就那几十年，再长一点也不过百年。生命的意义不在于抵达目的地，而在于中间这短暂却精彩的过程。聪明的女人说："牛奶已经打翻了，流泪又有何用呢？"因此聪明的女人会收起眼泪，把全部的精力用于经营这短暂而精彩的人生。

人生，不该在悲观中度过

在生活中，每个女人都会有沮丧的时候，但沮丧并不是不可克服的，一遇上不幸的事就只知道悲观的女人是难以成就什么大事的，悲观并不能使不幸变成幸福，最重要的是坚强地去面对困难。

乐观的女人如果站在红灯的十字路口，她会想正好可以歇会儿；悲观的女人则想，怎么又是红灯！在乐观女人去上班的路上，总是心情舒畅，堵车的时候可以看看路边的风景；而悲观的女人却总觉得这道路起码要再加宽十倍，才不至于被红灯拦下。乐观的女人一脸微笑地走进办公室跟同事们打招呼："今天的天气真不错！"悲观的女人愁眉苦脸地跟同事抱怨："今天又堵车！"面对别人的成就时，悲观的女人会不屑一顾地说："有什么好的，累成那样也就那么回事！"而乐观的女人就不一样了，虽然不像每天都中了五百万一样开心，但同样的生活她过得肯定会比悲观女人强！

每个人或多或少都会经历一些小的失意，有人遇到这些失意时，觉得世间一切都不尽如人意，忧郁不安，悲观自怜，结果更加失意，以致失去了人生的幸福和欢乐。正确方法应是，寻找产生沮丧悲观心理的原因，对症下药，寻找解决问题的良好途径。

一个人的沮丧情绪往往会扩大生活的不幸。有的人在沮丧中形成了对他人冷漠的态度，认为这样可以报复别人，其实这样不但无助于事情的解决，还会进一步损害自己。因为这样做，无论在肉体上、精神上都将进一步摧残自己，使自己无法坚强地面对现实。事实上，沮丧是一种常见的情绪，很难引起足够的重视，但我们不能不注意这个细节：不要因沮丧而扩大生活的不幸。

每一个女人应该像对待所有其他的不幸后果一样，面对不幸带来的沮丧，不是一味地自怨自艾、怨天尤人，而是振作起来，采取勇敢、奋进的态度去直视它、面对它，以积极乐观的精神去征服它。

每个人都会遇到不幸，甚至是灾难，但是不幸和灾难本身并不可怕，可怕的是有很多女人在不幸中变得悲观、沮丧、冷漠、偏执、不信任人，天天以泪洗面，觉得全世界的人都对不起自己。如果因小小的沮丧而流泪，扩大自己的不幸，那样你就会真的不幸了。

20世纪的女作家张爱玲的一生，完整地诠释了悲观给人带来的负面影响是多么巨大。

张爱玲的一生是矛盾的。她是一个善于将艺术生活化、生活艺术化的享乐主义者，又是一个对生活充满悲剧感的人；她是名门之后、贵族小姐，却宣称自己是一个自食其力的小市民；她悲天悯人，时时洞见芸芸众生"可笑"背后的"可怜"，但在实际生活中却显得冷漠寡情；她通达人情世故，但她自己无论待人穿衣均是我行我素，显得清高；她在文章里同读者拉家常，但却在生活中始终与人保持着距离，不让外人窥探她的内心；她在40年代的上海大红大紫，几十年后，她在美国又深居简出，过着与世隔绝的生活。所以有人说："只有张爱玲才可以同时承受灿烂夺目的喧闹与极度的孤寂。"这种生活态度的确不是普通人能够承受或者理解的，但用现代心理学的眼光看，其实张爱玲的这种生活态度源于她始终抱着一种悲观的心态活在人间，这种悲观的心态让她无法真正地融入生活，因此她总在两种生活状态里不停地徘徊。

张爱玲的作品深深地体现出她悲观苍凉的色调，她的作品产生了巨大且独特的艺术魅力。但无论她用怎样流利俊俏的文字，写出怎样可笑或传奇的故事，终不免露出

悲哀。那种渗透着个人身世之感的悲剧意识，使她能与时代生活中的悲剧氛围相通，从而在更广阔的历史背景上臻于深广。

张爱玲所拥有的深刻的悲剧意识，并没有把她引向西方现代派文学那种对人生彻底绝望的境界。个人气质和文化底蕴最终决定了她只能回到传统文化的意境，且不免自伤自怜，因此在生活中，她时而在世俗的喧嚣中沉浸，时而又陷入极度的寂寞中，最后孤老死去。

张爱玲的悲剧人生，让我们看到了悲观对一个人的残害是多么深重。现实生活中，不只文豪有这样的悲观情绪，平常的人也会经历这样的心情。

一个沮丧悲观的人老待在屋子里，便会产生禁锢的感觉。然而，当他离开屋子，漫步在林荫大道，也许心绪就突然变了，怒气和沮丧也消失了，心中充满了宁静，自然的色彩给人带来阵阵快意。另外，任何一种体育锻炼都有助于克服沮丧，经常参加体育锻炼会使人精神振奋，避免消极地生活下去。

所以，转换自己的悲观情绪，事实上并不是很难。

人类的所有行为，不管是乐观还是悲观，都是可以改变的。悲观者的悲观性格并非“命中注定”，而是“后天养成”的。

那么，什么样的办法能真正帮助我们正确地克服悲观性格所带来的负面影响呢？办法当然还是有的，当我们遭遇到失败或挫折而沮丧时，要寻找积极因素。这样，你就不会放弃取得微小胜利的努力。你越乐观，克服困难的勇气就会越强。一定要懂得利用积极心态驱散消极情绪，要相信希望和乐观能引导你走向胜利。

懂得放弃，幸福就会来敲门

懂得放弃，在落泪前转身悄悄离去，把昨天的原委深深埋在心底，潜藏一段美好的梦境，让彼此间能有一段心路的放松，能有一缕遐想的品味，因为在喜中带泪的日子里，彼此拥有了刻骨铭心的积淀，情——是爱的附庸，但爱不应该使心灵遍体鳞伤……

人的一生就是一个充满选择的过程，而放弃正是选择艺术中的一门必修课。没有果断的放弃，也就没有人生最终的辉煌。许多女人在年轻的时候都爱钻牛角尖，认准了的事儿就必须要做成，结果往往在残酷的社会上撞得头破血流，这时才意识到过分的执着并不是件好事。当坚持不再有任何意义，不如潇洒地挥手，勇敢地选择放弃，重新上路，这样才能重新选择，找到真正适合自己的出路。

黄芬和男友在一起3年了，由于工作需要，男友经常在外出差，所以这3年里，他们真正在一起生活的时间很少，大多都是在无尽的思念和讲不完的电话中度过的。刚开始男友还会主动打电话，可后来一礼拜都没有一个电话。也许是距离产生了隔阂，也许是之前缺少了解，黄芬总觉得男友变了。

黄芬执着又善于表露自己感情，平时总是主动打电话给男友，但是男友面对她的关心常常不以为意，每当黄芬在电话里撒娇，他都会不耐烦地挂掉。男友恶劣的态度让黄芬很伤心，她不知道该怎样爱他才好，她迷茫了。“难道我对他一点都不重要吗？难道他不爱我了吗？”黄芬时常这样问自己。

有一天，黄芬又打电话给男友，只是试探性地说自己心好累，想分手。没想到男友竟然很敷衍地说了句：“随便吧，我这会儿有事，先挂了。”黄芬的心顿时像被掏空了一样，什么都没有了，原来他真的不爱自己了。尽管很伤心，却又割舍不下对男友的依赖，黄芬依旧在傻傻地付出着，她知道自己根本得不到回报。

当一段爱情已经画上句号的时候，请不要妄想用想念缠住它离去的脚步，也不要以为委曲求全就可以为它罩上保鲜膜。不管是曾经爱过现在不爱的，还是一直都爱着却突然失去的……都让它随着时间自然而然地嵌入历史的相框里去吧，不要再死拽着不放，那样只会增加自己的痛苦。

如果你能果断放弃，收拾散落的心情，依旧怀抱一颗炽热纯真的心继续向前行走，只要你不停下脚步，最终必将收获真正属于你的幸福。

吴莲是个大方开朗的女孩，大学毕业后被学校推荐到一家大型网络公司做公关。虽然工作压力比较大，但工资也是同龄人所不能企及的。

吴莲在一年后被提升为部门主管，自然更是忙碌。父母替女儿感到骄傲，朋友也都羡慕她的高工资。一直以来，只有吴莲心里清楚，自己的生活过得有多矛盾。其实她向往那些如小溪般宁静的生活，而不是像现在这样，每天都澎湃得让人窒息。只是面对高薪，吴莲又有些舍不得，怕因为一时冲动而失去一份有着大好前途的工作。但当她明显感觉到自己内心的挣扎在不断加剧时，吴莲终于决定放弃压抑的生活，去追求自己真正渴望的东西。

吴莲辞掉了工作来到云南的一个小镇，自从读书时去过一次后，她就深深爱上了那里。靠着以前攒下的积蓄，她在当地开了一家小店。虽然挣得不多，但吴莲却比以前要开心得多。身边所有人都在关心你飞得高不高，只有你关心自己飞得累不累。是的，只有我们才真正知道自己需要的是什么，所以我们更应该时刻关照自己的内心，少受外界的牵绊，不让自己生活在矛盾与挣扎中。女人只有懂得放弃，才会离幸福越来越近。

歌德曾经说过这样一句话："生命的全部奥秘就在于为了生存而放弃生存。"对于聪明的女人，勇于放弃也是一种智慧，放弃不仅代表一种终结，也意味着另一种开始。如果从前的路不适合你走，不如勇敢地放弃，趁着我们还年轻，重新选择适合自己的路，或许一切都还来得及，我们的人生也会因此遇见更美丽的风景。

有舍才会有得，跟错的挥手才会跟对的相逢。人生迷人的地方就在于充满了未知，谁说放弃就一定是错的呢？每一天都可以是一个崭新的起点，都可以是不同于以往的特殊日子，女人不妨时常问问自己：是不是很久以来都在原地踏步？是不是一直不肯放弃原有的生活方式或工作习惯？是不是害怕从头开始？如果放弃是最好的选择，就不要犹豫，只有懂得放弃，幸福才会来得容易。

下 篇

优雅的女人与美丽缠绵

优雅是女人最美的外衣。美丽在哪里，人人都在寻觅。女人天性中对美丽有一种渴求，却往往不能得其门而入。不妨提高自身修养，做一个优雅的女人，那么，美丽也许就会来找你了。

淡定 → 优雅

第八章：精雕细琢——会装扮的女人最优雅

漂亮的容颜是每个女人都想拥有的。容貌是人与人交往时最引人注目的地方，认识一个人，往往先从容貌开始。容貌给人留下的第一印象最深刻，眼睛、眉毛、鼻子、脸庞、红唇、牙齿、皮肤、表情等每一部分都可为你的容貌加分。

清水出芙蓉，天然去“雕饰”

我们在强调女人内在美的同时，也不能忽略了外在美。因为女人的外表形象就像书的封面一样，决定了给别人的第一印象是好还是坏。为了给别人留下好的第一印象，女人的衣着服饰一定要有品位。一个不修边幅的女人是很难赢得别人尊重的。要想得到周围人的尊重，首先要学会自己尊重自己。

第一次交往是否成功，在一定程度上取决于人的容貌。对一张精致而富有表情的脸说话要比对一张粗糙而呆板的脸说话有趣得多。因此，聪明的女人要懂得如何打扮自己，从发型的样式、护肤品的选用到服饰的搭配，无一不需要认真面对。

当然，自然美是最好的。可是生活中天生自然美的人毕竟不是很多，大部分人都是普通人。不过，通过修饰，做到恰到好处，也会为你增添许多色彩。

在化妆时，女人们大多注重的是眼睛、眉毛、嘴唇、鼻子等部位，而往往忽视了粉底和腮红。其实这是不正确的，粉底和腮红的衬托作用相当大，千万不可小看。

粉底和腮红不仅能修饰脸形，还具有改变面容气色的作用。粉底犹如第二层肌肤，可以有效修饰脸部轮廓，令肌肤更加平滑，肤色更均匀。掌握粉底的使用要诀可以让容颜更加完美。粉底有膏状、液体状以及粉饼状，现在还有专门的调理粉底。

不同颜色的粉底液有不同的调理效果：粉红色的粉底可以改善苍白的面色，使之变得红润健康；紫色的粉底可以改善偏黄、暗沉的肤色，也可以掩盖黑眼圈，使皮肤看上去晶莹剔透；绿色的粉底可以改善偏红的肤色，掩盖瑕疵以及红眼圈；如果肤色较黑可以选择蓝色的粉底；黄色的粉底液可以使粗糙的肌肤显得细腻、透明，是疤痕皮肤姐妹的福音！在调整肤色之后，可以用基础粉底了，至少应该准备深色、浅色和中间色三种粉底。浅色的粉底应该是比你的肤色浅一号的，可以使用在 T 字部位（额头、鼻梁）；中间色应该和你的肤色最接近，可以作为整个脸部的底色；稍深的粉底用在两颊、下巴等轮廓处，用来改善脸形，散粉在化妆之后用来定妆。

使用腮红要格外小心。在上腮红时，不仅会因选择的颜色造成视觉感受的差异，上色的范围对整体彩妆的影响也不容忽视。腮红有两种：粉状腮红和膏状腮红。前者可用大型腮红刷涂染，但以少量为佳，若沾染太多，会与原来的肤色产生较大的色差。后者比较适合已经熟悉粉状腮红的女性，可用海绵或手指涂抹，塑造出自然亮泽的脸颊。按照轻扫、适量、对色、落点、以点为中心画圈的方法可以化妆出健康自然的双颊！

亚洲人的面部比较平缓，为了使其更富立体感，用小刷子蘸上浅色修容粉，刷在窄小、不够突出的部位，脸顿时会明亮而富有生气！通常，额头中央、鼻梁和下巴都是涂浅色修容粉的位置。在太阳穴和眼睛下方涂刷浅色修容粉，可以让眼睛更为明亮，光彩绽放。

浅色修容粉和周边肤色的过渡要自然。尤其是深浅相交的位置，过渡自然很容易使脸部的层次分明。另外，熬夜造成血液循环不佳，脸色蜡黄；皮肤干燥缺水使角质层排列紊乱，无法平均折射光线，看起来皮肤会黯淡不透明。气色不佳会让女人看起来比实际年龄老了好几岁，活像个黄脸婆似的。千万不要拼命用“粉”来遮掩，否则只会落得“浮粉”“脱屑”，效果不佳，这时候就该用液体状、保湿程度好一些的粉底了。

下面为女性朋友们介绍几种化妆方法：

自然妆效：以浅浅珊瑚色或橘色腮红，轻轻刷在整个脸颊即可。

健康妆效：使用红色、粉红棕色、橘色腮红，横向刷在颧骨较高的位置上，营造健康阳光的形象。

成熟妆效：使用玫瑰、粉红色系腮红，自颧骨下方往接近唇边凹下处斜刷，鲜明带层次感的刷法，可营造成熟妩媚感。

可爱妆效：用具透明感的红、粉红腮红，以打圆方式在笑肌位置由外向内刷腮红。

让你的秀发飘起来

当一位美女自然地用手轻轻撩起额前的刘海儿，然后用手把长发撩起，拢住轻轻地放在颈后，或是把逃逸而出的长发轻轻地别到耳后，在男人的眼里，恰恰是这些简单、无言的动作，蕴涵了无限的女人风情。

男人在不经意间感受女人的吸引力时，往往会从她的长发开始。这是因为从背后看女人，长发几乎占据了她整个身体的一半；从前面看女人，头发也堪称是“第二主角”。尤其是头发色泽、香味和动感的完美统一，成为男人无法抵御的诱惑。

美国佛罗里达州州立大学心理学家凯利·克莱恩博士领导的研究小组，对50名男子进行了一项调查，将同一名女子的发型通过计算机分别处理成长、中、短三种样式，结果绝大部分人都认为长发的女人最性感。

出生于19世纪中叶，与弗洛伊德齐名的性科学领域里最早、最著名的先驱哈夫洛克·蔼理士曾经在他的著作《性心理学》一书中指出：“头发的诱惑力极大，它与性选择的视觉、听觉、嗅觉、触觉均有关系。”有80%的男人都认为，长发是女人味的源泉。他们对女人歪着头抚弄头发的动作非常敏感，虽然可能很多女性都出于无心，但是女人的这个动作在无意之中散发的妩媚与性感会让大多数男人浮想联翩。

那么，就来看看让长发散发魅力的三大秘诀吧。

一、去除头皮屑

干燥的季节，头发变得干枯、失去光泽，更有甚者会落发。这里向大家介绍几种护发养发的简单方法，让我们的长发在干燥的季节里光亮飘逸。

带来头发静电的第一嫌疑对象就是头屑，想远离静电首先要把它们清除干净。

食盐：用食盐加入硼砂少许，放入盆中，再加入适量清水使其溶解后洗头，对于消除头皮发痒、减少头屑有很好的效果。

陈醋：将150毫升的陈醋加入1000毫升温水中搅匀。每天若能坚持洗头一次，不仅能去屑止痒，对于减少头发分叉、防治头发变白也具有一定作用。

二、让头发亮丽

除了头屑，还要对付各种各样的垢腻，它们让你的头发看起来打卷、黏着，在干燥的季节更要让你的头发亮起来，必须让油垢跑光才行。

醋蛋：清洗头发时，在洗发液中加入少量鸡蛋蛋白洗头，并较轻地按摩头皮，会有护发效果。同时，在用加入蛋白的洗发液洗完头后，将蛋黄和少量醋调匀混合，顺着发丝慢慢涂抹，用毛巾包上 1 个小时后再用清水清洗干净，这对于干性和发质较硬的头发，具有使其乌黑发亮的效果。

啤酒：用啤酒涂搓头发，不仅可以保护头发，而且还能促进头发的生长。在使用时，先将头发洗净、擦干，再将整瓶啤酒的八分之一均匀地抹在头发上，做一些手部按摩使啤酒渗透到头发根部。15 分钟后用清水洗净头发，再用木梳或牛角梳梳顺头发。啤酒中有效的营养成分对防止头发干枯脱落有良好的效果，还可以使头发光亮。

茶水：在用洗发液洗过头后，再用茶水冲洗，可以去除多余的垢腻，使头发乌黑柔软、光泽亮丽。

三、巧治落发

柚子核治落发：如果头发黄、斑秃，可用柚子核25 克，用开水浸泡24 小时后，每天涂抹 2 ~ 3 次，以加快毛发生长。

生姜治落发：将生姜切成片，在斑秃的地方反复擦拭，每天坚持 2 ~ 3 次，刺激毛发生长。

蜜、蛋、油使稀发变浓：如果你的头发变得稀少，可以用 1 茶匙蜂蜜，1 个生鸡蛋黄，1 茶匙植物油或蓖麻油，与两茶匙洗发水、适量葱头汁兑在一起搅匀，涂抹在头皮上，戴上塑料薄膜的帽子，不断地用温毛巾热敷帽子上部。过一两个小时之后，再用洗发水洗干净头发。坚持一段时间，头发稀疏的情况就会有所改善。

如果你能做到以上几点，那么你一定会有一头乌黑亮丽的头发，这也是你成为美女的最基本的条件之一。

漂亮的眼睛会说话

人们常说："眼睛是心灵的窗户。"这话说得非常有道理，从一个人的眼睛里，不仅能看出她的身体的健康程度，更重要的是，眼睛能反映出一个人的内心世界。

眼睛的美丽重在神采，这"神"指心理状态，"采"也就是后天的养护眼睛的明亮光泽。所以面部最让女人费心思的也莫过于眼睛了，有些女士更是为了能有一双美丽动人的眼睛而大动干戈，忍受疼痛去割双眼皮、文眼线、重修眼形等。

你双眸的注视会令对方产生情绪反应，这是有生物学依据的，当你两眼一动不动地刻意看着某人时，对方的心跳会加快，将一种类似肾上腺的物质释入血管中。这和人在陷入爱河的生理反应一模一样。如果你刻意增加眼神接触，对方会认为他已俘获了你的心。

若想亲近某人，你的眼睛会游移在对方眼睛至下巴乃至上半身之间。在亲密关系中，你眼睛注视的是对方眼睛至胸部的三角区域；如果关系更近一步，你的注视会是在对方眼睛至胯部的区域。相爱的恋人这样彼此对视，就是向世人表白："我们是亲密的一对儿!"

如果你想要制造浪漫，可以将眼神的火力全面集中，让眼神更黏，像超级强力胶似的，它传递的信息是"我的眼睛离不开你"或者"我的眼里只有你"。人类学家曾将眼睛比作"最原始的浪漫器官"，因为根据研究显示，大量的眼神接触，会打乱人的心跳，也会释放出类似迷幻药的物质，影响神经系统。人体处于性兴奋状态时，体内也能探测到这种激素。所以，我们不难推论，大量的眼神接触能挑动情欲。

生意需要经营，婚恋需要经营，眼睛也同样需要经营，科学地用心保养眼睛，对于20岁以上的女人来说是非常有必要的。最基本的护理是早晚使用眼霜与3~5分钟的简单按摩，在乘公车、地铁时可以做做眼保健操，你还可以选择到办公室外操练。在特殊护理方面，如果你有条件可以定期去专业美容院护理。如果你在时间和金钱上都没有足够的条件，那么可以选择一些护眼膜在家中自我护理。需要提醒的是，不要用面膜代替眼膜使用。因为眼部的肌肤特别细嫩，肌肤状态也不同于面部，所以一定要进行特殊护理，眼膜不要选择撕拉式，那样会使皮肤松弛，受损伤。

眼睛以其丰富的表情及夺人心魄的魅力成为面部理所当然的主角之一。如果你恰恰不拥有那种大而有神的眼睛，不必苦恼，不妨试一试给你的眼睛增添些妩媚与神采的妙法：

①首先应选择与肤色接近的茶色或棕色系眼影，在眼尾的睫毛处轻轻涂抹，可使眼睛明显增大。但必须注意，每次涂抹应沾少量眼影粉，宁可多次涂抹，也不要一次涂得太多。

②眼线画在睫毛根部，一定要使用比眼影深一系的眼线笔，才能使眼睛看起来乌黑有神。完成眼线后，用棉棒轻轻抹开，使之呈现模糊感，如此，眼部看起来便更显自然，更加迷人。

③在眉下部位，涂上具有透明感的亮色眼影，以增加眉毛的高度及眼睛的明亮度。

④下眼睑涂上冷色调的眼影，涂法可同步骤③。注意，眼影要从眼角刷向眼尾，以增大眼睛的轮廓。

⑤将上睫毛涂上睫毛膏，以增加睫毛的浓度和密度，使眼部看起来更有立体感。

⑥不要忘了涂下睫毛，因为浓黑的下睫毛可使眼睛增大，轮廓明显。

总之，养护好你的眼睛很必要，也很重要。即使你年龄再大，你的眼神同样也会散发出光彩；即使你年龄再大，你年轻时的美貌也仍能从皮肤和眼睛上再现出来。

修出眉的神韵

在一般人的心目中，眉毛似乎是无关紧要的，然而这正是大部分人的认识误区。眉的形态对于女性朋友们来说是相当重要的。

一、脸型与眉型的关系

方脸型：应该将眉型修饰成拱形，这会使方脸的女性更显妩媚。

圆脸型：适合略带角度的眉峰，这会使圆脸显得修长。

长脸型：应画成水平上扬眉，这会使长脸的女性变得更加优雅。

瓜子脸型：略带弯度的自然眉型，最适合柔和亲切的瓜子脸型。

二、画眉技巧

用螺旋刷顺着眉型将眉毛梳顺。

用眉笔顺着眉头、眉峰、眉尾，描出理想眉型。

用拔眉夹去除眉型外的杂毛。

用小梳子将眉峰部位的眉毛往下梳。

剪除超过眉型的过长眉毛。

用眉刷从眉峰再刷到眉尾。

用眉梳将眉毛的线条晕开，眉毛自然感更浓。

第一次修眉时，最好不要自己修，请美容师来修会比较安全。等熟悉了修眉的手法后，再自己动手。

修眉时，不要用剃须刀剃，应先用热毛巾敷眉，使毛孔张开，然后用眉毛夹拔眉。要顺着眉毛生长的方向一根根慢慢拔，且要考虑左右眉的平衡，拔过之后不要忘记涂些润肤霜。

三、眉头过浓的眉毛修整法

延长鼻孔两侧到鼻翼之间的直线与眉毛相交，超过这条线的眉头部分的眉毛都要拔去。

四、眉毛过短的修整法

眉毛太短时，可以用眉笔添长。延长鼻翼到眼尾的直线与眉毛相交，如果眉尾还未到这个交点，不足的部分就要用眉笔细描上去。

画眉时，曲线必须自然下弯，使之成为弯月形的柳眉。

要有一支好用的拔眉镊，最好是扁平的镊头。

最好在充足的自然光下进行拔眉。

刚沐浴完由于毛孔张开，比较适合拔眉，此时拔眉不会太疼。

眉不仅是人的五官之一，而且在五官中居于最上部。因此，女人应拥有美丽的眉毛，它不仅可以展现出一个人多姿的神态，更可以传达你对眉型时尚的把握。

妆出挺拔的鼻子

鼻子是面部五官的主体，除了与呼吸功能攸关的鼻息外，美丽的成败也与之“息息相关”。曾经有一位著名哲学家感叹：如果让罗马帝国的恺撒和安东尼都为之倾倒的埃及艳后的鼻子稍微塌一点点，整个世界的历史就会大不相同。可见鼻子对女人的外表影响有多大。直到科学日益发达的今天，被西方世界公认的美女票选第一人仍是著名影星奥黛莉·赫本，这个清新脱俗、气质高雅的女人自认为最美的地方就是鼻子。

一直以来，悬胆鼻都被人们认为是最理想的鼻形。所谓悬胆鼻，即俗称的猪胆鼻，鼻的部位，山根端秀，准头丰满，如胆悬往。但是生活中许多女人的鼻子或多或少都存在一些缺点：鼻梁低会使面部显得呆板，缺乏立体层次和感染力；鼻翼过大会让面部比例失调；过小的鼻翼会显得脸部过于单薄……要想让自己的鼻子似悬胆，就需要根据鼻子特点进行适当、合理的妆扮。

对自己鼻子感到不满意的女性，下面是最简单、最快捷的改变方法：

一、鼻子过大的掩饰方法

整个面部化妆都应采用柔和的色调，过于鲜艳的眼妆及口红会加深鼻大的印象。可以在鼻的两侧涂抹稍暗的鼻影，从鼻根开始，渐渐涂染到鼻翼。

二、鼻子过短的掩饰方法

①鼻子的长度如果不到脸部的三分之一，看起来就感觉很短，这时要用咖啡色鼻影由眉头沿着鼻子的两侧向下涂，直到鼻子的末端，鼻子就会显得长一些。

②从离眉头 3.5 厘米左右的位置起，向鼻尖方向抹鼻影，并在眉头和眼角之间抹入阴影，鼻梁上明亮的底粉与鼻影相配，鼻子太短的感觉便会得到缓解。

三、鼻子太宽的掩饰方法

鼻子宽是指整个鼻梁太粗而不是鼻翼太宽。这种鼻形给人以臃肿感。化妆方法是用眼影笔（最好是灰色的）在鼻梁的两侧勾上两条细细的直线，然后按一般规律施粉底，施完粉底以后用手指将粉底与鼻侧线轻轻揉开，这样鼻梁就向中间收紧了。

四、鼻子过长的掩饰方法

鼻子长度如果超过全部脸的三分之一，可用咖啡色的鼻影从上往下抹，在鼻尖处也擦一些，这样鼻子看起来就会短一点。

五、鼻梁太低的掩饰方法

首先在脸上施好粉底，然后由鼻根向眉头抹入深棕色的眼影粉。一定要注意尽量匀开，千万不要显出边缘的痕迹，在鼻子两侧也抹上棕色眼影。然后从两眉中间沿着鼻梁抹一道明亮的眼影粉或比整体粉底稍浅的粉底霜，使原本低陷的鼻梁凸出来。也可以用白色的粉底涂在鼻梁底处，鼻子两侧涂上咖啡色的鼻影，鼻子就会显得高而挺了。鹰鼻的姐妹们，从鼻子的中央到鼻头都涂上深色的粉底，看起来会缓和不少。

六、鼻孔太大的掩饰方法

鼻翼张得太大，这样子看起来不美观，修正的方法是在两鼻翼部位涂上深色粉底。用粉底来修正鼻子，是要让鼻子显得挺直而有立体感，但鼻影的深浅不要太分明，以免使人看出明显的分界线。

七、鼻头太圆的掩饰方法

圆圆的鼻头给人一种稚气天真的感觉，但如果配上成年人的脸型，就显得很不相

配了。其修饰的方法是：首先将暗色粉底在鼻尖近旁抹上，然后向周围匀开，给圆圆的鼻头周围造出阴影，这样可以使鼻子显得秀气一些。

鼻子的作用是相当重要的，它位于人脸庞的中部，它左右着头部的整体轮廓。通过化妆，可让你拥有挺拔的鼻子，快试试吧。

诱人的“唇”最动人

嘴唇是打开女人身体的第一扇门，很多男人爱一个女人第一想到的是吻她的红唇。娇唇欲滴，一颦一笑，总让男人产生无限的幻想，忍不住心旌摇曳。滋润性感的红唇，开启了无数女人的心灵之门。

女人芳唇里吐出的话语，总是带着一点儿娇艳和诱惑，所谓唇齿留香，就是这样的真实写照。

想隐藏美丽的女人，嘴唇总会在不经意间泄露了天机，它就像一个不安分的小天使，勾住男人的视线；虽然有时候未免沉不住气，但也往往会给女人带来意外的缘分。

女人的唇，集动感与美艳于一体，在女人身上实属诱惑极大的器官。

唇闭着，像是藏着童话的密林深处；唇启开，能看到那片快乐的湖上荡起一叶小舟。

一张娇艳欲滴的红唇，宛若欲开的红玫瑰，常令男人心醉神迷。

无论哪个时代，最经典的形象总也少不了性感的红唇，魅惑动人。无论世事怎么变迁，银幕、画报、彩妆品牌的重点之作，总也少不了这样的经典看点。

女人的唇不同于口，更多是让人欣赏的。唇，不在大小，贵在风韵。小到费雯丽的樱唇一点，纤纤诱人；大到索菲亚·罗兰那样的红唇，同样性感。

意大利知名画家达利有一张令人过目难忘的家具作品——红唇沙发。这张以好莱坞影星梅维斯的性感嘴唇为灵感制作而成的红色沙发，在当时引起了一股轰动的家具设计风潮，成为众多家具厂商争相模仿的对象，甚至时至今日，它的影响力仍遍及全球。

那么，女人该如何打造魅惑无比的红唇呢？

一、多彩唇红

唇部的化妆是脸上色彩变化最多的部分。嘴唇的颜色本身会随着血液的多少有时偏黄、有时偏白，不同的人嘴唇的颜色差别也很大。选择适合自己的唇彩，首先要明确个人的皮肤特点，是属白皙、中等，还是偏深，再选择比肤色稍深的唇膏，才会显得自然。如果拥有极浅肤色，冷色调的唇膏如粉红、紫红等便最合适了；如果肤色偏黄，桃色就是必然之选。

粉红色系的口红有粉红、玫瑰红等，色彩倾向于明亮，给人以少女般的甜美和成年妇人的华丽；略微偏暖的正红色给人健康的感觉；如果用再暖一些的橙色，可以给人清新爽朗的印象；假如用褐色系列的口红就会给人敏锐、流行、成熟、厚重的感觉；当然偏蓝紫色的口红也可以使用，但用不好会显得呆板、冷酷。总之，使用的口红色彩鲜明，就会产生开朗、活泼、积极的效果；而深色口红会给人稳重、优雅的感觉。其实在生活中，用颜色较为自然一点的口红，会让人觉得很舒服；过于怪诞的色彩，和自己所处周围的环境并不一定很协调。

二、多姿唇形

不要羡慕别人的唇形，如果你对自己的唇形不满意，可以通过化妆来改变。在嘴唇的边缘有一道翻卷起来的、颜色浅一点儿的小边，改变嘴形的化妆就要利用这个部分。用唇笔来勾勒边缘，用口红、唇彩来填充。想扩大就让口红盖过它，想缩小就把它让出来，这样就不会感觉不自然。

另外，嘴唇的形状往往决定了一个人的表情，这种变化关键在嘴角与唇峰的相互位置，以及唇峰的距离和上下嘴唇的厚薄比例。嘴角部分是上翘还是下垂，不但在一定程度上决定了脸形而且还决定了表情。嘴角上翘会使你的脸上多一份亲切的笑意；相反，嘴角下垂会给人带来抱怨、生气的感觉。两个唇峰的距离过近，会显得上唇噘起，让人感觉贫乏无力；同样，唇峰过于拉开，会给人大大咧咧、不负责任的感觉。上唇过小让人觉得有轻视他人之感；上唇过大，整张脸会显得没有下巴。所以，纵使已经有了美丽的唇部，也不要忘记附加美丽的表情，这样才能增加你的魅力！

三、浪漫护“唇”

像女人的情绪一样，唇膏的变化始终没有停止过。在崇尚自然的今天，已经有人主张最美丽的樱唇应光润丰满、柔美自然，但是唇部肌肤的角唇部角质层纤薄、油脂少，且缺乏黑色素保护，自我保湿、抗寒及防晒能力极弱，疏于护理会令唇部纹理混乱，唇色晦暗无光。随着唇膏色泽的多样化，人们挑选唇膏不再局限于色泽，而更从唇膏的质地、光泽、持久性等方面考虑。唇膏又有了亮光、亚光或不褪色唇膏之分，三重修护唇膏超越了色彩，把护唇与色彩概念结合在一起，首次将护肤品中的酵素、

胶原蛋白、透明质酸等多项高效营养和防晒成分运用于唇膏中，深入修护受损唇部，将美化、修护、防御三效合一，令嘴唇鲜活红润，丰满有形。

四、幻彩“唇”情

嘴唇毕竟是五官的一份子，它与脸上其他部分的比例搭配，是化妆成功的关键，这一点不能忽视。另外，嘴唇上妆前需要处理一下那些因为干燥而起的小皮，不然它会影响你的化妆效果。这就需要经常用润唇膏去保护它，免得在着妆时，口红涂得不平整，造成不必要的斑驳感。在选择口红的颜色时，要注意使用的场合和与衣服色调的搭配，同时又要顾及皮肤的颜色倾向。肤色较为白皙的姐妹，如果想让人觉得自然，就不应该选择过于鲜亮的色彩，如艳红色，有时会夺目得让人受不了。可是在参加晚宴或夜晚的应酬，或者是搭配黑白色衣服时，就需要较醒目、艳丽的唇色。而有的人皮肤色彩本身就很暗淡，使用鲜艳的口红时要谨慎，用稍浅一点的红色，会有新潮感和年轻的活力。还有的人皮肤部分较红润，使用素雅的口红，会使脸上其他的五官更加显眼，但要注意别给人以憔悴感。很多女人总是不涂口红就不肯见人，什么时候都会看到她丰盈滋润的唇，她总是随身携带三管或三管以上的口红，随着心情的不同变换，涂抹不同的色彩，混合两管或三管不同口红的色彩，打造出魅惑奇幻的效果。

你有没有注意过玛丽莲·梦露的性感红唇、好莱坞夫人英格丽·褒曼嘴部的优雅线条、巧克力美人碧昂斯的咖啡色唇瓣、大嘴美人朱利亚·罗伯茨的特色唇形、安吉利娜·朱利的性感厚唇，还有舒淇小姐的美唇，她们都拥有国际上最为流行的性感双唇。事实上，中国传统的樱桃小口同样性感迷人。要是你觉得自己的唇不够性感、美丽，可以精心打造出有特色的属于自己的水漾红唇。

女人的声音也优雅

女人柔美的声音是酒，芳香四溢、沁人心脾。有人说女性温柔的声音是人类中最美妙、最动听的声音。古人云：“有理不在声高。”在生活中，凶悍的、高调的声音往往不可能是美的，常给人留下恶劣的形象。

在墨西哥，电视剧塑造的女性形象不仅外表可人，穿衣打扮十分讲究，就连嗓音也是十分低沉柔美的。有教养的女性是不高声说话的，电影电视里也很少出现泼妇式的吵闹。为了保持温柔的形象，很多女演员都做了声带手术，就为了避免出现声嘶力竭的高调。

有感情、有柔情的声音是美的。越是富有感情，对女人而言就是轻柔，对男人而言就是低沉有力。在美国，一些政府要员、公司主管等人员是要参加声音培训的，而培训的重点强调要降低声调。声音的力量和音调的大小是成反比的。我们见过许多吵吵闹闹的场合，管理人员越是大声，吵闹声或是依旧或是越来越大，反而控制不了局面的发展。女人低而柔的声音有无限的魅力，因听声音而喜欢对方的大有人在。低而柔，这是美女声音美的重要因素。

声音美，还表现在用语礼貌、文明，让人感受到你是一个文明的、有教养的人。如果你的话语中透着真诚、亲切，多么沙哑的声音也会变得悦耳。

声音是女人裸露的灵魂，女人柔美的声音能征服和迷醉男人。越有阳刚气的男人，就越容易被柔美的女人声音所征服。

说话时语气亲切，言辞得体，态度落落大方。吸引人的谈话需要动听的声音，有些谈话虽然在内容上没有独到、吸引人的地方，但说话人那动人的声音，却使人觉得是一种享受。

一个人如果只知道化妆打扮，而不懂得如何让自己的谈吐得体优雅，就难免落个徒有其表、令人讨厌的下场。

谈吐是女性风度、气质和美的组成部分。谈吐不仅指言谈的内容，也包括言谈的方式、姿态、表情、语速及声调等。

与人交谈，既有思想的交流，又有感情上的沟通。任何语言贫乏、枯燥无味、粗俗浅薄，都会使人感到厌恶。如果女人的谈吐既有知识、趣味，又不失幽默，并能用丰富的表情和磁性的声音来表达，那将会令听者如入仙境，心醉神迷。

人的声音虽说是先天的，但也离不开后天的培养。要修正自己的说话习惯并不容易，这需要不断学习。有的人在练习说话时，把自己的声音录下来，请他人客观地提出意见、指出问题所在。然后，听一听周围说话动听的人是怎样控制声音的。还有一个很好的蓝本，就是新闻播音员、电台主持人或演员们的声音，因其经过专门训练，其语速快慢、音调高低、音量大小总是恰到好处。当然，这并不是要求你说话的方式与他们一模一样，而是要在讲话中逐步形成自己特有的风格。比如，有人盲目模仿某些明星们说话，极不自然，令人反感。所以在练习说话时，应力求找到一种既适合自己又动听的语言表达方式，然后通过“包装”声音，使你的整个形象得到提升。

第九章：绝妙搭配——优雅的女人展示自己的美丽个性

着装是一个人特有的品牌符号，着装一方面要考虑到面料、款式和色彩，另一方面还要考虑到体形、时间和场合等。可见，从一个人的着装可以看出一个人的品位和修养。一个人只要通过“形象管理”就能给人留下较好的第一印象。

着装展示女人个性

人与人之间的第一次接触，往往是从外在的第一印象开始，根据一个人的外表穿着，可判断这个人的大致个性、工作背景与环境。琳琅满目的服饰挂在橱窗里，不过是一堆没有生命的美丽商品，但是当它们被穿在人们身上并予以诠释之后，就变成一种无声的沟通方式，在生活中扮演着举足轻重的角色。

既然衣着可以影响他人对自己的印象，相对的，也可以运用衣着把自己想要传达给外界的形象表达出来，或者是将自己不想表现出来的部分巧妙地运用服装掩饰起来。

款式风格是一个人内在审美情趣与个性通过服饰的外在形式表现出来的和谐与统一。色彩只是完成形象塑造的第一步，再完美的色彩搭配如果不与服饰款式风格结合，你的魅力也就只能被挖掘出一部分。每个人都拥有自己的个性和区别于他人的相貌与身材，成功地穿着与自己个性、身材相符的衣装时，无论你出入任何场合，都会感到轻松、自如。

什么个性的女人喜欢什么颜色的服装，什么年龄的女人欣赏什么水准的服装。超短裙展示了女孩儿们的俏皮与活力，喜欢牛仔与休闲服的潇洒女孩散发出几许干练，曳地长裙最能衬托出淑女们飘逸的气质；而中年女性大都不再追慕时髦，更懂得如何去“咀嚼”时尚，把流行的亮点慎重地自我化，她们懂得和谐就是美；老年知识女性对服装的款式、色彩、面料则更为在意，高雅舒适、稳重大方成为她们的首选。

比如，有的女人用服装来强调她的个性，还用一些小饰物让自己的个性生动起来。穿吊带裙的多半是开朗大方的新潮女孩儿，有着优美的脖颈与双肩，她们的妆容色彩缤纷，头发染得五颜六色，穿着前卫，偏爱冷色调的装饰品，喜欢用一条漂亮的项链来装点，那项链有时是水晶，有时是白金，也许是石头的，她们与安静女孩儿截然相反，显示着野性与叛逆，有一种原始的生命活力，会令人产生一种青春的萌动；长发如云、长裙曳地的女孩儿多半属于含蓄一类，她们体态袅娜，手臂纤秀，一条可爱的手链则能锦上添花，那手链是玉石的也好，木质的也罢，挥手之间，环佩叮当，更衬托出她们飘然出尘的风韵，配上她们的笑靥，让人目光流连；中年妇女把自己打扮得别致典雅，独具风韵，她们中的潇洒者会义无反顾地独领风骚，衣着时髦，穿红着绿，而不管别人如何评头品足，她们中的含蓄者的穿着则日趋保守，穿一件短袖衫也唯恐别人抛来不屑的眼神；老年妇女往往自叹落花有意、流水无情，不忍大势已去，决定抓住最后的机会再时髦鲜靓一把，从而穿出老年人独有风采。

可见，着装不仅能改变人们对你的看法，还可以反映出一个人的个性，从而让人们从内在方面来加强对你的印象。

女性选择着装技巧

女性的着装要讲究规范。在规范的约束下穿出自己的特色和品位来，才是现代女性应该追求的目标。众所周知，女性对自己的年龄十分在意，而着装又起到修饰年龄的作用，讲究礼仪的着装不但可以使人显得年轻靓丽，还可以赢得他人的尊重。

着装作为一门艺术，已经受到普遍重视，尤其是女性，要根据自己的体型、肤色、面貌来选择适合的服装，力求起到扬长避短、修饰美化的作用，把自己的多姿多彩更

好地展现在他人面前。

一般情况下，女性在选择着装时要注意以下几个方面：

一、根据身材选服装

服装的款型、大小应与女性的身材相统一，只有穿着得体，才能突显女性特有的美感。例如：身材娇小的女性穿着肥大、宽松的服装常会给别人留下邋遢的印象，紧身的上衣和长裤则比较适合身材小巧的女性；身材高大魁梧的女性，穿较为紧绷的衣服显然不太合适，会显得身材更臃肿，这样的女性最适合穿大方得体、质地柔软的衣服，当然不能过于肥大，否则会影响美观，款式也不能太复杂；身材矮胖的女性，不适合穿浅颜色的衣服，那样会显得更胖、更矮，最好选择有深蓝色条纹的深色衣服，这类服装产生的收缩感能使人显得苗条；身材瘦高的女性，浅颜色的服装将是她们最好的选择。

身材决定着服装的款式和型号，同样也决定着服装色调的选择。一般来说，身材瘦小的女性，比较适合穿着色彩明亮度较高、颜色较浅的服装，这样会使自己显得高大丰满；选择服装面料时，不妨考虑一下大花型的，这会使瘦人看起来丰满一些。身材宽胖的女性，选择深颜色的、明亮度较低的服装更合适，这样可以显得苗条一些；体型有缺陷的女性，可以采用花色面料，因为这种面料有修饰、遮掩体型的作用，比如腿型不美的女士，可以穿着花裙装，上身可穿素色衣装。

另外，在服装的款型上，偏胖女士不宜穿宽松或贴身衣服，因为前者会使自己更显胖，后者更容易暴露自身不足之处。在裙装上，不宜穿太阳裙、大格裙、多褶裙等，因为它们容易增加宽度。结合身体腰围、臀围情况，穿的裙子可略展开。上衣下摆不宜过于宽松，宽松会使臀部更显扩张，所以上衣下摆宜收，适度为好。在领型上，身高1．60米以下的女士，颈胸部的V字区不宜太低，这样容易降低身体的高度而显宽度。另外，在衣服的质地上，宜轻软不宜厚重。

偏瘦的女性在着装上应扬长避短，尽量使自己显得丰满一些。身材瘦削的女性要少穿紧身衣甚至不穿紧身衣。紧身衣贴附在身体上，这样就容易显露出瘦削的体态。不妨选择款型适中，既不太紧也不太松的服装。

身材瘦削的女性，不宜穿薄、飘、透的服装，如薄丝绸衬衫、薄丝绸贴身连衣裙及缎类服装等。当然飘逸的纱类上衣或裙子也是不宜选用的。

较厚实的面料是瘦削女性的理想服装质地。比如牛仔布、麻类、各种毛料、线绢等混纺而成的较厚织物。

身材瘦削的女性，不宜选择大花大叶等醒目的图案，在大面积花型和枝叶组成的图案反衬下，更显出身材的瘦削。过于细小的图案也不宜选择。在服装花型、枝叶图案大小的选择上应以适度居中为宜。

二、根据肤色配服装

肤色较白的女性，选择服装时以色彩艳丽明亮的为主，这样会将白皙的肤色映衬得更有光泽，突出健康活力。也可以选择色彩较深的服装，这样可以将优雅、高贵的气质展现出来。肤色较黑的女性，不适合穿颜色较深、较暗的衣服，如纯黑色、深褐色、深绿色、紫色等，这样皮肤会被映衬得更黑。一些色彩较明亮的服饰，是黑皮肤女性最好的选择，这样可以使肤色发亮，富有光泽。

女士着装搭配原则讲究的是：上明下暗，上浅下深，如奶黄色上衣配棕黄色裤子、白色皮鞋，这种搭配将端庄、稳重、高雅的气质表现得淋漓尽致；两种明亮度相差不多的色彩必须分开，以免出现搭配不当的现象，如奶黄与橙黄、绿与蓝、绿与青紫、红与橙黄等，这几组颜色的服装搭配起来必须分开，否则会显得特别刺眼，影响美观。

三、不要过于张扬

女性在不同场合要穿不同的衣服，但在选择衣服时，要本着与场合协调统一的原则。在社交场合千万不要穿一些过于张扬的衣服，否则别人会对你产生看法，认为你不懂得社交中的礼仪。

一般情况下，出席比较正式的宴会，女士应选择高贵、文雅的晚礼服；出席比较轻松自在的聚会，着装可稍微随便一点，但注意不要太过于暴露、时尚；出席工作会议时，可穿比较端庄的职业套装。

“爱美之心，人皆有之。”对于女性来说，更是如此。如果说，巧妙得体的着装能够使女性登上美丽人生的大船的话，那么按照礼仪穿衣，则可撑起大船的风帆，带女人驶向幸福的彼岸。

四、简约的办公室着装

西装、衬衣、背心、短裙、宽管长裤等是职业女性的基本装备。巧妙地以米色、象牙白、茶色、咖啡色为基本色，配以时尚的箱式手提包、小尖头中跟鞋，就可以成就简约风格的着装，从而在办公室中自然流露出淑女气质和时尚美感。

根据以上几点来选择服装，你就一定会选出适合自己而又令人满意的服装。

找对自己的颜色

着装有两个明显的特点，一是和肤色相配，二是和年龄相称。这两个基本点是缺一不可的。

一、着装与肤色相配的原则

俄国大文豪列夫·托尔斯泰笔下的安娜·卡列尼娜，穿一件黑天鹅绒长袍，把她那洁白如玉的皮肤衬托得更加洁白。小说《安娜·卡列尼娜》发表后，彼得堡的贵妇们率先仿效，掀起了一股强大的时装花色翻新的新潮。

巧妙地运用服装色彩，可扬长避短，表现自己的“美点”，掩盖缺点，这是衣着打扮的高招。下面略举几例以供参考。

面色红润——适宜穿茶绿或墨绿色衣服。不适宜穿正绿色衣服，否则会显得俗气。

肤色黑的人——最好不要穿粉红、淡绿色的服装。

肤色黄白——适宜穿粉红、橘红等柔和的暖色调衣服。不适宜穿绿色和浅灰色衣服，否则会显出“病容”。

面色偏黄——适宜穿蓝色或浅蓝色上装，可使偏黄的肤色衬托得洁白娇美。不适合穿品蓝、群青、莲紫色上衣，否则会使面色显得更黄。

肤色黑黄——不要选择鲜艳的蓝色或紫色。

肤色暗褐——不要选择咖啡色。

肤色偏黑——适宜穿浅色调、明亮些的衣服，如浅黄、浅粉、月白等色，这样可衬托出肤色的明亮感。不宜穿深色服装，最好不要穿黑色服装。

黑肤色——一般不宜穿黑色衣服，以及一些近似黑色的深色（如深蓝、深紫等）服装。选择颜色浅又不大鲜艳的色调，可以带一些花色图案，显得明亮、丰富、活跃。

肤色黑而且气色不好——不宜选用黑色等冷色调。适宜穿白色衣服，显得健康。不适宜穿青灰色、紫红色衣服，否则会显得憔悴。

白肤色——宜选择的颜色范围较广，但忌近似于皮肤色彩的服装，而且宜穿颜色较深的服装。

皮肤偏粗——适宜穿杂色、纹理凹凸性大的织物，如粗花呢等。不适合穿色彩娇嫩、纹理细密的织物，如金丝绒及拉毛衫等。

二、着装与年龄相配的原则

服饰对年轻人几乎没有什么禁忌。但少女应尽量避免穿过于华丽的服装，如闪光面料制作的或缀有过多装饰品的服装，因为这会使少女失去清新、纯净的美，反而显得俗气。而中老年女性的服饰就有一定的限制了，但并不是说中老年女性服装就应该都是一些灰暗的颜色和普通的款式。

中老年女性的服饰，要体现出雍容、典雅、华丽、冷静的气度。在色彩上，不宜太纯（因为这些色彩过于活泼），可以选择明亮度暗的色彩，如暖色中的土红、砖红、驼色、红棕色，冷色中的湖蓝、海蓝、墨绿等，一些高明度的色彩，如蛋青、银灰、米色、乳白色，也是十分淡雅、明快的色调，能表现出中老年人的特殊气质；甚至黑、白、灰色也能组成非常和谐的色调。在款式上，不宜线条复杂，以简洁为佳，有适当的放松度，不宜穿着紧裹在身上的服装，既不舒适，也不利于健康，但也不要过于肥大。

在面料上，趋向于含蓄、高雅，以中档和高档为宜，能体现中老年女性的成熟干练、严肃大方的气度。

掌握了以上两点，你就基本上掌握了穿衣服的技巧，你就能够选择出适合自己的服装颜色。

着装的色彩与季节搭配

据说，人的第一印象取决于第一次见面时的最初 5 秒钟。衣服、貌相、举止、姿势、说话方式、发型等这些都是外在的印象，而其中衣服的颜色给人的印象最深，因为色彩可以代表一个人的性格。

在表现人的性格方面，有时色彩的确超过了语言。也就是说，色彩是有效表现性格的手段之一。色彩是表现内在感觉的最直接的方式，是建立形象的重要元素，学会使用色彩，塑造美艳，就能突出你的个人形象，给人留下深刻的印象。既然如此，女性朋友们就更应该学会运用色彩的艺术。

我们生活在一个充满色彩的美丽世界中，世界之美，是因为它充满了色彩。色彩赋予了大千世界吸引人的容貌，它是美丽世界的面子！

人们给予色彩许许多多的形容词：五彩缤纷、多姿多彩……色彩种类极多、极丰富，色彩世界极繁茂。我们眼睛所能辨别的色彩，像头发一样多得数也数不清。

俗话说："远看色，近看形。"凭着感觉，我们会被自己穿上去效果最佳的色彩吸引，人的双眼天生会寻找平衡与和谐，当你在一个红屋子里待久了，眼睛会自然去寻找绿色，你会直觉地喜欢绿色，补充色彩平衡。正是这种天性的丰富多彩，才使得我们的世界如此美丽。

我们知道，人类属于恒温的高级动物，而自然界在一年四季中有温度的变化，严寒酷暑，威胁着人类的生存。为了保持人的体温恒定，服装就要随之发生变化。如夏服要考虑散热，冬装要考虑御寒。同时，自然界的色彩在不同的季节有不同的变化，如春暖花开，五彩斑斓；秋高气爽，落英缤纷。

人们的服装色彩如果随季节发生相应的变化，再辅以较好的面料和款式，也就更显得绚丽多姿。

夏季服饰——夏季烈日炎炎，气温很高，使人容易烦躁，因而服饰的色彩宜以冷色、浅色为主，给人以凉爽的感觉。同时，由于气温高，人体易出汗，在面料的选择上，宜用吸湿性好及透气性强的纯棉、纯麻和丝绸面料；而市面上流行的各种化纤面料等，虽然看上去华丽，但透气性、吸湿性差，不宜做夏装面料。在款式上，为了便于人体散热、易穿脱，多采用松大、暴露较多的款式。

春秋季服饰——春季是万物复苏的季节，因此服饰多采用高明度、暖色系的色彩来辉映这生机勃勃的世界。秋季是收获的季节，服饰多采用非原色的中间色和中明度色来体现秋天的成熟。在面料和款式上，春秋季节是服装种类最多、没有什么特殊限制的季节，完全可以根据自己的特点和爱好来自由选择。

冬季服饰——冬季服饰的色彩宜用鲜艳、热烈的颜色，给人以温暖的感觉。面料上多选用保暖性强的呢、绒、革、裘皮等。由于户外寒冷，冬装的主要种类有大衣、羽绒服等。

掌握了服装的色彩与季节的关系，你就能够在不同的季节为自己选购不同的服装，让你的服装和自然融为一体，显得很协调。

让着装弥补你身体的缺陷

身材完美的女人自然穿什么衣服都好看，但拥有完美身材的女人毕竟有限，那些身材有这样或那样缺陷的女人，也不必泄气，因为适当的着装能帮助你弥补这些缺陷，使你变得更美。

有不同身材缺陷的女人，在选择服装时遵循以下原则就能使自己接近“完美”。

一、小腹突出的女性

较长的上衣，不论是T恤或衬衫，都能遮住微突的小腹。穿此类上衣时，一定要将露在裙或裤外的衣服下摆整理好，以免让它们增加你小腹的“高度”。另外，最好选择在腰腹部设计褶皱、使上衣有层叠感的衣装，这样，你的小腹便会被褶皱掩饰过去。这种体型的女性在服装之外还应加上一些有亮点的小饰物，因为这些小饰物能引开人们的目光。

二、腰粗的女性

建议这种身材的女性选择式样简洁的衣服，不要用过多的装饰来堆砌。你可以穿素色的无领无袖的X形连衣裙或是高腰长裙。另外，稍紧身一点儿的弹性衣饰也会体现出你的妩媚。要避免穿过于宽松的服装，那会给人臃肿的感觉。颜色方面，鲜艳或素净的单色组合要优于印花图案。

如果你只是腰部粗一点儿，不希望被人察觉到这个小缺点，就别忘了添购一件让你穿起来既舒服又自在的宽上衣。宽上衣的质料不限，只要是与自己原有的服装搭配得当的款式即可，不过，需注意下半身最好选择较合身的裤子。此外，如果你个子较高，则可选择宽大、稍长的上衣；如果你身材娇小，最好选择刚好过腰的宽上衣，便可成功掩饰较粗的腰部。

三、有臀部缺陷的女性

臀部是突出女性曲线美的焦点之一。如何显示健美的臀部或如何隐藏有缺陷的臀部，是女性着装时不能不考虑的问题。不同臀型的人应扬长避短，充分展示自身柔美匀称的体态才对。

肥臀型：这类臀型的人适合穿宽松些的连衣裙，而且不要系腰带，少佩戴饰物。

臀下垂型：此臀型者多适合穿裙子，并用宽腰带来强调裙子的腰部，以掩饰下垂臀部的形状。

特大臀型：臀围超过胸围12厘米以上就属特大型。这类女性可选用大披肩与下半身保持平衡，借以掩饰过大的臀部。系条细小的腰带能使背部显得较宽，这样上半身就显出重量感，与臀部取得相应的平衡，从而起到掩饰臀围的作用。

四、如何掩饰过粗的大腿

如果大腿粗，那就应尽量穿瘦长的裤子或高挑摇曳的连衣裙，裙子最好能盖到脚面，遮掩住整个腿部，这样的装扮效果就会非常理想。但应该注意的是，大腿过粗的女性应避免穿蓬起的裙子，而应尽量选择A字裙，或者可随身体动作摆动的裙子，如褶裙、圆裙，以转移别人对腿部的注意力。同时，尽可能穿与裙子同色系的袜子和鞋

子。统一的色彩，可以使腿部有修长感。

五、如何掩饰过粗的小腿

小腿粗的女性穿中长的裙子比较合适，长度能遮盖住小腿最粗的位置就可以了。如果喜欢穿半裙和短裤的话，那整套服装颜色一定要鲜艳些，再搭配暗色的长袜。长袜最好能带有竖条纹或小格子的花纹，但袜子总体一定要暗，要不起眼儿。另外连身的迷你裙搭配小喇叭牛仔裤穿，也可掩饰过粗的小腿。

这类女性在选择裤装时应选择直筒裤，而不要选择锥形裤等会放大小腿缺点的裤子。直筒裤的优点在于裤形稍微宽松，但臀围却又合身。因此，小腿部分将因裤形而显得稍细而修长。此外，直筒裤应多以棉质布、牛仔布面料为宜，这也是一种活泼帅气的中性打扮。

六、胸部太大而下垂的人，宜穿胸前大开口的服装

在服装方面，胸部太大而下垂的人无须勉强掩饰胸部，就可巧妙地设法使之显得优雅。比如，穿着领口略低或胸前有宽大开口的衣服；也可先穿胸罩与束腹连接的内衣，如此有某种程度的掩饰之后，再穿毛线衣，即可显得很性感。若毫无掩饰而让下垂的大胸任意摆动，则会让人感到不雅。

七、胸部不平衡的人，宜穿胸前较厚的衣服

左右乳房大小不均匀的人，最简便的弥补方法是穿装有钢丝且垫有厚海绵垫的胸罩。

会选择服装的人，都懂得要让服装和自己相得益彰，这才是最好的装束。

美丽女性足下生辉

俗话说：“女人看鞋，男人看腰。”鞋历来受到女性朋友们的关注。穿烂鞋头、破鞋帮的鞋子往往被人看不起。安徒生童话中的灰姑娘，则是用一双水晶鞋找到了属于自己的终生幸福。鞋，在女人的生活当中扮演着举足轻重的角色。

女人似乎天生就有恋鞋癖，十双不嫌少，百双不嫌多，高跟的、坡跟的、平跟的、高帮的、低帮的、流行的、另类的……千姿百态的鞋子能让女人的优雅风度尽情展露。

一、以舒适为主

对于职业女性来说，长时间在外面奔波，最需要一双舒服的好鞋与你相伴。当脚部不再受到压迫束缚时，自然就会感到舒适。要达到舒适就要考虑鞋子的面料、质地、款式，结合多种因素才能达到最佳的舒适效果。再美丽的款式，再高贵的材料，如果穿在脚上让人感到痛苦，那就得不偿失了。

二、选择中性颜色较好

切忌让鞋子成为全身最鲜艳的颜色，中性色（如黑色、灰色、米色、咖啡色、土黄色等）可与大多数颜色的服装相配，永远是女性的最佳拍档。当然，少量配备色彩鲜艳的休闲鞋，可以在娱乐或游玩的时候穿着，更显青春、活泼和朝气。

三、选择真皮材质

真皮皮鞋吸汗、透气、曲张度好，能给脚部足够的呼吸空间，穿起来舒适自在，看起来也非常有质感，款型一般也优于布面、假皮等材质的鞋。

四、保持最佳款型

在外忙碌了一天，鞋身难免沾染污垢，回家之后要立即清理，擦拭鞋油，并塞入鞋模或报纸来保持鞋型。

特殊材质的皮鞋更需要加倍呵护，如麂皮皮鞋不能用湿布擦拭，而应用毛刷来清理。

五、高跟鞋与心情

鞋跟高度在4～6cm的鞋是职业女性的最佳选择，若想换换口味，穿双平底鞋，最好搭配长裤。

只恋高跟鞋的女士，无论刮风下雨还是逛街爬山，脚下永远是一双摇摇欲坠的细高跟鞋。其实，有些时候，不妨换一双矮跟或者平跟的鞋子，解放了脚也解放了压抑的心，痛痛快快地享受难得的舒适自在。

六、要时尚更要个性

虽然眼睛紧紧盯着每年的流行趋势，但是流行的未必都要收进你的鞋柜中。挑选带流行元素又有鲜明个性的鞋子，才更能显示魅力女人的与众不同。

七、精心呵护爱鞋

鞋子和人一样需要休息。建议你不要每天都穿同一双鞋，你至少应该准备两双鞋轮流替换。

若鞋面、鞋跟已磨损，马上设法修补或换新，千万不要以为穿上长裤或长裙，就可以遮掩住鞋子的缺陷。其实，看不见鞋子污垢与磨损的人只有你自己。

一般情况下，当鞋子买回后，可在鞋底贴上一层耐磨贴，或将塑胶鞋底换成皮底或橡胶底，不但防滑，还能延长鞋子的寿命。

想让自己美丽的女性朋友们，那么就从你的脚下开始吧！

第十章：窈窕淑女——优雅的女人婀娜多姿

身体是女性魅力的载体，拥有苗条而匀称的身材可以说是每个女人一生的追求。身体上的每一部分都与心灵息息相通，手、腰、胸、臀、体型、体态等组成了女性身体的韵律，曲线美是女性美的基础。

塑造优美的身材

诗经上说：“窈窕淑女，君子好逑。”所谓窈窕，即身材苗条婀娜，其腰纤细。比如妲己、褒姒，我们无法得知其容貌到底有多么美丽，但我们知道她们必有一副诱人的身材，其腰亦必纤细。赵飞燕能掌上起舞，其腰更是盈不足尺，否则即使壮汉也可能托她不住。

然而，真正优美的体型、性感诱人的曲线充分体现在胸、腰、臀、腿这四个部位，不仅仅停留在细腰上。如果将营造曲线美比作一个系统工程的话，那么这四个关键部位就是该工程的基础。

通过锻炼完全可以让胸部丰满起来，简单的方法是：两肘弯曲，肘部向外侧打开，双手在胸前挤压卷成团的毛巾。一边呼气，一边挤压，挤累时可将胳膊高抬，双手举至头顶稍作休息，一般十次即可，这是锻炼胸肌的运动，作用如同广播操中的扩胸动作。它随时随地都可以做，手中的挤压对象也可换成水杯、电线杆、木杆等。另外，手掌撑地、撑墙、举哑铃或举其他东西也可以扩展胸肌。

在求得胸部丰满的同时，应使腰部瘦下去。若腰部有赘肉，去除赘肉最简便有效的运动是仰卧起坐。还有一种变相的仰卧起坐也很有效，就是臀部以上平躺地面，双手抱头轻轻抬起，双腿弯曲靠拢，以腰为支点左右摆动，摆动幅度要大，另外，收紧腹肌、增强腹肌力量的运动可随时随地做，如在上班途中的公共汽车上，坐在座位上挺胸收腹，双脚离地片刻。在办公桌前，双肘撑于桌面，臀部抬起片刻，均可起到收腹作用。

腰以下的臀部也是形成曲线美的关键部位之一。臀部曲线的优美在于臀部肌肉的紧和挺，松弛下坠势必臃肿，而并非我们所说的丰满，这就要求我们站立时要注意提臀、夹臀；坐时注意挺胸收腹，脚尖抬起向回勾，直勾到臀肌有感觉。清晨锻炼时可双手叉腰，前弓步向下压腿，起到增强臀肌弹性的作用。要想使臀部肌肉绷紧，还可通过后踢腿锻炼来达到目的。后踢时双手扶住椅背，支撑腿弯曲，上身保持不动，腰部不用力，单腿向后踢。

腿部曲线则以流畅为美，大腿和小腿曲线，相配要匀称，大腿过粗或过细，小腿过粗或过细，均谈不上曲线流畅。使腿部曲线优美的最好运动是游泳和爬楼梯。游泳时腿部运动是大腿带动小腿，使腿部得到均衡的锻炼。爬楼梯亦是如此，只不过爬楼梯时要抬头挺胸，双臂自然下垂交替摆动，肩膀放松，没有条件爬楼梯的可将 30 ~ 40 厘米高的废旧书籍放置于平地，双腿交替上下也有助于消耗腿部脂肪。

总之，营造人体优美曲线并不难，只要你有信心，坚信通过自己的努力就一定能达到健美的目的，并加上不间断地锻炼，你一定会成为人们眼中的美女。

呵护你的纤纤玉手

看一个人的手，有时就可以知道一个人的工作性质，就可以判断一个人的生活品质和生活品位。你无法想象一张清秀细致的脸庞配上一双粗糙不堪的手，是多么的不协调。

其实，手是女人的招牌，无论是打招呼、握手，还是传递物件或者不经意的碰触，

一双玉手就把“女人味”三个字诠释得淋漓尽致。

纤纤玉手不一定要骨肉分明，也不一定要细腻精致，更不一定非要手指比手掌长。圆润的、丰满的、细瘦的，哪怕手指与手掌一样长的，都可以成为纤纤玉手。不要认为做家务就一定会把手弄粗糙，只要注意维护保养，即便你经常做家务，你的手也绝对不会给你丢面子。

指甲的清洁是护养的第一步，指甲不一定要长长的或者做了水晶甲才美丽，干净整齐就是美丽的基础。每次做完家务、洗手之后一定要及时涂抹护手霜。冬季更要注意不让手部皮肤失水而变得干燥，到了夏天为脸部擦防晒霜的时候要记得给自己的双手一次关爱。习惯定期去做手部按摩，不仅仅是放松双手，更多的是手部有很多穴位可以减缓身体的不适，这是一举两得的好办法。慢慢你会发现，由于手部得到了充分的营养，肌肤开始细腻；因为适当的按摩，手部的肌肉、骨骼变得柔软，而且手也会变得更加敏感，坚持下去，就会有一双美丽的纤纤玉手！

爱美的女性不妨试试在指甲上花点心思，涂上浓浓的色彩，让眼睛和心头为之一亮，感觉会突然间好起来。美丽的指甲总是会让人眼前一亮，夏季一到，“出手频率”也越来越高。想想身着一袭轻薄衣装，指甲却暗淡无光，直叫漂亮妹妹的纤纤玉手收回也不是，展开也不是，真是无比尴尬。

有人说“妙指如诗”，古代就有染蔻丹之举，现代人更是把指甲上的风情发挥到了极致，各样的美甲店或是小铺，绣花一般把指甲慢慢变美，不仅是手，连整个人也因此魅力四射。

有人说，手是女人的第二张脸，手是否漂亮对女人的整体评价是不容置疑的。手是最容易暴露女性年龄的部位，因为手部没有皮脂腺分泌油脂来滋润、保护，而且，女性免不了从事家务，更易接触破坏皮肤的东西，令双手缺油脂、缺水，易起皱纹，变得粗糙。在这里务必请各位女性朋友们格外注意手的护理及日常保护，自我保护才是最好的护理。

在日常生活中应随时随地护理双手，做家务及接触刺激性物质的时候戴上橡胶手套，全方位做好双手的护理，防患于未然，一旦双手出现问题再去护理，往往要费更多力气。

①要把手当作脸部皮肤那样呵护，每次洗手之后，在皮肤没有完全干的时候要及时涂抹护手霜，锁住水分，即使每天涂 10 次也不嫌多。

②在你经常活动的地方都要预备护手霜，如厨房、卫生间、梳妆台、皮包里及办公室等，触手可及。

③涂护手霜时，不要忘记指尖、指间及手腕。

④如果双手极干，可先涂一层厚厚的润手霜，然后包上保鲜纸，或者戴上橡胶手

套，一小时后，保证双手滋润柔软。

⑤手指上长了倒刺，可经常将双手放在温热的橄榄油中浸泡，如果还不见好转，应及时补充维生素 B 或维生素 C。

⑥指甲容易折断也是由于缺少水分，可在睡前用橄榄油按摩，对于经常涂指甲油的女士，去甲水中含有令指甲粗糙脆弱的成分，不能掉以轻心。

⑦冬季注意不要让水分停留在手上，一定及时把手擦干并涂上护手霜，这个简单的小动作就能避免你的手产生裂痕及冻疮。

基本了解了手部护理的重要性之后，就该是寻找护理产品的时候了，普通的乳液不能完全满足手部护理的需要，所以需要专门用手部护理的产品，尽量选择那种既能补充水分又不油腻的产品。护手产品最好随身携带，以便随时护理。

做女人“挺”好

随着生活水平的提高和人们审美观念的改变，现代的美女们除了追求容貌美以外，还追求胸部美，这里就为你介绍公认的三种健胸方法。

一、运动法

常举哑铃与游泳，可令胸部肌肉结实，持之以恒能有效达到扩胸的功效。扩胸运动：两腿分开，双手握紧哑铃，上半身向前，而背部和颈部保持挺直，把哑铃上、下抬举到胸前，抬起时吸气，放下时呼气；结实胸腹运动：颈和腰同时保持挺直，再把双手伸直后，集中力量在腹部，一边呼气一边将手向两旁伸张；强化胸部运动：上半身向前，一只手握哑铃，另一手按于膝盖上以支撑身体，把哑铃举到胸前，然后垂下，左右手轮流做 10 次；游泳：通过水压能对胸部起按摩的功效，对胸部发育有一定的帮助。

二、矫饰法

可在选购胸罩时下工夫，在型号上选择小一些的款式，而并非小一个码。如穿全杯型的，则可穿 3/4 杯型的，若穿 3/4 杯的，那可能 1/2 杯更适合。要选择有钢托或成型罩杯的胸罩，因可把胸部托起，令外观看起来比较丰满。胸罩可以改变你胸部的大小。商厦中形形色色的胸罩都在改善胸部曲线上做文章。揉珠按摩式胸罩是通过与皮肤间的摩擦刺激乳房穴位，达到丰胸的目的；中间系扣式胸罩是把两只乳房向中间夹

紧，帮你“挺”了胸。避免穿戴运动型的胸罩，因其质料较软，且没有加垫和钢托，会把本已“波平如镜”的胸脯，压得更平、更扁。而无论你选择什么型号的，都应先试一下，确实感觉舒适后再买。

所有女性都希望找到一个确实有效的方法让自己的胸部看上去更丰满些，这早已不单单是胸小的女士所憧憬的事了。想让自己的胸部看上去更丰满，要从多方面考虑。

有句广告语说得好：“做女人‘挺好’!”端正的姿势能使你的胸部曲线明显。中国传统女性认为挺胸走路很难为情，其实不然，如果不及时纠正不仅会影响胸部的发育，而且还会形成驼背。因此，走路时应保持背部平直、收腹、提臂，上身的整体感觉向上。坐时，应挺胸抬头，挺直腰板，这样胸部的曲线就会显得动人。休息时应采取侧卧、仰卧的姿势，不要俯卧睡，以免挤压乳房而使之发育不良。

三、饮食法

鱼、肉及鲜奶等含丰富蛋白质的食物，均可健胸。黄豆、花生、杏仁、桃仁、芝麻及粟米等是有效的健胸食品，不妨多吃。橙、葡萄、西柚及番茄等是富含维生素C的食物，可防止胸部变形。芹菜、核桃及红豆等含维生素E的食物，有助于胸部发育。椰菜及葵花子油等含维生素A的食物，有利于激素的分泌。牛肉、牛奶、豆类及猪肝等含维生素B的食物，有助于激素的合成。牛奶炖鸡，把嫩鸡加入牛奶中炖，吃后有丰胸的作用。

中草药食补可健胸肌，饮用一些含中药成分的汤，如紫河车炖乳鸽汤，材料包括有紫河车、当归、北旗、红枣及乳鸽等。紫河车是胎盘素，含丰富的激素，当归、红枣及北旗则补气血，而乳鸽则有强身健体的功效。亦可饮用以黄精、当归、云苓、鲤鱼及生姜等材料熬成的鲤鱼汤。因鲤鱼具有强身效用，能健脾胃，几者的功效结合起来有健胸效果。蜂王浆连续服用数月也能有一定的丰胸功效，因蜂王浆有刺激激素分泌的功用。

想要丰胸，还要多吃含脂肪质、甜味及刺激乳腺作用的食物。用核桃、腰果、莴苣、木瓜、牛肉、猪尾巴、莲子、红枣等做出各种创新美味的料理，也可完成你“傲人胸襟”的理想。

胸部是女人的第二性感区，你想让自己有挺拔而自信的胸部吗？那么你就要多补充上面所介绍的这些食物，相信长期食用能给女人带来不一样的感觉。

美女的理想小腹 

很多女人对渐渐隆起的小腹暗生忧虑，但又无所适从，因为小腹上的赘肉是让身材变形的最大敌人，又是最顽强、最不易减掉的部位。

小腹的问题源自每个女人的体态，如果你总是驼背，赘肉便非常容易集中在小腹。适当穿着收腹束身内衣能有效减少这类事情的发生。另外，抬头挺胸也是非常好的减肥方法，如果你不喜欢运动，抬头挺胸本身就能帮助你消耗热量，尤其是在平常走路的时候。方法是：臀部向内夹紧，腰部两侧用力，肩胛骨部位夹紧，肩膀完全打开，脖子和肩膀交接处下垂放松（不能耸肩），下巴微微提起。如果你长期坐或站都能保持抬头挺胸，则小腹会缩小很多，还会长出腹肌来，赘肉也不容易囤积在腹部。

此外，还要做适当有效的运动。就传统运动来讲，做仰卧起坐是很有效的，但是太辛苦，其实做类似仰卧起坐的鲤鱼打挺动作效果也非常明显。具体做法是：首先，将身体平躺在床上，双手扶于耳际，但不要抱头。双脚抬起，膝部弯曲，大腿与腹部的角度要小于90，然后腹部用力将上身提起，速度要缓慢，反复15～20次。颈部避免用力，不要用手压迫头部。这个动作很不错，可以缓慢地压缩腹部，而且不会像做仰卧起坐之后那样小腹酸痛。但要注意，如果家里的床是很软的沙发床，建议你在地板上做，以免动作过大把床压坏。同时，经常用腹部笑或者呼吸也可以在无形之中助你一臂之力。

总的说来，让女性小腹平坦的方法共有两种，一是预防，二是运动。

一、预防的方法

①适当饮食和适当运动，少吃油腻甜食，多吃蛋白类食物；运动以有氧运动为主，可以消耗体内多余的脂肪。

②少喝酒，多走路，少坐车。

③用可收缩肚子的塑腰带绑在腰上。

二、运动减腹法

①缩腹走路法。首先要学习“腹式呼吸法”：吸气时，肚皮胀起；呼气时，肚皮缩紧。对于练瑜伽或练发声的人而言，这是一种必要的训练。它有助于刺激肠胃蠕动，促进体内废物的排出，顺畅气流，增加肺活量。

平常走路和站立时，要用力收缩小腹，配合腹式呼吸，让小腹肌肉变得紧实。

②做抬腿动作，上抬双腿，比仰卧起坐好，没多大动静，注意抬的时候慢点，放腿的时候也慢点，不然会很累的。

③在专门的健身机上运动。

④饭后站立半小时。

⑤做家务收腹法。或许你原本有点懒，从今天开始做个勤劳的“灰姑娘”吧。记住一个重要法则：避轻就重。比如，扫地时不要使用吸尘器，要用抹布和扫帚，有意识地增加自己的运动量；在温度较高的中午选择洗衣服和熨衣服，会流很多汗；饿了就给自己做一顿精致的瘦身午饭，“厨师”一般都不愿意吃自己做的饭菜，正好控制你的食量。

⑥按摩法。这是一种最常用的腹部减肥法，利用揉捏的动作加上按摩霜对于脂肪的改善很不错。按摩可以提高皮肤的温度，大量消耗能量，促进肠蠕动，减少肠道对营养的吸收，促进血液循环，让多余的水分排出体外。以肚脐为中心，在腹部打一个问号，沿问号按摩，先右侧，后左侧，各按摩 30 ~ 50 下，每天按摩 1 次。

让你“背”受关注

女人的背部曾经因为没有优美起伏的姿态而被艺术家们看作人体最没欣赏价值的部位。但是后来男人还是爱上了女人的背，就像长年搏击于风浪间的渔夫终于爱上了宁静神秘的湖水一样。

对于一个成熟的男人来说，当一位雍容华贵、身着露背晚礼服的女人出现在眼前，她性感迷人的背部一定会使他万分着迷。因此，有人说“女人的背部是性感之丘”。

女人行走在大街小巷，让人注目、让人频频回眸、让人大胆欣赏的，绝不仅仅是她的正面，也包括她动人的“背景”。“背景”传递出女人无数的信息，往往令人生出许多遐想和美妙的感觉。有时候，走在大街上，男人虽然没有见到你的脸，却会为你的麻花辫子、飘飘的蝴蝶结而心动，为你筒裙上那含苞欲放的小花而想入非非，为你旗袍开衩处的一个小饰品随款款的脚步摆动而心生向往……

女人的背部，也是女人魅力重要的一部分。同时，女人的背部，往往会令男人产生许多遐想。一副面孔只用几分钟就能被化妆师变得年轻美丽，但没有任何一个化妆师能在几分钟内给予女人一个青春美丽的背部。

要想做个“风情万种”的魅力女人，就赶快修炼自己的背后风景吧。至于如何塑造自己的完美后背，下列几点可供你参考：

一、清除背部小斑点

除了脚底的肌肤之外，背部肌肤是全身最厚的部分。也正因为如此，背部的循环代谢能力通常较弱，脂肪及废物比较容易堆积而形成粉刺。想要拥有完美的背部肤质，可利用深层洁肤膜来清除毛孔中的脏污。另外，若担心洁肤膜会使毛孔变粗的话，可在清除洁肤膜后，再洒上一些收敛水。

二、去除背部的角质

后背的肌肤上分布着许多皮脂腺，天气闷热时就会出现皮脂腺分泌过剩的情况，进而阻塞毛孔，造成毛孔粗大，形成青春痘或暗疮。想避免这种情况，就要经常去角质。

具体办法有：每周进行一次全身的特殊护理，可以取适量果酸产品或去角质霜敷在背部轻轻按摩，也可选用硫黄香皂，或消炎的精油（如茶树油、薰衣草油等）加入水中使用。这样就能很容易除去阻塞毛孔的污垢和代谢废物，消除肌肤表面的粗糙和硬化现象，使背部变得光滑细腻。之后如再能使用含有海盐成分的海泥敷体膜，除能美肤外，还能起到安定神经、舒缓情绪的作用。

沐浴时如果无法直接用手来清洁背部，可以借助专用的长柄浴刷轻轻擦洗，或使用丝瓜络，这些都非常方便、实用。浴后若拍上去角质化妆水，可促进老角质脱落，并抑制油脂分泌过盛，使肌肤变得清爽洁净。接下去，就是为清洁后的背部做深层去角质的工作了。这项工作除可以购买磨砂产品自己做外，也可以选择一家信誉良好的美体俱乐部来享受专业服务。背部特殊护理的最后一项工序是选用水性的身体乳液为背部保湿，以使它紧实、细腻。

三、经常做背部运动

许多人在工作时，身体往往要保持一种姿势好几个小时，如果背部肌肉长时间不活动就会变得疲惫、僵硬，类似突然转身这样的激烈动作可能就会使它受伤。每当工作结束后，我们最喜欢的姿势就是瘫坐在椅子上，以为这样就能使全身放松，得到休息。其实这种姿势给背部肌肉带来超负荷的负担，远超过正襟危坐。所以每天应利用睡前 10 分钟做背部伸展运动，这不但能让背部肌肉充分放松，也能顺便增加背部肌肉的紧实度。此外，还可以通过选择有针对性的运动来塑造完美的背部，也可以自己在家学习模特儿的方法用头顶书，以帮助脊背伸直。

四、装点你的后背

背部的修饰方法很多。对于那些背部皮肤较好的时尚女性，可选用身体亮粉，使

肌肤质感细腻而光滑，散发出微微的光泽。

当然，并不是每个人的背部都光润亮泽、毫无瑕疵，人们的背部难免会存在一些小斑点或毛孔较粗、肤色不匀等问题，因此，有这些问题的人一般来说不适合穿露背装。如有些场合一定要穿露背的晚礼服时，可选用与脸部同色的粉底来修饰背部。方法是先用粉底乳薄涂，最后以蜜粉来定妆。平时，可直接使用蜜粉来修饰，这种效果既快又好。对于前卫一些的女性，还可选用身体彩绘、亮片彩、水晶贴，甚至是文身来装点后背，这可以让你在一转身之间，艳惊众人。

要彻底展现女人神秘的美，露背可能比装饰背部来得更讨巧些。有时候，你随意在大街小巷逛逛，可能就会被赫然的一个光脊背女人吓一跳——显然，许多女人还没有完全理解和把握露背装，不是露得越多就越好看或是越性感的，先不提年纪大的人会觉得你“有伤风俗”，年轻人都可能会说你是“暴露狂”了。

所以，要露背最好还是要先了解自己的“性感地带”，若是还不能达到性感的程度，还不足以给人美的感觉，那就暂时先保留着，并修复好背部的不足。然后，在某个关键时刻露一下，让所有在场的男人的视线在你身上聚焦，也让女人们兴叹、羡慕。

浑圆的臀部让人着迷

女人的臀部是表现女性美的重要部位之一。其腰之摇曳，腿之修长，体态之婀娜，无不从臀部的曲线及形状中衬托出来。

如果臀部丰挺、结实，就会更加彰显出腰部纤细的线条。同时，也会为腿部增加明显的修长效果，带动身材曲线的窈窕。如果臀部松垮无弹性，那么腰部以下则会美感尽失，下半身的比例也会给人一种失去平衡的视觉感。所以，千万别让臀部的骨牌效应拖垮了身材曲线。

《新娘不是我》的主角是朱丽亚·罗伯茨，但片中最出风头的却是卡梅隆·迪亚兹。知道为什么吗？因为她的臀部。从片头开始，她扭动着臀部在机场接人，到片尾她转身而去，她的臀部一直在画面的中心位置，一扭一摆的效果把她身体的迷人之处显露无遗。

紧紧包裹臀部的牛仔裤，贴身的弹性布料和柔软、垂坠的毛线衫，都能塑造出臀部不同的性感品位。

美国女孩子将臀部视为除胸部以外的第二性感部分。虽然东方女孩儿难得有高翘结实的美臀，不过，注意选择有矫形作用的内衣裤或者款型很棒的裤装，都会帮你很大的忙。记得在梦露主演的影片中，有很多镜头便是通过好看的臀部来表现其魅力的。

现在，在欧美，特别是美国，越来越多的女性热衷于修臀了。据说修一个丰臀，不仅价格不菲，并且得忍受近两个星期不能落座的痛苦，但仍有众多臀部扁平的女士趋之若鹜。其实，现在许多人已经意识到挺翘、圆润、结实的美臀，加上弹性的触感与柔嫩的肌肤，构成了女性健美的身材。女人臀部的魅力日益彰显出来：原来女人的臀部是那样的诱人。

那么，美臀的标准究竟是什么呢？挺翘、圆润、结实是美臀的三大条件，太大太小都不合适。各色人种，臀部的“先天条件”也不一样。黑人的臀部最棒，白人次之，东方人最为逊色。白人的臀部大而圆，但脂肪沉积太多，所以软塌塌不够结实。很多中国人的臀部扁而平，毫无性感可言。黑人的臀部先天就翘，而且富有弹性，无论穿裙子还是牛仔裤，走起路来都给人一种美的享受。有人说崇尚美臀源自西方，理由是唐诗、宋词、国画鲜见有对臀部的赞美，而西方的雕塑、绘画、文学乃至广告作品屡屡可见对美臀的神往。其实，是人，就都会有一些共性——“食、色，性也”，只不过由于文化差异，在性的方面东方人更趋含蓄，而西方人更为直白罢了。

著名的美人辛迪·克劳馥有着最理想的臀部，丰满圆润，富有弹性。站立时臀尖处微微向上翘起，平坐时像郁金香半开的花瓣。半卧时，大弧线的上部呈现些许扭曲，非常诱人。

拥有一个完美的臀部，无论是何种装束，都会令女人倍加自信。理想的臀围比例为身高除以2，再加10厘米。

为此，美体专家为女性提供了一套简单有效的形体梳理术，以改善女性的臀部，塑造诱人的美臀。

一、爬楼梯

每次踏两级阶梯比踏一级阶梯更能带动大腿及臀部肌肉群，从而紧实臀部，消耗热量。

二、大步快走

双手大幅度地摆动，大跨步且快速地行走，可以运动到臀部肌肉，达到修饰臀部曲线的效果。

三、推墙

双腿并拢，双手撑在墙上，腿站直，臀部先向外伸展 10 秒，接着再朝墙靠近 10 秒。重复做不仅可以雕塑臀部曲线，也有收腹的效果。

四、立姿蹲举

最好能有弹力绳或是跳绳辅助，也可以空手做。首先，双脚张开与肩同宽踩住弹力绳，双手再握住绳子放在肩上，臀部往下蹲，使大腿与小腿间约成 90°，此动作维持 8 秒后，再站直。每次 15 分钟，每天数次，具体可根据个人情况而定。

五、金鸡独立

找把椅子，扶着椅背，一腿站直，另一腿在空中向后伸展，约 2 秒后再放下，重复 10～15 次，换腿再做即可。

若你想有一个结实浑圆的臀部，就按上述方法锻炼自己的身体吧。

丰富多彩的肢体语言

美女的神韵除了来自形体所显示的美艳之外，还来自各种“无形”美的优化组合，这种神韵可以使姿色平常的美女变得楚楚动人。这种令人难以捉摸的神韵就在于举止、体态和表情上。它也许是一道眼波，一举手一投足，一颦一笑，也许是一种超越视觉范围的默契，或许是某种体态的优雅美妙等。美女的美，既有具体的形体，本身的色彩、线条、质感的美，又有神韵的美。

一、温文尔雅的坐姿

美女入座时动作要轻缓。一般应从椅子的左边入座，同样，起立时也应从椅子左边起立，并把椅子摆回原来的位置。如果你想把椅子从原来摆放的位置挪动时，应该先把椅子摆到你要放的地方，然后再坐下去。

落座后，应该尽量坐端正，脊柱向上伸直，胸部前挺，把两脚平行放好，眼睛自然向前平视，这样才能给人以落落大方的美感。坐下后，不要左顾右盼，也不要低头看自己的脚尖，以免给人一种见不得世面的感觉。

在坐姿中，不要把腿分得太开或跷起“二郎腿”，两腿应当自然弯曲、并拢，两脚平列或前后稍稍分开。双手轻轻搭放在沙发扶手上或双手相交，搁在大腿上。若遇到低沙发时，走到沙发前，转身轻轻地坐下，臀部的后面距沙发靠背约 6 厘米，背部靠沙发背。如果膝盖高出腰部，便应当把双腿并拢，让膝盖相互靠紧，然后收膝盖偏向你前面的对话者，偏的角度要视沙发的高低而定，但以大腿和上半身构成直角为佳。

如果椅子较高，双腿和身体构成90°以上时，可以跷起大腿而坐，其跷法是将左腿微向右倾，右大腿放在左大腿上，两小腿相靠，双腿平行，脚尖朝向地面，切忌右脚尖朝天，那样是很不雅的。

若椅子不太高，大腿和身体构成的角度小于90°，可以交小腿而坐。其坐法是两膝盖相齐，互相靠紧，右小腿向前，左脚尖靠右脚跟外线。如椅子不高不低，你可以用曲线型的坐法，其坐法是双膝并拢，两腿尽量向后左方，让大腿和你的上半身构成90°以上的角度，再把右脚从左脚外面伸出，使两腿的外线相靠，这样你的身体便成为一个“S”形，极为雅致。

二、亭亭玉立的站姿

正确的站立姿势应该是身体自然直立，挺胸收腹，即让肢体各部位尽量舒展，做到站立时腰挺直，头不东偏西歪，脖不前伸，肩不耸，胸不窝，背不驼，胯不松，膝不弯；要注意立腰，就是要经常保持脊柱端正的姿势，端正的脊柱是构成女子形体曲线美的根本。因此要做到站时下腹微收，胸脯挺起，只有这样，美女特有的曲线美才会显露无遗。同时，还要注意收腹收臀，提气拎腰，使身体的重心尽量向上拔高。重心向上就显得精神饱满，丰姿绰约；重心偏低就会显得衰老和懒散，无精打采。

如果会见客人或出席什么仪式，有站立的场合或者是站在长辈及上级面前，绝对不要将手交叉抱在胸前，这是一种傲慢的动作，或者将手放在背后，这也显得不雅，更不可将两手叉腰。假如一位美女与异性站在一起，身子左摇右晃，给人的感觉将是轻浮、不大方。要是她将身子倚靠在墙上也许会给人留下萎靡不振的印象。

三、舒缓轻盈的步态

美女步态的神韵之美要求其头部端正，不宜抬得过高，目光平和，直视前方，胸部挺直，收腹，让胸脯随着轻盈的步态和呼吸起伏，产生一种具有韵律感的微小颤动。双臂自然而协调地摆动，前后摆动的幅度最好小一点，腰胯微扭。两腿迈步要自然、飘逸、轻盈、匀称，两腿并拢，走路时膝盖正对前方，两脚微向外展，落地时脚跟先着地，双腿几乎踏在同一条直线上，显示出淑女端庄、文静、温柔、娴雅的窈窕美，给人一种轻、灵、巧的美感。千万不要迈八字步或弄成罗圈腿，也不要颠簸摇摆，重心后倒，那样只能使你的步态神韵荡然无存。

美女步态能否富有神韵之美，取决于步幅。步幅是指行走时两脚之间的距离。标准的步幅是：前脚迈出一步落地时，脚跟离后脚尖恰好是一只脚的长度。当然也不能“一刀切”，身材修长，腿也会长些，步幅自然大些；身体“玲珑”，步幅也就小些。

穿高跟鞋时，步幅则宜“纤纤细步”；穿平跟鞋时，步幅则会大些。只有这样才显得举止娉婷，婀娜多姿。

另外，要修炼魅力女人，还要改正身上的各种不良习惯，否则永远也不会达到目的。请对号检查你身上有没有这些坏习惯和不良举止。

双手：用手掩住鼻子、不停地抚弄头发、压指关节发出声音、玩弄手里的名片……如果两手总是忙个不停，很不安稳，会让人心生厌烦。

脚：神经质地不住抖动、向前伸出太远、紧张时踮起后脚跟等动作，不仅制造紧张气氛，而且也相当不礼貌。参加会议时不要任意抖动双腿，这种小动作虽然无伤大雅，但双腿颤动不停，会令对方视线觉得不舒服，而且给人情绪不安定的感觉，也很失礼。

眼睛：目光慌乱、不知所措，该正视时却把目光移开……这些都是缺乏自信的表现，抑或隐藏着不可告人的秘密，很容易让人心生疑虑或产生反感。若直盯着对方的眼睛，又难免让人产生压迫感。用真诚、大方、热情的眼神注视对方，会产生意想不到的效果。如果暂时还没有练就这层功力，那么安详平和地注视对方眼睛的就可以了。

表情：麻木、死板、不悦、冷漠、无生气的表情，会给对方留下坏印象。换一副真诚活泼的表情可以增加魅力，吸引对方。

动作：手足无措、动作慌乱是明显缺乏自信的表现；动作迟钝、反应缓慢是智力低下的行为；敏捷、富有生气的动作一般会让人感到愉快和满足。

用餐：咀嚼的时候发出“吧嗒吧嗒”的声音，骨头和鱼刺吐得满桌都是；吃西餐的时候把刀叉弄得很响；吃面条时发出“吸溜吸溜”的声音；吃西瓜或者别的水果时一脸果汁；嘴里含着食物支支吾吾地说话；粗鲁地擦嘴角；把咬了一口的东西扔回盘中……够了，这绝对不是魅力女人，而是粗鲁女人！

上面所说的都是优雅举止的戒律，既然是戒律就要慢慢加以克服。优雅端正的仪态、敏捷协调的动作、优美的言语、行之有效的大方修饰、甜蜜的微笑和具有本人特色的仪态，才会给人留下美的印象，才能使自己成为一个魅力女人。

第十一章：内外兼修——优雅的女人不平凡

随着社会的发展，人们对美女标准的看法也在发生着变化。过去人们心目中的美女形象多是外在的，比如代表我国古代四大美女的“沉鱼落雁之容，羞花闭月之貌”等；而现代人们心目中的美女形象不仅要有美貌，还要有修养、自信、独立、品位、时尚等，使女人美的内容更加丰富了。

优雅女人的气质超凡脱俗

女人的美丽来自于优雅，优雅是一种感觉，一种气质，一种能打动人心的力量。世界上原本就没有丑女人，每个女人都有一份属于自己的独特的美。当她用心将这份美演绎出来，便拥有了迷人的优雅气质，而她的人生也必将优雅而美丽。

西蒙·波娃说过一句让女人相当自豪的话，“我们不是生为女人，而是要做女人，而我们不但要做一个女人，还要做个优雅的女人。”优雅的女人，不管是在街上、咖啡厅、机场、酒吧、办公室，都是优雅的。有人说：“如果真有那么一个女人，浑身上下一点美好的地方都找不出来的话，那她一定是不懂什么是爱，或是得不到别人的爱。”即使长相再平庸的女人，她也有美丽的时候，那也许就是一种别样的优雅。

优雅是什么？是酒吧里品着红酒百媚横生的娇柔女人，还是无意中一种淡定的沉思，蓦然间一个善意的眼神，回首时一脸浅酌的笑容？优雅是一种味道，由内而外散发着迷人的芳香。言语中尽是诱人的思绪。举手投足间散发着成熟女人曼妙的气息。优雅不是先天的，它是悬浮于物质表面的一种气度的展示。

优雅是一种内在气质。优雅是一种风度，也是一个人独特的风格。也许带有遗传基因的因素，但更多的是来自后天的修为，靠阅读和培养，靠不断的领悟和思考，更靠生活的态度所决定。优雅是装不出来的。举手投足时的微笑也许不会出卖你，但是言谈、行为和思想能决定你是否被别人认可。

可以说优雅无处不在，因为优雅在每个人眼中是不同的美丽：

在暖暖的午后领着自己的孩子散步，这是母爱所赋予的优雅；与心爱的男人一起甜蜜地旅行，这是爱情所赋予的优雅；在暮色初临的黄昏搀扶着年迈的父母欣赏夕阳，这是亲情所赋予的优雅。

一个女人，心静如水，弹指间尽是芳华，这是岁月的磨砺而孕育出的由内及外的品位。就如《花样年华》中的张曼玉，有一点妖娆，一点含蓄，安静得如同处子，回环往复的是一颗优雅的心。她着一身曼妙的旗袍，迈着轻盈的步伐，在巷口留下一串修长的背影，昏黄街灯下一张透彻迷茫的脸，这样的场景无数次在重复，重复着一种轮回，这仿佛是一种无尽的优雅，那故事又仿佛没有结局……这是电影里的优雅，张曼玉的玲珑俏丽和成熟的韵味，在场景、音乐和女人的思绪中穿梭出一道别样的风景。

一个优雅女人，除了善良的本性，对时尚的领悟、匀称的身材、得体的服饰搭配和淡雅清新的妆容，都是必备的。优雅的女人不去追求时尚，她会制造时尚，连设计师都常常要“抄”她们的街头流行。

一个优雅的女人，懂得如何表现自己，成熟、优秀、文雅、娴静，各种气质与品位都可以在举手投足间得到最好的体现。优雅的女人，可以没有惊艳的容貌，但不能没有清新淡雅的妆容；可以没有模特的形体，但不能没有匀称的身材；甚至可以没有优越家境的熏陶，但不能没有忍耐、理解和宽容。

优雅的女人有一定的鉴赏生活的能力，从穿衣、饮食到起居都有独到的眼光，懂得品味生活，懂得把平淡如水的生活调剂得富于情趣。不管何时何地，懂得以宽容的心去包容，去获得独到的快乐源泉。安静、善解人意、宽容、善良、有爱心是好女人所具备的品质，更是优雅女人所不可或缺的品位。

优雅的女人一定是懂得爱的。优雅的女人在从容言行、时尚气质的光环下，必然有一颗善良美好的心灵，一种淡然恬静的生活姿态。懂得爱自己的优雅女人，才懂得怎样去优雅，才懂得在复杂的城市生活中，拥有一份属于自己的纯净空间和美丽心境。

善良是美丽女人的光环

人们常说，善良是一种美德；但善良更是一种美丽，女人因善良而更美丽。善良是女人最宝贵的品德，女人的这种内在美，是最永恒的美丽。善良的女人是最美的女人！对弱者的同情，对朋友的真诚，对家人的关爱，会让女人在付出的时候显现出一种吸引人的独特魅力。罗曼罗兰曾经说过：“善良的女人能够鼓励男人！”无论对爱人还是对朋友，无论富贵还是贫穷，一种坚韧的意念一直贯穿于交往之中，宠辱不惊。特别是当身边的人身处逆境的时候，能用一种宽厚的心，不离不弃的给予帮助的女人，是善良的女人，也是了不起的女人，更是美丽的女人！

《巴黎圣母院》中的卡西莫多是世界文学史上的一个著名的丑人，但在人们看来，他实在要比那卫队长和神父美丽得多。人们之所以会有这样的审美感受，显然是因为他的无人能比的善良。

至于生活中不断涌现的舍己为人者、无私奉献者乃至慈善家们，更是因为他们善良的品性与行为，而令我们深觉可爱可敬！是他们使我们的生活更美丽，让我们在遭遇困难时得到帮助，并确信阳光是不会消失的，且明日将会更加灿烂！一个女人再漂亮，再有才能，再聪明，如果具有一颗邪恶的心，那她最终只能成为一个恶婆。

有个传说，上帝用三种材料创造了三种人：最好的人是用金子做成的，次好的人是用银子做成的，而一般的人则是用铜和铁做成的。当然，做一个女人就要做最好的那一种——金子做成的人。因为，金子做成的人拥有一颗金子的心，金子的心是善良女人的心，奉献给天下的都是情和义。

郑板桥曾训导自己的儿子说：“夫读书中举中进士做官，此是小事，第一是要明理做个人。”这里所说的“做个人”。就是指做个善良的人，做个正直的人，这当是芸芸众生的处世准则了。女人的漂亮与岁月无关，女人的美丽与善良有关，善良是美丽女人永远的旗帜。岁月留不住女人的漂亮，但能够留住女人的善良。一个女人拥有一颗善良的心，便会焕发出无尽的美丽动人。

据说，有一次甘地乘火车，不小心一只鞋子掉在车下，可火车已经启动，想捡回那只鞋子已是不可能。甘地索性将另一只鞋子也脱掉，并用力扔到第一只鞋子的旁边。他身边的人非常奇怪，就问他为什么要这样做，甘地微微一笑，答道："这样。经过这个地方的穷人，就能得到一双鞋子了！"这就是伟人的胸怀，伟人的善心。此举虽是伟人所为，但一个女人只要常存善念，唯善是举，时时处处将善念转化为善言和善行，便会为他人创造一份惊喜，为社会奉献一份温馨，为生活增添一份欢乐。

善良是女人的天性，善良是女人最大的优点。因为善良，女人成为爱的使者，美的化身。因为善良，女人使许多事情风回路转，柳暗花明。女人善良的心可以打开通往幸福之门。女人的善良如春风，可拂去心中的烦恼与忧愁；似雨水滋润干涸的心田；如清澈的溪流，让巍峨的高山在潺潺流水中尽展宇宙的圆融；像秋夜的明月，向生活洒满银色的光辉。

有一位哲人问他的学生："对一个人来说，最需要拥有的是什么？"学生们给出了很多的答案，哲人都摇头否定，但有一位学生的回答让他露出了笑容，那位同学的回答是："善心！"哲学家说："是的，在这善心两个字中，包括了人们所说的一切东西。因为有善心的人，对于自己能知足常乐，能去做一切与己适宜的事。对于他人，他则是一个良好的伴侣和可亲的朋友。在他给予他人以爱、同情和鼓励的同时，他本身并未因为给予而有所减少，相反，反而会由于给予而获得更多。他将爱、同情、善意给予人的愈多，他所回收的爱、同情和善意也就愈多。"

善良的女人都乐善好施。目睹蹒跚地爬上公交车的老人，她绝不会安稳地坐在座位上欣赏窗外的风景：眼见路边乞丐伸出的黑瘦的双手，她绝不会厌恶地扭过头去快步走开；面对别人丢失的巨款，她绝不会昧着良心据为已有。她总是用善良呼唤善良，用真情赢得真情。

一个"心慈"的女孩，是一个快乐的女孩。一个时时让人感动的女孩，也会被别人所感动。善良的女人有爱的能力，她的心灵也会沐浴在春风和煦的大自然中；女人有了爱的力量，她就变成了一只酿造人间甘甜的小蜜蜂，从此远离了苦涩。

善良的女人是大度、大量的女人，她懂得原谅别人，包容别人。善良的女人可以宽容别人说错话，办错事，拥有给别人改过机会的好品质。当别人言行举止做得很不得体，有失身份；或是在别人情绪不佳，冒然失礼时；亦或是当别人误会你，重伤你，恐吓你时，善良的女人不计较别人的过失，大方的原谅别人，宽容别人。她的心中永远装着：甜言一句三冬暖，恶语伤人六月寒。她可以忍受别人给自己带来的不快，而且她既不去伤害别人，还想着如何感化别人，开导别人。她既不愤怒又不反击。而是送上一句开导、祝福别人的话：祝你做个更好的人。善良的女人有着大海一样的心胸：不仅接纳了湖泊、溪流，而且纸片、小草、树枝、小石子……也都一并接纳。

善良的女人习惯于平平淡淡地生活，认认真真地做事。她为饥饿的小鸟喂上一把米粒，给干渴的花朵浇下一勺甘霖，为艰难的跋涉者送上一根拐杖，给流泪的眼睛递过一块毛巾。她把忠心献给祖国，把美好献给人民，把孝心献给父母，把爱心献给家庭。“生当作人杰，死亦为鬼雄”的李清照，用她的全部心血为世人奉献了大量脍炙人口的诗词；伟大的光明天使安妮·沙莉文女士，以她的爱心和信心成就了海伦·凯勒的一生。从古到今，从中到外，正因为有这些千千万万善良女人的无私奉献，人类社会的文明历史才增添了无数辉煌的篇章。

世界因有善良女人的支撑而流光溢彩，生活因有善良女人的爱心而花香果甜。历史因有善良女人的鼎力推动而更增加了一份前进的力量。

做个幸福快乐的女人

女人一生中最重要的东西是什么？漂亮、优雅、善良、大方、富有等等可以说都是一个女人现实生活中想要的东西。但那又不是最重要的东西，最重要的是女人一辈子快乐的活着。快乐是源自内心的，不是表面上的风风光光，娇姿做态，是从内心里散发出来的一份真诚、几许纯朴、一些感动，这样的快乐是持久的、明亮的、单纯的。

一位哲人曾说过：“当生命到了尽头，就只剩下三件事：你热烈地爱过吗？你充实地生活过吗？你学会放弃那些不属于你的东西了吗？”

想来想去，一个女人一生中如果想要真正地做好这三件事，该是生活中多么幸运的人啊！其实生活就是一个百宝箱，只要你肯去打开，每个人都能找到很多幸福和快乐！幸福快乐的女人总是开朗热忱的同时会绽放出天使般的笑容，渲染得周围一片灿烂和明媚。

幸福快乐的女人总是平和地享用自己所拥有的一切，用真诚的简单对待人世上虚伪的复杂。幸福快乐的女人总是在平淡中找到了人生的最高境界。幸福快乐的女人总是坦白地正视自己真实的感受，不刻意讨好别人而压抑自己，不眼热别人的拥有而放弃自己的创造，也不挥霍自己的拥有而要更好地发挥自己的潜力。幸福快乐的女人总

是不管在何时何地都会懂得什么是天高云淡，云卷云舒，什么是海阔天空，什么是天蓝水清。幸福快乐的女人她总是认认真真地过好每一天！幸福快乐的女人她总是把她要做的事情当做生活中的乐趣去完成，所以说她不会有太多的烦恼。

其实拥有快乐和幸福就这么简单，只要我们不是完全靠物质来满足，而是把生活中点点滴滴的琐碎事当做生命必经的细节，在一个又一个完成的过程中，切实去感受，身边处处都是温暖和快乐的。

有的人拥有财富却感受不到快乐，那是因为她们并没有完全体验拥有财富的过程。有的人什么都不缺少但是她们并没有感到幸福，那是因为她们内心是空虚的。做个快乐幸福的女人，就在于用你具有的才能去实实在在的工作、生活，实实在在地去爱，去享受，实实在在地放弃不属于你的那些东西，你才觉得你是轻松的、快乐的、充实的。幸福和快乐就在自己身边，普通女人和名女人一样都会活得很精彩。在这个竞争的社会里，女人和男人一样充满着工作上的压力，再加上女人天生较情绪化，故易抑郁、易怒，为了自己和身边爱你的人，你必须寻求调节自己情绪的方法，比如充实自己的社交圈，或是改变自己的社交圈，或读一些心理书籍，还可以选择故事性较强的书籍。另外，多与亲人和朋友沟通，让相互间的压力都得到缓解。旅游也是不错的减压方法，实在太压抑时可以大哭一场。总而言之，要本着挽留住一切自身资本的原则想尽办法进行自救与他救。

既然烦恼是实实在在存在的，那么我们就应该想办法去解决。

下列几种方法，对于解除烦恼确实有效，可供女性朋友们参考。

（1）开朗乐观减少烦恼

通常烦恼者只看到自己的烦恼，于是怨天尤人抱怨命运。可是如果我们用一种积极乐观的态度去看待事物，也许欢乐就会随之而来。

百货店里，有个穷苦的妇人，带着一个约4岁的男孩在彷徨。走到一架快照摄影机旁，孩子拉着妈妈的手说：“妈妈，让我照一张相吧。’妈妈弯下腰，把孩子额前头发拢在一旁，很慈祥地说：“不要照了，你的衣服太旧了。”孩子沉默了片刻，抬起头来说：“可是，妈妈，我仍会面带微笑的。”每想起这则故事，就会被那个小男孩所感动——微笑既是一种对待生活的态度，也是可以稀释各种复杂心情，微笑不但可消除自己的烦恼，还会把快乐传递给别人。

（2）变换角度转移烦恼

有一个成语叫“塞翁失马，焉知非福”。这是发生在我国古代的一个故事，有一个智者，丢了一匹马，邻居来安慰他，智者回答，没什么，谁知道是好是坏呢？不久他丢失的马回来了，后面还跟着一匹野马。邻居又说，你太幸运了，不仅丢失的马回来了，还多了一匹马，智者回答，是好是坏还不知道呢；他的儿子喜欢骑马，结果在骑野马时从马背上摔下来，腿摔折了，邻居又来安慰他，让他想开点，事情已经发生了，就不要再难过了。智者还是回答，是好是坏还不知道呢；过一段时间，边陲敌兵来犯，很多胳膊腿全的年轻人都被官府征作兵役，在战场上被打死打伤者不计其数，智者的儿子由于腿断了不能打仗，反而免遭其难。

法国作家阿兰在论述把快乐的智慧用于和烦恼作各种各样斗争时说：“烦恼是我们患的一种精神上的近视症，应该向远处看，保持积极乐观的心态，这样我们的脚步就会更加坚定，内心也就更加泰然。”所以从长远来看，任何事情是好是坏还不知道呢。换个角度看待一件事，其实没好事，没坏事，只是有事，这样想，人就会变得洒脱、快乐。

（3）享受过程避免烦恼

有些女性的烦恼是因为自己事事处处都追求完美。只能好，不能坏，只能成功，不能接受失败。消除这种烦恼最好的方法是：享受过程，精彩每一天。有位教授说：“生命是一个括号，左边括号是出生，右边括号是死亡，我们要做的事情就是填括号，要用靓丽多彩的事情和好心情把括号填满。”

云南有一个古城，气候宜人，土地富饶，物产丰富，人们生活悠闲，节奏慢悠悠的。有一个英国绅士看到这里的人们生活悠闲，就问一个老太太，“夫人，你们这里的人生活节奏为什么是慢悠悠的？”老太太说，“先生，你说人最终的结果是什么？”英国绅士想了想说，“是死亡。”老太太说，“既然是死亡，你忙什么？”生命是一个过程而不是一个结果，有人看透，有人看破。有一个年轻人看破红尘了，每天啥也不干，懒洋洋地坐在树底下晒太阳，有一个智者问，“年轻人，这么大好的时光，你怎么不去赚钱？”年轻人说，“没意思，赚了钱还得花。”智者问，“你怎么不结婚？”年轻人说，“没劲，弄不好还得离婚。”智者说，“你怎么不交朋友？”年轻人说，“没意思，交了朋友弄不好会反目成仇。”智者给年轻人一根绳子说，“干脆你上吊吧，反正也得死，还不如现在死了算了。”年轻人说，“我不想死。”智者说，“生命是一个过程，不是一个结果。”年轻人翻然醒悟，这就叫一句话点醒梦中人。

那么，怎么享受生命这个过程呢？

这就要把注意力放在积极的事情上。生活的乐趣总比烦恼多，而大多数被忽视了，

为什么不尽情享受乐趣，眼睛何必只盯着烦恼呢？

（4）常怀感恩免生烦恼

生活中，烦恼者总在抱怨：为什么别的女人生得这么美，而自己这么平常呢？为什么别的同事赶上这么好的机遇，而自己却总是这么倒霉？为什么人家的丈夫那么浪漫，而自己的丈夫那么不解风情，总是忘了情人节是几月几号，更没有给过自己一点惊喜？

一次，美国前总统罗斯福家被盗，丢了许多东西，一位朋友闻讯后，忙写信安慰他，劝他事情已经发生了，不必太在意，身体要紧。罗斯福给朋友写了一封回信："亲爱的朋友，谢谢你来信安慰我，我现在很平安。感谢上帝：因为第一，贼偷去的是我的东西，而没有伤害我的生命；第二，贼只偷去我部分东西，而大多数依然还在；第三，最值得庆幸的是，做贼的是他而不是我。"

对任何人来说，失窃绝对是不愉快的事。而罗斯福却找出了三条感恩的理由。伟人的胸怀可见一斑。从中我们也悟出，心存感恩，天高海阔。人生是短暂的，时光是有限的，在这短暂而有限的时间里，我们没有太多时间去生气、去烦恼，而应快乐地去拥抱人生。

快乐的女人懂得有吸引力的女人并不全靠她们的美丽和漂亮，而是靠她们的智慧。包括健康、风度、仪态、言谈、举止以及见识。说她们是一道美丽的风景不为过！她们崇尚简单的生活，懂得对人生、对社会的不苛求会换来内心的宁静与安和，她们有条不紊的对工作兢兢业业、对生活怡情养性，即维持体面又不忘乎所以。她渴望健康和美丽，懂得珍惜生命中每一段即将逝去的时光，愿为这个世界增添一份晴朗和欢笑，她懂得也许自己什么都没有，但拥有快乐，那么自己就是这个世界上最富有的人！

快乐是积极的、阳光的、不怕挫折的。生活中难免会遇到各种各样的难题，但是因为你的快乐，所有的难题都不是问题，因为你们会从解决问题中感受成就，你们会有新的快乐体验。快乐是可以感染的，你快乐，他也会快乐。你们快乐，你们的家也会充满快乐。幸福就是快乐地生活着。

林波，今年35岁，在一家软件公司担任部门主管。今天是周末，又恰逢他和妻子结婚5周年纪念日，他早就打算好晚上和妻子一起去吃西餐，饭后再带妻子去听一场音乐会。可是就在临下班前半个小时，老总来电话说有一个非常着急的工作一定要当天晚上处理完。林波无奈，万般不情愿地接受了这个任务，并且沮丧地给妻子打了一个电话，说今晚不能去听音乐会了，改天一定补上。尽管妻子语气中流露出一些失望，但还是安慰他要踏实加班，认真完成工作。

“终于搞定了！”本来坐在办公桌前的林波一下子蹦了起来，然后下意识地看了一下手表，时针已经指向夜里10点了！林波迅速收拾好桌上的东西，关掉电脑，然后夹起公文包匆匆跑出办公室。电梯开了，门还没完全打开林波就冲了进去……

“叮——”电梯载着林波回到了地面，同样地，他没等门完全打开就已经冲出了电梯。他一边下意识地看着手表一边向外走去，却意外地看见妻子就站在他的眼前，正浅浅地冲着他微笑。原来妻子接到林波的电话后并没有回家，反而到林波上班的写字楼来等他下班，又怕打扰他工作，就没有直接上楼去，而在楼下一直等他下来。

“好啦，开始庆祝我们的结婚纪念日吧！”妻子温暖的笑容让林波满身的疲惫和加班的怨气几乎一扫而光。他歉意地看着妻子，妻子似乎也看出了他的心思，便安慰他说：“我知道你很重视今天这个日子，因为我和你是一样的。只是加班是在所难免的，老总特意安排你来完成这个工作，那就证明你在公司越来越受到重视了，我们应该为此高兴才对呢！我来这儿等你，今天的结婚纪念日我们就会多半个多小时在一起呢！来吧，用我新发明的方式来庆祝我们的结婚纪念日吧！”听妻子这么说，林波充满感激地把妻子揽入怀中，体会着这既令人感动且充满快乐的幸福！

这个结婚纪念日，他们没有温馨的烛光，没有丰盛的晚餐，更没有美妙动人的音乐，然而夜风轻拂他们的脸颊，他们一起在街上嬉笑追闹，石板路上是他们踢踢踏踏的脚步声，夜空中是他们快乐的欢笑声，林波觉得这是他最为难忘的幸福时光。

第二天，林波面带微笑、充满激情地向上司报告了加班完成的任务。他的快乐，也感染了他的上司，“林波，你做得不错，大周末还让你加班！这样吧！下周给你3天带薪休假，好像你们就是在这几天结婚的，陪你爱人好好儿放松一下！”“谢谢老总！”林波按捺不住心头的兴奋，快步走出办公室，迅速拨通了妻子的电话。

我们应该为林波感到庆幸，也应该祝福他，因为他有一个快乐的妻子。虽然丈夫在结婚纪念日这么重要的日子爽约，但是因为快乐，她体谅并且宽容了自己的丈夫。他们用自己的方式——像孩童般在街头嬉闹，庆祝了自己的结婚纪念日。烛光晚餐和音乐会可以带给他们快乐，街头的嬉闹也给他们带来快乐。只要是快乐的，就是幸福的。林波因为妻子的快乐，没有受到责备，没有因为加班感到郁闷。

试想一下，如果林波回到家里，妻子却拉着脸发脾气，再唠叨一大堆，比如“你是成心不想请我吃西餐吧？”“你怎么偏偏这个时候加班？”等，恐怕林波第二天也没什么好脸色给他们老总看。老总可能会想：“让你加个班就这样？”什么带薪休假，绝对不会是心头不满的老总会给员工的优待！

当然，林波的幸福绝对不是偶然的，因为妻子的快乐也不是偶然的。快乐是需要

我们修炼的，只有一直保持快乐的心情，才会在遇到一些问题的时候，用积极的态度来面对它。生活中不乏这样的女人，她们的声音里带着高昂的情绪，虽然收入不高，还要操持家务，生儿育女，但是快乐似乎总是如影随形，让她们魅力无穷、活力四射，她们的心情始终在和煦的春风中轻舞飞扬。

幸福快乐的女人，她们不做女强人，不会给自己给别人带来沉重。以事业为重的男人在工作之余不愿再看到美女的“冷”和女强人的“硬”。而那种快乐、自信的女人就像一缕春风，给别人带来轻松愉悦。快乐的女人身上有一种无形的光芒，吸引着你走向她。许多女人在内心深处也都渴望能拥有快乐，但这种快乐往往被她们承担的社会角色所掩盖。她们也不做优柔的附庸，因为她们知道，人生需要执着，更需要随缘，缘来惜缘，缘去尽释，才可以真正的从容恬雅。

做个幸福快乐的女人吧！幸福快乐的女人，像一缕清风，让人感到清凉。像一缕阳光，让人感到温暖。

爱读书的女人更精彩

在许多男人的眼里，美丽的女人其实就是一本书，容颜就是封面，智慧的核心就是内文。清新淡雅或是华丽雍容的封面吸引了他的眼睛，然而令他们长久留恋的却是书中的内容。

“书籍是人类进步的阶梯。”高尔基的名言挂在我们从小到大的教室里，大家耳熟能详。“书中自有黄金屋，书中自有颜如玉。”中国历来是一个崇尚读书的国度。

读书是女人的立身之本，喜欢读书的女人，学历可能很高也可能不高，但一定有文化修养。有文化修养的女人大都知书达理、处事冷静、善解人意。

读书有很多好处：

一、增加知识

培根曾经说过：“读史使人明智，读诗使人灵秀，数学使人严密，物理学使人深刻，伦理学使人庄重，逻辑学、修辞学使人善辩；凡有学者，皆成性格。”读书，便能读懂历史，明了世界，于是古人语：“两耳不闻窗外事，一心只读圣贤书；秀才不出门，却知天下事。”

二、陶冶情操

古人曰，“腹有诗书气自华”。知识真正成为心灵的一部分，可以显现出内在的涵养。

三、调整心情

不同时间与心情，看不同的书。吃饭的时候，适合看杂志；白天能挤出时间的时候，适合看小说；晚上独自一个人的时候，适合看散文、诗和词。喜欢读书，就等于把生活中寂寞的辰光换成巨大的享受时刻。

在忙碌而焦躁的生活里，在寂寞的风雨的夜里，书籍可以给我们的心灵以温暖和充实。当你遇到烦恼、忧愁和不快的事时，应首先学会自我解脱，去读一读或翻一翻你喜欢的书籍和杂志，分散心思，改变心态，冷静情绪，减少精神痛苦。

四、寻找高尚的朋友和指引

书可以成为一个忠实的朋友、一个良好的导师、一个可爱的伴侣和一个悠婉的安慰者。雨果曾经说过："各种蠢事，在每天阅读好书的情况下，仿佛烤在火上一样，渐渐熔化。"

读书的女人，心有明灯，守得住心灵这个宁静的港湾，始终视书籍为精神的伴侣。

读书的女子，心有琴弦，纵然是独自漫步，也并不寂寞与孤单。有自由的清风邀约一些花香或者白云为伴，有心而识灵魂、有梦而知远方的天空应该有一弯绚丽的彩虹。

读书的女人，她们以聪慧的心、宽广质朴的爱、善解人意的修养将美丽写在心灵。读书，使她们更潇洒；读书，为她们添风韵。即使不施脂粉也显得神采奕奕、风度翩翩。

读书的女人，会使生活情趣高尚，很少持续地去叹息、忧郁或无望地孤独惆怅，重要的是拥有健康的身体、从容的心态，只要心境能保持年轻，对于年华的逝去无所畏惧。因为她们懂得与其停在那忧郁的事里，不如把这忧郁的时间和精力用来读书，使自己从"忧郁"的境遇中解脱出来，不怨环境，也无须艳羡别人。在哲思中让心情一天比一天愉快年轻。

喜欢读书，就等于把生活中平常的时光转换成了巨大享受的时光。读书，可以增长见识，陶冶性情，使人的情感更细腻，举止更优雅，气质更深沉。淡泊以明志，宁静以致远，非读书是不能达到的。

你若是一个爱读书的女人的话，才会更有"内容"，因为书中的知识让你沉静，让你理解和宽厚，你明白人在最脆弱的时候需要什么，更让他流连许久甚至一生——你的智慧能为他点拨迷津，又不会妨碍他的思考，如一把钥匙突然打开他尘封已久的思想，让他感到新鲜而放松，随时都能找到意外的惊喜；在他山穷水尽的时候，你总能给他柳暗花明；在他绞尽脑汁时，你总能为他排忧解难；在他情绪低落的时候，你不会落泪而让他更难过；更不会在他骄傲时比他还盛气凌人。倘能如此，其实便已获得

了人生成长中最重要而实用的东西。

美丽的女人配上渊博的知识，让人回味和向往，让人真切地感受到知性女人是一种深深的内涵，不是一朝一夕的伪装。女人的容貌即使再漂亮、保养得再好，也经不起岁月的磨砺；如果腹内空空、言辞虚浮，即使貌若天仙、珠光宝气，也会让人觉得庸俗。所以说，文化是当今新世纪女人的精神脊梁，也是充实底蕴、获得快乐的永恒追求。

关于什么是文化？学者于丹女士曾在女性论坛中说：“什么是真正的文化？就是《周易》上说的‘关乎人文，以化成天下’，也就是你观察了世间人文百态，还要用一种思想理念去流化天下，把它变成一种生活方式。”

这其实就是要求女人在成长的岁月中，要注重对生活的感悟，从中获取智慧。善读书、会读书，会让女人知书达理，让人感受到一种淡淡的芳香，即使素面朝天、容颜老去，依然有着普通女子不可比拟的内涵。善读书、会读书，是一种方法、一种选择、一种捷径。因为书海茫茫苍远，人生精力有限，所以要读就要读一本好书，一本对自己终生有益的书，一本让自己回味无穷的书。认真地去读一本书，并不代表一天到晚把书捧在手里生吞活剥，更不是草草浏览不求甚解。读书应该静下心来，从书中读出一份灵动，读出一份智慧的感悟，这样才能对自己的人生成长有着百般的益处。

当然，书籍并没有性别，更没有性别歧视。文学、历史、哲学、戏剧、政治等书，男人可以看，女人也可以看，不过，对于读什么书，男女的喜好还是有差别的，女人天生就有着和男人不同的阅读兴趣。男人爱读强者成功史、历史史实、军事纪实、市场营销，可很多女人却更偏好美容手册、瘦身宝典、菜谱等生活类图书，或是其他一些文学作品。读什么样的书本来无可厚非，但是作为一个新时代的女性，也有必要读一些培育心灵、陶冶气质方面的书。

很多女人不爱读晦涩难懂的哲理书、残酷的军事书、枯燥的营销书，她们天生感性，大多亲近文学，其实只要细心去体味，文学之中也不乏人生哲理、征战攻伐。文学是一个窗口，女人可以通过它以审美的眼光来看待生活，中国传统文学和外国优秀文学都是很好的选择。

诗歌是中国古典文学的精华，成就最高的唐诗宋词，很多都是精美绝伦的艺术珍品，值得用一生去读。欣赏它们，要反复阅读，动情吟咏，才能真正体味到其中的精妙。山水诗的清丽脱俗、田园诗的怡然恬淡、边塞诗的雄浑壮阔；李白诗的飘逸瑰丽、杜甫诗的沉郁顿挫，都能深深地影响人的心灵。

相比之下，词更适合女人的品位，诗庄词媚，词所表达的意境与感觉的精妙，往往和女人的多愁善感相关。李清照、朱淑真都是女性，她们的词作可以说是妇女文学的代表之作，遣词造句的精妙和欲言还休的含蓄，令人常读常新。诗词的简洁与细腻，与女人的气质神韵相近相通，而其中所蕴藏的丰富内涵，是迅速提升女人聪明的快捷方式。

无论中外，文学作品的好处在于感同身受的经历，每一本书、每一个故事都是一段感人肺腑、荡气回肠的歌。对于女人来说，心灵的丰富需要人生的经历，但是现代生活却不能给她太多经历的机会。因此，阅读，尤其是读那倾情演绎人世悲欢的文学名著，在最短的时间里，跟着书中人物走完一生。别人的故事，能够帮助我们领悟人生、丰富情感。以下推荐几本对女人影响至深、如果一生不读而很遗憾的书。

《简·爱》——19 世纪英国著名的女作家夏洛蒂·勃朗特的代表作。从简爱身上你可以看到爱情是建立在精神平等的基础之上的，它并不取决于社会地位与财富甚至长相，只有双方彼此相爱，才会获得真正的幸福。在爱情中，她追求幸福的勇气，她的自尊、自爱、自强是每个女人不可不学的。

《飘》——玛格丽特·米切尔的著作。从斯佳丽身上你可以看到一位坚强、执著生活的女性。可以说，坚强、独立、积极是现代女性必备的素质，即使你没有主人公那样美丽动人，你也不要自卑，因为你依然有追求美好的权利，你也同样可以使自己变得风情万种。你或许得不到自己心爱的男人，不要紧，你还可以爱你自己，斯佳丽所坚持的典范就是，永不言弃，积极乐观地生活，敢于直面现实，与残酷的现实进行抗争。

《红楼梦》——如果说一个女人没有读过《红楼梦》，即使不说是不可思议，也的确算是一个很遗憾的事情。为什么这样说，理由很简单，只有读过此书的女人，才会明白女人的千姿百态，或楚楚可怜，或哀婉动人，或蕙质兰心，或聪明伶俐……在这里，你会深刻地体会到什么样的女人才是一个真正的女人。史湘云的豪迈、薛宝钗的聪慧、林黛玉的哀怨，即使是机关算尽的王熙凤身上也有值得女人学习的地方，如她的善于交际、处变不惊、果断与坚决等。

《廊桥遗梦》——美国作家罗伯特·詹姆斯·沃勒的著作。作者向读者展示了罗伯特·金凯与弗朗西丝卡从相逢、相恋到相别的过程。这是一段婚外恋情，一个被作家用“真实性”“悲剧性”和“死亡”包装过的浪漫的婚外情故事。该书不仅是一部爱情小说，它的价值在于向我们指出了一种人生的选择、一种人生理想，展示了人们情感生活的深度和柔美境界。

《围城》——围城是一本教会女人如何读懂男人的书，这本书的精彩之处就在于它描绘了中国男人的劣根性。男人的优柔寡断、毫无原则。即便如赵辛楣、李梅亭、高校长之流，也充斥在生活之中，对这类的男人最好明哲保身。其中的女孩却很有特点：以现代人的眼光看，苏文纨尽管不可爱但却是个女强人的类型。唐晓芙可爱，然而她

根本就没有看上方鸿渐。尽管孙柔佳心机很深不惹人喜爱，但在面对感情之时，多给自己留几个心眼也不为过，君不知，如今的色狼岂止是成群了得。

一个女人的气质、智慧和修养和阅读大量的书籍是分不开的。爱阅读的女人，是美丽的女人。“一位长发飘飘的美女怀抱一本书缓缓走出图书馆，一只手放在额头梳理被微风吹起的秀发。”那是一幅多么美丽的图画啊！

西方有一本专门谈论女人的小册子叫《猫》，里面说：“若是一个女人看书从来不看第二遍，只因为她‘知道里面的情节’了，这样的女人绝不会成为一个好妻子。如果只图新鲜，全然不顾风格和韵致，那么过不了多久，她就摸清楚了丈夫的个性、弱点与怪僻处，她就会嫌他沉闷无味，不再爱他了。”真是一针见血，在看待女人的阅读问题上，男性往往有最敏锐的目光。正因为事关天下男人的幸福，所以说，女人是否喜欢阅读是一个男人十分关注的问题。

也许有人说，男女有别，但是，在看书这件事上男女是应该相同的。男人可看的书，女人都应该看，比如文学、哲学、戏剧、军事、政治、传记、历史等。作为女性，在历史上的生存空间比男性的狭小，所以更需博览群书，放眼世界、以明己知世，有效吸取最充足的养分，培养一颗属于自己的独特心灵，而后过上自己想要并适合自己的生活。所以，如果有时间，女人最好什么书都看一点儿。如美容手册，瘦身手册，菜谱等类的书，是每一个女人都会去涉猎的。

作为女人，美国女人与中国女人没有太多不同，南非女人与中东女人也不见得差距太大，至少在性的问题上如此。所以，女人也应该看看这方面的书籍。

西蒙·波娃的《第二性》就是一本十分值得看的书。此书被誉为‘‘有史以来讨论妇女的最健全、最理智、最充满智慧的一本书”，甚至被尊为西方妇女的“圣经”。

《第二性》以涵盖哲学、历史、文学、生物学、古代神话和风俗的文化内容为背景，纵论了从原始社会到现代社会的历史演变中，妇女的处境、地位和权利的实际情况，探讨了女性个体发展史所显示的性别差异。

《第二性》堪称为一部俯瞰整个女性世界的百科全书，揭开了妇女文化运动向久远的性别歧视开战的序幕。

李银河的《中国女性的感情与性》也很值得一看。有人把它叫做“中国的海蒂性学报告”，李银河是第一个研究中国社会性学的女性，是中国的“女性主义性学”的奠基者。此书对中国女性的感情与性这个涉及个人生活史、隐私性很强的领域进行了社会学的研究，涵盖了女性从初恋到结婚，感情、性与婚姻的关系等各个方面的问题。

有的女人，读书是为了获取知识、增长才干，所以她们比较注重思想性强、有哲理、有深度的书。书提高了她们的人生境界，使她们生活得更充实。这样的女人本身就是一本书，一本耐人寻味、百读不厌的好书。

当我们沐浴在暖暖的阳光下，泡一杯清茶，手捧书香沁脾的精品，如痴如醉地欣赏那一行行欢快跳跃的文字，似一位美食家，品尝佳肴满口噙香，它的养分早已融人我们的血液。当我们在静谧的月夜，夜阑人静时，亲近书香，细细品味咀嚼，生活便向我们打开一扇窗户，透进来的是全新的空气，不露痕迹地弥漫在我们周围，不取分文地滋润我们的心腑。

读书的力量即在于以知识充实我们女人的精神空间，增长我们的智慧，终生滋养我们的心灵。读书给我们带来圆融的生命智慧，它是女人生命最恒久的妆容。读书使我们怡情增智，美丽容颜，使我们找到一片心灵的净土，从而使我们焕发真正的快乐。

爱读书的女人很美，爱读书的女人美得别致。她不是鲜花，不是美酒，她只是一杯散发着幽幽香气的淡淡清茶，即使不施脂粉也显得神采奕奕、风度翩翩、潇洒自如、风姿绰约，秀色可餐。

爱读书的女人，不管走到哪里都是一道美丽的风景。她可能貌不惊人，但她有一种内在的气质：幽雅的谈吐超凡脱俗，清丽的仪态无需修饰，那是静的凝重，动的优雅；那是坐的端庄，行的洒脱；那是天然的质朴与含蓄混合，像水一样的柔软，像风一样的迷人，像花一样的绚丽……

有一对姐妹，姐姐身材高，脸蛋美，如花似玉，遗憾的是爱翻舌弄嘴，街坊邻居都叫她“长舌头”；妹妹个儿矮，鼻子塌，街坊邻居都叫她“丑小鸭”。也许是遗传基因的缘故，她俩脸蛋上都长着一块黑痣，姐姐三天两头去美容厅，每月的工资全花在美容上。美容虽抹盖了她脸上的黑痣，却抹不掉她心中的俗气。妹妹喜欢读书，每逢假日就去图书馆。她的工资除去生活费，其余全买了书。

她读了很多很多的书。她从英国诗人艾略特的书中品尝出人生的深奥，眉宇间增添了睿智和思考；从海伦·凯勒的书中咀嚼出战胜自我的力量，从自卑的困扰中走了出来；从冰心的书中找到了做人的完美，将爱心融进自己绵绵不尽的生命长河里……这个不起眼的妹妹变成了名副其实的“丑小鸭”，从言谈举止中流露出一种超俗的魅力，连她脸蛋上那块黑痣也变得招人喜欢了。

其实，到美容厅去只能进行外观的美容；到图书馆去读书，那是心灵的美容。一个人的外貌是天生的，再高明的美容师也无法将丑变为美，可心灵的美容可以把丑变为美。可见，书籍是女人永恒的妆容，一颗坚强而聪慧的心，宽容而朴素的爱，将美

丽写进心灵，即使不施脂粉也显得神采奕奕、光彩照人。

拒绝灯红酒绿的诱惑，能够在业余时间捧一本书全神阅读的女人，是最懂得生活的女人，在宁静中体验生命，在阅读中塑造心灵，人生便因此而深刻，个性便因此而更接近完美。

读书使人生豁然开朗，柳暗花明。人生因读书而前程光明，事业鹏程。读书可使人类摆脱愚昧，达到聪慧明智。女人因读书而实现进步，拥有精神财富。读书是女人的立身之本。喜欢读书的女人，学历可能不高，但一定有文化修养。有文化修养的女人大都知书达理，处事冷静，善解人意。经常读书的人，一眼就能从人群中分辨出来。特别是在为人处世上也会显得从容、得体。有人描述，经常读书的人不会乱说话，言必有据，每一个结论都会通过合理的推导得出，而不是人云亦云，信口雌黄。

经常读书的女人，她们做事会思考，知道怎么才能想出办法。她们智商比较高，她们能把无序而纷乱的世界理出头绪，抓住根本和要害，从而提出解决问题的方法，拒绝盲目；她们做的每一步都是经过深思熟虑过的。

所以说只有爱读书的女人才更精彩……

做个有内涵的女人

一个女人的外在美，会随着时间的流逝而褪色，而内在的美却是经久不衰、魅力永存的。外表打扮得再花枝招展，也只是吸引男人的眼球而已，等到不年轻了，人老珠黄的时候，试问，你还有这样的资本来吸引男人吗？只是靠外在的衣饰、化妆品打扮出来的美女，如果没有思想内涵、没有气质，这种漂亮有时会使人感到俗不可耐，并不能吸引男人的心灵，而许多的女性，因为拥有智慧和才华，举止优雅得体，因其内在的品质而顿然生辉，这样的女性往往具有一种从心灵深处源源溢出的摄人心魄的魅力。女人只有深层次的挖掘这些内涵特质，才能更好的展示自己的魅力。

有内涵的女人一定是善良的，拥有着一颗纯净而又透明的心，让人一目了然，不必防范。“海纳百川，有容乃大”是这种女人待人处世的宗旨，怀着一颗大器、清朗、宽容的心去接纳一切美好的人、事、物，平和地与人相处，用自己善良纯真的本性，无私而又真诚地帮助需要她帮助的人。她的眼睛里总会充满着善良与智慧，举手投足间都散发出一种人格的魅力。

有内涵的女人必定具有丰富的学识和修养，她会认真地倾听别人的谈话，不会显摆自己，不会在大庭广众之下喧哗取宠，更不会在人多的时候夸夸其谈，张扬自己的个性。她的聪明和涵养会规范她做事的尺度，懂得进退，展示出一种大家的风范，让人欣赏与倾慕。

有内涵的女人也必定是沉稳而收敛的，知道该说什么，该做什么。即使碰到实在难以相处的朋友，分手之后，也绝不会恶言相向。不会张三李四的在背后去品评别人，传播别人的闲话。不会勾心斗角，不会为个人利益不择手段地伤害别人，不会对别人刻意的伤害选择报复。

有内涵的女人也一定活得真实简单，她会用一种淡然的心境去面对自己周围的人或事，善于发现别人的长处来弥补自己的短处。能清楚地意识到生命的本质的含义。让自己快乐地生活，也能把快乐带给别人。

有内涵的女人，对商场里铺天盖地的化妆品很少问津，因为她已经找到更适合自己的化妆品——书。当别人在灯红酒绿地忙于应酬、尽情狂欢的时候，她则会在明净的灯光下轻轻翻开自己喜欢的书，让自己在安静的处境里学会以冷静、理智的眼光审视世界，学会把从容、谦和、自尊、自信等美好气质聚积沉淀起来，变成一种别人抢不走、也学不到的特效化妆品。岁月的流逝不仅不会摧老她的美丽的容颜，反而会为她增添新的神韵。而这种内在的美感就像陈年老酒一样惹人心醉，越品越香，让女性尊敬，让异性注目，让所有相处过的人都被打动。

曾经有一部电影，片中女主角是个相貌普通的平凡女人，但她偏偏爱上了英俊潇洒、富有才干的上司。虽然她的勤奋工作和善良的为人让上司很有好感，但她心中明白自己无法赢得如此一个优秀男人的爱情。

在一次大型酒会前夕，她对着镜中那个一身灰色装扮的女子叹了口气，决定不去参加。在那种场合，有太多美艳如花的佳丽，衣香鬓影，环佩叮当，她这个丑小鸭怎能忍受心上人被别人吸引的痛苦。她垂下头，在心中悄悄许下一个愿望，只要能变美，哪怕一个晚上，也心甘情愿。

奇怪的事发生了，化妆间的灯光突然熄灭，几秒钟后再亮起，她发现面前多了一双晶莹剔透的水晶鞋。她抚着怦怦乱跳的胸口，小心地换上那双鞋，偷眼望镜中人，她立刻惊呆了。那绝对是个美艳绝伦的女人，长发垂肩、明眸皓齿、纤腰一握……欣赏了许久，再脱下水晶鞋，又变回了卷发凌乱、戴副黑框眼镜的自己。她明白过来，欣喜莫名。

凭着这双水晶鞋，她如愿以偿，在第一时间吸引到上司的注意，他惊讶的目光让她又高兴又心虚。然而往后的日子却让她变得越来越不安，白天她是那个朴实、可爱的“丑小鸭”，眼巴巴地用目光追随心爱的男人，晚上却要变成高贵的“白雪公主”

与心中的王子约会。她觉得这种人格分裂的生活简直是一种折磨，何况，对他也并不公平。如果他知道这一切不过是个骗局，会有多么恼火。

日子一天天过去，随着了解的加深，她发现他并不是如想像中那么浅薄，他为人正直、诚恳，胸襟宽广。他甚至常在“公主”面前盛赞“丑小鸭”的善良温柔，他固然与天下所有男人一样，在美色面前容易动心，但他同样在乎爱人是否有一颗真诚善良的心。他对办公室里的“丑小鸭”也越来越温柔、呵护，真真假假，令她意乱情迷，实在无法继续扮演两个不同的角色。

终于有一天，她以本来面目来到约会地点，在爱人惊讶的目光中，她将真相和盘托出，她相信一切美丽的幻想也将烟消云散，她将永远地失去眼前的这个男人。然而他却露出恍然大悟的表情，说难怪和“公主”在一起时，总有似曾相识的感觉，甚至产生过错觉，把她们当成一个人。

他握住她的手，深情地说，其实她变成怎样都无所谓，一直以来他喜欢的正是她的全部，是她给他的那种宁静温馨的感觉。

她完全不敢相信所听到的一切，她觉得自己是那么幸运，从此，她不用再依赖那双神奇的水晶鞋就能够留住爱人的心。她将水晶鞋从包里取出来，再无留恋，将它们抛进了深深的湖水中……

当然，神奇的水晶鞋并不存在，温馨浪漫的电影故事只不过是想告诉我们，与外表美相比，内在美更深刻、更真实。内涵是女人魅力之本，保有真诚善良的心，比孜孜不倦追求外表艳丽动人更有价值。

亦舒曾说过：“真正有气质的女人，从来不告诉别人自己读过什么书，去过什么地方，有些什么衣服，拥有多少珠宝，因为她不自卑。”气质由心生，保持自己一颗纯洁善良的心吧；气质离不开内涵，感谢你曾经读过的书和奋斗自省、乐观付出的生活历程吧；气质是装不出来的，腹有诗书气自华，漂亮的脸庞可以使女人美丽二十年，而良好的修养和高雅的气质却可以让女人美丽一生！

一个有内涵的女人，必须具备下列几点：

1. 宽容

宽容是最美丽的一种情感，宽容是一种良好的心态，宽容也是一种崇高的境界，能够宽容别人的女人，其心胸像天空一样宽阔、透明，像大海一样广浩深沉。宽容自己的家人、朋友，因为，他们是我们爱的人。宽容曾经深深伤害过自己的人或者自己的敌人，也是宽容的最高境界，由于女人天生的性格使然，要做到宽容真的不容易，懂得宽容的女人是最有魅力的女人。所以，我把它放到第一。

2. 微笑

只有常常微笑的女性，才会使人乐意亲近，并可增加几分妩媚。微笑给人动力，微笑给人温暖，微笑给人魅力。女人，你每天对着爱人微笑，它给你带来幸福，对着朋友微笑，给你带来友谊，对着家人微笑，会给你带来温馨。用你灿烂的微笑去面对每一天。常常微笑的女人也是最漂亮的女人。

3. 亲切

一个女人，对人有适当的矜持是必要的，但不可忘了亲切待人；对人冷淡，尤其是势利眼是最不可取的，要从内心关爱他人、善待他人，助人为乐。

4. 温柔

温柔里面包含着有关于爱的深刻的东西，它来自生命的骨髓。温柔的血液，是女人发自内心的善意，它是女人对于世界、对于男人、对于子女、对于世情所照见的美好的东西。所以，常常有男人在择偶时说：女人可以不漂亮，可以不贤惠，但一定要温柔。温柔，是中国的千年古训中根植的女性理念，而这种理念，一次次证明了女性亘久的魅力。

5. 诚恳

女人的诚恳与个人的品质、心理密切相关。一个道德品质不好的女人不会是一个诚恳的人，一个没有健康心理的人也不会是一个诚恳的人。可以说，诚恳是后天养成的，也是一种天性使然，诚恳不可以伪装，要求个人气质的真实流露。诚恳的女人懂得倾听别人的意见，并且愿意为别人的问题提出中肯而切实的建议。从不高傲自满是诚恳的特点，一个充满高傲自满的女人，不会对别人有应有的尊重，更不会是一个诚恳的人，要成为一个诚恳的人首先应该从发现自己身上的性格缺陷做起。改变不好的个性，使自己各方面优良，绝不口是心非，无论说什么、做什么，都是发自内心；帮助别人，诚心诚意的，不带有任何自私的目的。

6. 慎言

大部分的女人说话一般都会绕过大脑。多嘴多舌这个词语好像自古和女人都有关系，确实也有些道理，所以我要对女人说，慎言的重要，女人往往都不会想到一句无心的话有可能会造成灭顶之灾。我相信真正一个具备大智慧的女人通常都会慎言。记住，我的女性朋友，多嘴多舌、搬弄是非的女人，永远不会受到大家的欢迎。

7. 高尚

高尚是一种品格，是一种精神上的纯洁，高尚，是简单的，也是深奥的。高尚的思想与品格，当然不是三两天所能造就的，高尚不是刻意装出来的，是从习惯到本能的一种状态。女人要做有内涵的女人，也一定是高尚的人。

另外，大凡有内涵的女性，必要时，都会坦率地承认自己的过错，而以道歉代替狡辩，且能够以宽大的胸怀，虚心接受他人的批评，并从中找出自己的缺点。这种雅

量与风度，是一个女性一生中难能可贵的品质。大凡有内涵的女性，都有很强的进取心，总是不断地吸取他人的长处，尽量改善自己，借以使自己更成功，更完美。

怎样才是一个有内涵的女人：

1. 懂事的女人

女人对待待男人要知道什么时候该撒娇，什么时候该像爱小孩子一样疼惜他。如果他是个学生，她不会任性地要求他翘课陪她逛街，不会让没有经济来源的他买奢侈品。如果他已经工作，她不会埋怨他忘记打电话给她，不会在他工作烦心的时候要他甜言蜜语，即使自己心情再不好，也会轻轻拥着他，始终站在他这边。

2. 善解人意，知情识趣的女人

她不会总是要求他先让步。男生要懂得包容和迁就，不是因为她是女人，而是因为他是男人。但她绝不会因此被宠坏而从头至尾都等着他主动向她道歉，而是会很小心翼翼地跟他撒娇，求得他的原谅。

3. 漂亮但不轻浮的女人

她和他的朋友一起聚会的时候会打扮得漂亮但不会妖艳，只会在他面前偶尔穿很火辣的衣服。她永远会把他与其他男生区别对待，而不是总是孔雀开屏般向所有人展示美丽。

4. 有责任感的女人

在现代只强调男人有责任感的时代，女人其实也应该有责任感。很多女人是为了权、为了利、为了钱、为了势和男人在一起的，她们只不过把感情和肉体当做交换自己想得到的一种工具而已。这样的女人今天为了某些东西和你在一起，那么改天也会为了得到其他的东西而离开你的。如此不负责任的女人你敢要吗？好女人应该是对自己对别人都有责任心的，在金钱面前有自控能力。

5. 自重自爱的女人

一个好的女人在遇到自己喜欢的男人时，应该是先相处、了解对方是否合适自己以后，随着感情的加深而顺其自然的发生的。一个随随便便就和男人上床的女人，试问男人们，这样的女人你们敢娶回家吗？所以当你们遇到自重自爱的女人时应该好好地把握，毕竟这样的女人已经太少了。

6. 有思想的女人

现代社会压力越来越大，男人在外打拼其实已经承受了很多很大的压力。一个有思想的女人应该能为男人分担一些压力，至少可以有自己的事业和人生价值，并不是一味的依附于男人。女人会在社会生活里和压力里学到很多东西，使自己历练的越来越成熟，有韵味，也更坚强和勇敢。有思想的女人在金钱面前有自控能力，有思想的女人明白自己要的是什么，而不是一味的追逐名利和金钱。

7. 疼爱男人也疼爱自己的女人

不会疼爱自己的女人，男人也不会疼爱你的。很多女人在爱情中为了所爱的人付出很多很多，却忽视了自己的存在，到头了却换来男人的离弃。从某种角度上来说男人的变心是女人给惯出来的。男人永远是充满好奇的，再多的爱到最后男人只会觉得是应该的，时间久了都不会珍惜的。所以聪明的女人是先疼爱自己，爱惜自己的身体，疼爱自己容貌，时时更新变化自己的外在，让男人对自己一直感兴趣。遇到这样的女人，男人想不爱都不行。

8. 有自己的空间，也给男人足够空间的女人

这样的女人有自己的朋友，当不开心的时候可以和朋友倾诉，不一定要把自己的烦恼都抛给自己的另一半，正所谓旁观者清。她也有自己的异性好友，但是她非常清楚和他的关系，不需要男友的担心，她会很清楚的把握界限的。

9. 上得厅堂，下得厨房

虽然是老调重谈了，可是不管社会如何的发展，男人们还是希望自己的老婆在外是光鲜亮丽的，回到家后就有一桌可口的饭菜。但是对于女人来说要做到这一点实在是很不容易的。

10. 用心爱男友的女人

她不一定是最漂亮的女人，不一定是最有气质的，不一定是最聪明的，但她一定是最爱他的。她会在他生病的时候守候照顾他；在他烦恼时听他发泄抱怨，给他鼓励；在他需要她的时候给他无私的关怀和最大的帮助。也许她有一点唠叨，可那是因为爱他！

知性女人的美味生活

女人，如同周敦颐在《爱莲说》中所描绘的莲一般中通外直，不蔓不枝，香远益清，亭亭静植，可远观而不可亵玩焉。知性女人可能不是压群艳、傲百花的牡丹，不是空守幽谷的山中木樨，而是携着矜贵香氛的精致白莲花。知性女人身上散发出一种知性的魅力。知性女人聪明却不张狂，典雅却不孤傲，内敛却不失风趣。

女人的知性美是她们身上内敛着的一轮光华，它不眩目，不耀眼，其光若玉，温润、莹透、可感、可品、可携。女人身上的知性，带给她们一种相对平静但余味更久远的魅力。和她们在一起，你可以享受到人与人之间最原始的那种如冬日阳光一样的

温暖。轻松、雅致、自我、明智、舒畅，和她们待上一个下午，你一定能获得一种由透着活力的平静滋生的希望和力量。

知性女人的定位，展现了都市女性应有的形象：有知识、有品位、有属于女性的情怀和美丽。知性女人可以没有羞花闭月、沉鱼落雁的容貌，但她一定有优雅的举止和精致的生活。因此，她们总是过得那么潇洒有滋味。

知性女人像一杯清茶，散发着感性的芬芳。知性女人关注时尚，打扮得体，气质优雅；知性女人内心浪漫，强调个性，对世界充满爱心和好奇；知性女人独立进取，智能坚强，努力追求自我价值的实现；知性女人还懂得给男人空间，深谙风筝和丝线的关系，不动声色地把男人的心拴得更牢。她有清新淡雅的面容，妩媚温婉的回眸，顾盼生辉的举手投足。她亦正亦邪，收放自如，将女人的魅力随心所欲地发挥到极致。

知性女人是一种涵养、一种学识、一种花样魅力的象征，由内而外散发出来，让她出落地得更加魅力动人。一个知性的女人，会随着年龄的增长而积厚流广，日愈馨香，更见浓郁，足以相伴一生。

知性的女人是敦厚的，也是雅致的。浸在书香氤氲的气息里，女人会变得脱俗，淡然处世，绝少贪奢，她们有着一种谦逊随和的娴静之气，在芸芸众生中，一眼就能认出那份离尘绝俗的恬淡气质。一个知性的女人是一所好学校，她教会人用淑雅宽仁去面对世间的一切，远离庸俗和琐屑。她们懂得，“富贵而劳悴，不若安闲之贫困”的真正含义，所以她们不和人攀比，不和人计较，生活得单纯而安然。

古语道：“书中自有黄金屋，书中自有颜如玉”，而现代聪明美丽的女人已不再是士子苦读中翩翩起舞的影子，她们从书中走出来，亲手扬起生活之帆。读书的女人淡雅清新，书便是她们经久耐用的时装和化妆品。走在花团锦簇、浓妆艳抹的女人中间，与众不同的气质和修养使她们显得格外引人注目。

知性的女人，本身就是一本味笃而意隽的书，越读越有味。不读书的女人，最多只能是一具美丽的躯壳，没有生命的张力、经不起时间的淘洗，是一张空洞而单一的白纸，必将褪色而遭遗弃。知性女人，其实就是知书达理、知情识趣、人情练达、洞悉世事，既有灵性也有悟性的女人。知性女人是应该懂得生活情趣的人，她们知情识趣，懂得风情，会营造生活的浪漫。因此，她们的生活也是过得有滋有味，让人羡慕。

世界顶级励志大师卡耐基，提出知性女人的特点如下：

1. 人群中最耐看的风景

英国作家毛姆曾经说过：“世界上没有丑女人，只有一些不懂得如何使自己看起来美丽的女人。”现代女性早已经学会在繁忙和悠闲中积极地生活，懂得如何读书学习，也懂得开发自身的潜能，从而使自己的女性魅力光芒四射。

下面是一位女性朋友的心得：硬件不足软件补（沙浜，女，35 岁）。

作为一个女人，只有漂亮的脸蛋是远远不够的，她必须学习，不断地在精神上有所进取。

当然，并不是因为我丑才说出这番话的。因为相貌一般或容貌比较困难的女性，非常明白自身的缺陷，所以就特别懂得去发掘自己的个性美，更注重内在气质的培养和修炼。

我曾在一家国有企业任职，我们办公室有两女三男，另一个女孩的确长得很漂亮，她也因此占尽了便宜。但要论能力、论业务，她样样不如我。可一遇到长工资、晋升职称、疗养的机会，却样样都是她的。

面对这些不公平，我没有说什么，只是暗暗地读书学习，报名参加了英语班、计算机班和舞蹈训练，给自己“配置”和“升级”了许多优秀的软件，因为我很清楚自己的硬件不足，只有靠软件来补了。

两年后，我辞职来到一家合资企业。在那里，我从一名职员开始做起，一直做到总经理助理。在一次谈判结束后，对方的老总邀请我共进午餐。后来，他成了我的先生，他说那天我在谈判中沉着冷静、不卑不亢的态度和优雅的举止、不凡的谈吐，深深地吸引了他。当时，他觉得我是最美的女人。

现在，我已经做了自己的老板，有了一个可爱的孩子，先生说我在家庭中是贤妻良母，在事业上是个优秀的管理者。

看来，有情趣、有智慧的女人是最美的。

女性的智慧之美甚过容颜，因为心智不衰，它超越青春，因而智慧永驻。“石韫玉而山晖，水怀珠而川媚。”西晋人陆机这样评说智慧之美。

谚语云：“智慧是穿不破的衣裳。”衣裳，自然是与风度美息息相关的。

所以，现代女性中注重培养自身风度之美者，在不断改善自身的意识结构和情感结构的同时，无不特别注重改善自身的智力结构，积极接受艺术熏陶，使自己的风度攫获浓重的智慧之光。

卡耐基认为，这样一种女人最具魅力：她们聪明慧黠，人情练达，超越了一般女孩子的天真稚嫩，也迥异于女强人的咄咄逼人。她们在不经意间流露着柔和知性的魅力的同时，也对人群保持一份若即若离的距离和冷漠。

很多男人在言语行文中流露出一种对知性女人心驰神往却又可望而不可及的无奈与惆怅，在他们眼中，这一类女人人间难求，绝对不是俗物。事实上，“知性女人”同时是食人间烟火的俗人，她同样离不了油盐酱醋茶，同样要相夫教子。因为只有大俗方能大雅，只有这样才是完美女人。

在卡耐基看来，知性女人的优雅举止令人赏心悦目，她们待人接物落落大方；她们时尚、得体、懂得尊重别人，同时也爱惜自己。知性女人的女性魅力和她的处事能力一样令人刮目相看。

在卡耐基眼里，灵性是女性的智慧，是包含着理性的感性。它是和肉体相融合的精神，是荡漾在意识与无意识间的直觉。灵性的女人有那种单纯的深刻，令人感受到无穷无尽的韵味与极致魅力。

弹性是性格的张力，有弹性的女人收放自如，性格柔韧。她非常聪明，既善解人意又善于妥协，同时善于在妥协中巧妙地坚持到底。她不固执己见，但自有一种非同一般的主见。

男性的特点在于力，女性的特点在于收放自如的美。其实，力也是知性女人的特点。惟一的区别就是，男性的力往往表现为刚强，女性的力往往表现为柔韧。弹性就是女性的力，是化做温柔的力量。有弹性的女人使人感到轻松和愉悦，既温柔又洒脱。

真正的智慧女性具有一种大气而非平庸的小聪明，是灵性与弹性的结合。一个纯粹意义上的“知性”女人，既有人格的魅力，又有女性的吸引力，更有感知的影响力。她不仅能征服男人，也能征服女人。

这类女人不必有羞花闭月、沉鱼落雁的容貌，但她必须有优雅的举止和精致的生活。

这类女人不必有魔鬼身材、轻盈体态，但她一定要重视健康、珍爱生活。

这类女人在瞬息万变的现代社会中，总是处于时尚的前沿，兴趣广泛，精力充沛，保留着好奇纯真的童心。

这类女人不乏理性，也有更多的浪漫气质，春天里的一缕清风，书本上的精词妙句，都会给她带来满怀的温柔、无限的生命体悟。

这类女人因为经历过人生的风风雨雨，因而更加懂得包容与期待。

这类女人内在的气质是灵性与弹性的完美统一。

具体来说，女人智慧美的魅力主要体现在以下几个方面：

（1）丰富的内心

有理想，是内心丰富的一个重要方面；有知识，是内心丰富的另一个重要方面，这是现代女性所必不可少的。一定的科学文化知识将使女性魅力大放光彩。除此以外，需要胸怀开阔。法国作家雨果说过：“比大海宽阔的是天空，比天空宽阔的是人的胸怀。”然而，多数女人做不到这一点。

（2）突出的个性

女性的美貌往往具有最直接的吸引力，而后，随着交往的加深、广泛的了解，真正能长久地吸引人的却是她的个性。因为这里面蕴含了她自己的特色，是在别人身上找不出来的。正如索菲娅·罗兰所说：“应该珍爱自己形体的缺陷，与其消除它们，不如改造它们，让它们成为惹人怜爱的个性特征。”刚柔相济是中国传统美学的一条原则，人的温柔并非沉默，更不是毫无主见。相反，开朗的性格往往透露出女性的天真烂漫气息，更易表现人的内心世界。

（3）优雅的言谈

言为心声，言谈是窥测人们内心世界的主要渠道之一。在言谈中，对长者尊敬，对同辈谦和，对幼者爱护，这是一个人应有的美德。

（4）高雅的志趣

高雅的志趣会使女性锦上添花，从而使爱情和婚后生活充满迷人的色彩。

每个女性的气质不尽相同。女性的气质跟女性的人品、性情、学识、智力、身世经历和思想情操分不开。要有优雅的气质和风度，须有良好的教育和修养。

我们可以这么说，魅力实际上是一种无形的吸引力。是人类社会中各种交往活动不可缺少的条件，也是由心理的、社会的、文化的、习惯经验的等诸多因素相融合的统一体，并在人际交往中得以充分的表现。

魅力包含着深厚而丰富的心理内容，是一种人格特征，是人们心理机制与外部行为的完美统一，也是人际间关于你我他评价美的惟一的标准。

2. 打开智慧之门

（1）获取智慧

如果一切条件都相同，聪明才智可算是成功女性一项美好的特质。不过，卡耐基认为一个女人在追求喜悦和财富时，智慧比聪明才智重要。有许多高智商的人未能善用他们的聪明才智，过着非常不快乐的日子。可想而知的是，在许多情况下，兼具高智商与智慧的人似乎少之又少。

人虽然可以依智商来归类，可是你给他们的分数却无法预测他们的成功或幸福程度。不过，我们这个社会虽然强调智商，却很少考虑智慧。

智慧不像智商，无法精确测量。它是无形的，它包含在人生的层面，如透视力、自发性、创造力和社会技能。被视为“现代心理学之父”的威廉·詹姆斯说：“智慧是以非习惯性的态度去看待某件事。”它是用新的观点去看待一个老问题，当你发现并且开始相信你的智慧时，你就会将自己从固定的惯性思考模式与解决问题方式中释放出来，而且可以更轻易地迈向喜悦与成功。简单地说，智慧就是不必“思考”就“看见”答案的能力，它存在于你的思考心灵界限之外。与思考心灵不同的是，智慧没有忧虑。

有一个展现智慧的故事，一辆大卡车卡在天桥下，这辆卡车太高了，所以看不清楚路况。警察把城中最优秀、最聪明和身价最高的工程师都找来，集思广益，看应该

怎么处理。他们带来了电脑、笔记本和滑尺，彼此讨论解决方案。他们想了好几个钟头，就是想不出如何能在不破坏高速公路的条件下移动卡车。一切看起来似乎都太复杂了。后来有一个小男孩，大约七岁，走向这群人，他扯扯其中一人的裤管。“对不起，先生，”小男孩以尊敬的口吻说，“你们为何不把轮胎的气放掉?”一句话解决了一个大难题。

事业最成功的人，一般不是最聪明的人，也不是受过高等教育的人。有许多哈佛高材生虽然受过良好的教育，却不一定能在事业上获得成功。就拿成功商人来说，赚最多钱和得到最多赚钱乐趣的人，都具有创意，有高度动机，有敏锐的直觉，有胆量，而且有能力看见机会。这些特质和其他特质，不是来自智商，而是来自智慧。因此，一个女人要想获得成功，她应该致力于智慧的获取。

（2）善用心灵

《纽约时报》曾刊载一篇关于伊萨克·普莱斯勒的访问。

普莱斯勒先生白天在一家百货公司当销售员。他完成了4年的高中夜校教育之后，立即进入布鲁克林学院夜校就读，以完成大学学业，继续研读法律。他在英文课上的一篇题为《快乐是什么》的作文中写道：“取得高中文凭，进入大学，然后期待成为一名律师——对我来说，这就是快乐。”

“光是期待就足以使我快乐了，”普莱斯勒先生说，“大学要5年或更长的时间，然后进法律学院又要5年。”

对年轻人来说，这是个很有抱负的计划，但是要知道，伊萨克·普莱斯勒在进大学之前，刚度过60岁生日。他知道，对成熟的人来说，学习是一种任何年龄都可以获得的快乐经验。

心灵是最重要最基本的东西，如果我们加以滋养，它就会成长；相反就会发育不良，而且会因为缺乏运用而萎缩。

只让心灵处于教育的影响之下是不够的，必须对它加以运用，让它对教育的影响做出深刻的反应。我们可以加入读书俱乐部，去听歌剧、演讲，但这些除了会在聚会中增加一些谈资之外，没有更深的意义和价值，任何人都可以裹上这层薄薄的文化外衣。在这层薄薄的文化外衣底下，心灵仍然可能像以往一样幼稚。

一个成功女性取得智慧的最佳方法就是，懂得它存在，并且相信它。让你的心灵尽可能保持澄明，懂得有一种更深刻更聪明的思考——你的智慧——是唾手可得的。当你觉得自己的思绪太慌乱、反应过度，或者你太努力时，试着后退一步看怎么样。你将会发现，善用心灵就可以得到一个比较柔和的焦点。

在内心深处，每个人都明白，每个问题都有一个解决方法。许多时候，解决之道来自沉着的观察者，这就是大企业为何要雇用顾问的主要原因。通常，我们无法看见显而易见的解答，这是因为我们被困在情绪化的反应以及观察人生的习惯方式之中。

正面处理问题的另一个办法是镇定下来，反省和倾听，让你的智慧，也就是你的思考中较柔和的那一部分，浮现出来。

（3）砥砺心智

通常心智发展与学习活动都在正规教育中进行，一旦离开学校，许多人就不再认真学习——从不阅读严肃的书籍，从不在工作之外求知，从不分析思考，也不努力写作，徒然把时间浪费在看电视上。

根据调查，多数美国家庭每周看电视长达 35～45 小时，与工作时数不相上下，甚至比上课的时间还久。电视具有最强大的社会教化力量，观众无形中被荧屏上的价值观洗脑，影响力可谓无所不在。

选择电视节目必须掌握重点，以辨别最符合自身价值观与目标的节目。

智慧女性每周看电视的时间应该维持在七小时左右，平均每天一小时。在一次各领域精英女性的集会上，她们讨论了看电视的利弊，最后大家一致同意看电视成瘾或沉迷于肥皂剧是一种病态。

知性女人，知性生活。从现在开始，努力做一个知性女人，享受美味生活吧。

不被踢出局须常充电

没有一件事物永远是新的，女人也是如此，当你开始了停顿，“女人，你被踢出局了！”所以，女人，千万不要让自己停滞下来，尤其在面对新事物上，更要积极地去学习，去迎接挑战。

以前在密苏里的一所大学里，有一个女孩经常在晚上独自偷偷地哭泣，因为她实在太孤独了。然而若干年后，兴奋的人群如潮水涌向她出现的任何地方，乃至世界上每一个角落都有数不清的人熟悉她的面容和名字，她就是露西尔·莱休。你从来没有听说过吧？这是她的真名，实际上她就是妇孺皆知的好莱坞明星琼·克劳馥。

很早以前，露西尔不得不在斯蒂芬女子学校的食堂里做侍者，以此维持生计，遇到手头紧的时候，她还得向那位守门的妇女借五六毛钱作为零用，她不敢去参加任何

晚会，虽然她也接到过请柬，因为她除了同学们送给她的旧衣服，就没有什么漂亮衣服可穿了，那时她郁郁寡欢，穷得连一件新衣服也买不起。当她成名后，她的衣着是那么时尚和漂亮，世界各地的女人们都热烈地效仿着她，服装商们经常请求她在公共场所穿上他们新设计的时装，因为这样立刻就能使他们的服装畅销。

她对贫困的体会是那样深切，她体会过沦落异乡、孤苦无助的滋味，也体会过身五分文时挨饿的痛苦，她知道从贫困中挣扎出来要承受什么样的艰辛。那时候她生活在俄克拉荷马州的劳顿，和小伙伴们用一些破旧的箱子在马棚里搭了一个舞台，还点了一盏汽灯来模仿舞台的水银灯，此时当琼·克劳馥学习猫步的时候，她那惊人的事业就已经开始了。

稍大一点以后，她决心去接受更多的教育，于是就到密苏里州的斯蒂芬女子学校注册，但是她手中一分钱也没有。于是，她穿着别人不要的旧衣服，她在学校餐厅做侍者也只是为了免掉食宿费用。当然，现在那些从前冷落过她、看不起这位女侍者的同学说："噢，琼·克劳馥啊，我和她很熟，我们以前还是好朋友呢，我们俩经常一块儿去上学。"

从小到大艰苦的生活也没能摧毁她学习怎样走上舞台的激情。她向人借了点路费，回到了堪萨斯城。她不辞劳苦地工作、攒钱，也锲而不舍地学习。多少年来，她刻苦学习各方面的知识，为了练习唱好各国的歌曲，甚至还学习研究法文、英文并且开始减肥。有三年的时间，她经常让自己挨饿。即使是现在，她还是除了喝些橘子汁加白开水外，甚至不吃早餐。她有时一整天就喝一点酸牛奶，此外什么都不吃。她只是为了在歌唱艺术上做得更好。

对于自己的经历，连琼·克劳馥自己都感到很惊奇，她虽然出身贫寒，但现在她可以买下任何最昂贵、最精美的东西；虽然她曾在马棚的木箱舞台上学习演唱，但现在无论她走到哪里，都有成群结队的崇拜者追随着她；虽然她以前并不美丽，可后来她成了银幕上最靓丽的明星之一。

女人，去积极地迎接挑战，用知识武装自己，你才会具有更丰富的修养和内涵。你才会变得更睿智，你的美丽才能扩展、升华，持久起来。你才能在众多的后起之"秀"中，告诉她们什么是时尚，什么是年轻，什么是美丽。否则，你只能退到后面让新生的晚辈告诉你这个大妈级的人物说："这是最新的 XXX，您不知道吧？我告诉您……"

充满知识的女人犹如一杯醇香的佳酿，外表深不可测，喝一口下去，滋味却叫人再三回味。知识使女人面对大小问题时懂得分寸，能够做出明智的抉择。知识能一点点从内心雕琢一个人，塑造一个智慧的人。知识使女人能真正把握好自己，并获得从容自信，使你的周身散发出超然的气质，使你从人群中脱颖而出。女人，趁现在还年轻，请及时为自己充电，让自己在知识的海洋里衬托出美丽的气质，让自己在文化的领域内奔跑在时代的前沿。

这样，你才能更有自信，更有内涵，才能玩转生活，做有滋味的才女，才能不被时代所抛弃，你才有资格对那些“草包”们说：“你 Out 了！”

大学毕业后，林言被分配在事业单位工作。因为长得漂亮，经常受到别人的关照，但丽萍的性格好强，总想凭自己的真才实学干出点事来。于是，她又自学了计算机，并应聘到一家网络公司任职。

在那里，林言感受到了前所未有的压力。为了减轻压力，她选择了学习。每天下班后，匆匆地吃口饭，或泡个方便面，就直奔各个学校参加学习班。周二、周五、周日学计算机，周一、周三、周六学高级英语口语。只用了三年的时间，林言就拿到了硕士学位和计算机二级证书。她把学习知识与工作有机地结合了起来，由于工作业绩突出，她被提拔为部门经理。

那天，几个朋友聚会，她们问林言怎么变成了学习狂、工作狂？其实，她不这样认为，拼命学习是为了充实自己，拼命工作是为了过高质量的生活。更何况，她不想背个“花瓶”的名分。当然，最重要的是她在学习和工作中学会了整套想问题的方法，它会帮你在思考问题时得出正确的结论。后来，她带着这些方法跳槽到一家公司任副总经理。

生活是需要平衡的，并不是只有工作，还有其他很多东西。为了澄清林言不是个女强人，她会在休息日，把全家人的衣服洗干净，打扫好卫生，给丈夫做一顿可口的饭菜。要么，他们就一起去旅游，去郊外野餐，去体验一下恋爱的感觉。

林言想，女人应该懂得把握自己，无论在什么位置上，都要认认真真地尽自己的全力，把所扮演的每一个角色演绎得淋漓尽致、尽善尽美。所以，智慧女人在做好本职工作的同时，还要记得及时给自己充电，积极的学习各种知识，让自己做一名知识丰富、才学过人、永远不落后于时代的职业淑女。

毫无疑问，林言属于智慧型的女人。

智慧是一个女人通往人生幸福和快乐的心灵之路，通过它的每一个女人都能在充满希望和期待的人生岁月里，享受到生活的温馨和甜蜜。

女人的智慧不仅仅是常识，不仅仅是知识，不仅仅是聪明，也不仅仅是经验。她们的智慧是站在常识、知识、聪明和经验的台阶上，观察这个世界时所睁大的那双充满欣赏和不断有所发现的眼睛，是将这个美丽世界纳入其中、融入心灵时绽放的感悟

的花朵。

女人的智慧是心灵世界里一条涌动的河流。只要梦想还在、激情还在，她就会永远奔腾不息，并把生命之舟驶进更广阔的生活海洋，给她的生命之歌注入精神与现实的和谐音符。

智慧是女人更为简单、纯净的心态，智慧是女人情感的丰盈与独立，智慧的女人不用苛刻的标准审度万物，智慧的女人更懂得在得与失之间掌握平衡，智慧的女人以其极强的领悟力，对面临的任何事态从容地做出明智抉择。

智慧不是天生的，智慧源于渊博的学识，智慧源于丰富的阅历，智慧源于经验的积累和教训的吸取。

企业需要智慧的女人，社会需要智慧的女人，国家需要智慧的女人。每一个角落都需要知识、需要创新、需要正确决策、需要科学管理、需要先见之明、需要高瞻远瞩，也需要不以物喜、不以己悲的心态，不必为矮小而自卑，不必为面容而羞愧，不必为年龄而伤感，不必为失败而气馁，不要那么自私、懒惰、自卑。智慧与你同行，你将会受到家人、朋友、社会的欢迎，总有人会欣赏，总有人会觉得你很美，总有人会觉得你很可爱。聪明女人的智慧之美正如羽泉的歌："你的美无声无息，不知不觉让我追随，你在我眼中是最美，每一个微笑都让我沉醉。"

智慧来源于知识，智慧来源于劳动，智慧来源于机灵，智慧来源于善良，智慧来源于自信。智慧是一种永不褪色的美丽，当青春不在，当脸上布满皱纹，当头发花白时，智慧之光却永远在闪烁。"零落成泥碾作尘，只有香如故"才是女人的永不凋谢永不枯萎的芬芳！

无论是女人还是男人，要想拥有智慧，成为智慧之人，就得不断地为自己充电。

用"充电"这个词形容学习培训，的确十分形象，激烈的人才市场竞争时刻提醒着每个人，必须要不断地自我增值，一旦举步不前，就如同耗损的电池般失去了应用价值。

人就好比一台机器，要发挥出它的最佳效能，就得不时地为它加油加水，否则就会损耗得非常快。也许你才刚开始职业生涯，也许你已经是工作多年的老手，只要记得时常给自己加加油，才能在职业发展道路上越走越顺。

苏东坡说过的"腹有诗书气自华"，恰恰可以根治俗话所说的："百病皆可治，俗气没药医。"一个女人想要不俗，的确唯有借助文化素养来突破和完善自己，让自己在美的层次上升级。没有人能够否认漂亮脸蛋和魔鬼身材的美丽和性感，但是如果不能兼具气质、内涵和头脑，仍感缺憾和不足。因此，痛下文化进修的功夫乃当务之急。倘若文化是一袭衣装的话，当然，每个人应视自己的兴趣、爱好和机缘来为自己好好量身剪裁。

"活到老，学到老"这句话对于现在的白领一族来说，有着更深一层的意味。特别是作为白领丽人，如果没有过硬的职场拼杀本领，在人们眼里就难免留下靠脸蛋混饭吃的印象。如果脸蛋再靠不住，职场的位置可就"风雨飘摇"了。无论是拿出业余时间去深造，还是在工作中不断学习，作为职场女性，我们都应该展开思索与行动，为自己量身打造一个充电计划，并最终拥有纵横职场的能力。要做好职业定位再去充电。

如今，摆在人们面前的充电培训种类可谓是琳琅满目，每个人或多或少都参加过一些。据调查统计显示，当被问及曾经参加过的培训类型时，42.36%的受访者选择了企业培训。随着职业资格认证逐步渗入到各行各业，参加职业资格培训成为了众多受访者追捧的对象，占到37.91%。学历教育培训早已不再是在校生的专利，还是有21.37%的人选择了学历教育来提升个人价值。外语培训和IT培训作为当前培训界的主流，还是占到相当大份额的。还有一些受访者参加了驾照培训、质量体系认证培训、沟通技能培训等等，虽然培训的项目各有不同，但是可以发现每个人都在试图通过一种或者多种培训来提高自己，不管培训结果是否真的遂人心愿，出发点都是非常好的。况且，多学习些知识总是没错的。

个人的培训计划和职业生涯规划存在着密不可分的关系，因此在制订自己的培训规划的时候首先应当考虑的是自己正处于职业生涯的哪个阶段。

从初出茅庐开始，一个人在职场上的发展一般都要经历"探索期—立业期—成熟期—高峰期"这样一个过程。对于目前大部分有培训和进修愿望的人来说，往往是工作两三年，处于立业期的开端，对于他们来说，培训计划的侧重点在于提高自己的专业技能。在制订培训计划的时候，可以从自己的目标岗位来着手。比如你现在是一名人力专员，下一步的目标岗位是人力经理，一个最简单的办法就是，看看人力经理这个目标岗位需要哪些方面的专业技能，而哪些又是自己所缺乏的，制订出具有针对性的培训计划。如果你的下一步职业目标是到另外一家公司寻找相应的岗位，那么你也有必要预先了解到这家公司对这个工作岗位有什么特定的要求，例如工作语言、企业文化的改变等等，及时地通过培训补充自己这方面的能力。

而对于那些职业发展已经处于成熟期的职场淑女来说，培训的主要目标则可能是把自己的专业技能转换为通用技能。举个例子来说，你现在已经是一名销售经理，下一步的职业发展目标是市场总监这个位置。但是作为市场总监来说，不仅要熟悉销售业务，还需要了解产品的市场拓展、客户服务这样领域的能力。对于处于这种位置的人来说，当务之急不是继续发展自己的专业技能，而是需要提高职业的跨度，熟悉其他领域的工作。这个时候，你就可以通过一些课程的进修，例如选择MBA教程，或是向企业申请轮岗的要求，熟悉其他部门的工作，这样才能有助于你尽快地得到理想的职位，也更加容易在新的工作中游刃有余。最后需要注意的一点是，所选的培训机构

需要有相应的资质；其次，如果培训机构用的教材不好，将会直接影响着学员的学习结果。一个优秀的培训机构会不惜成本在教材上不断地推陈出新。

你必须从以下几个方面来思考：

1. 找好充电的切入点

作为一名工作多年的职业女性，不一定要像职场新人一样，为了多多益善的证书而付出过多的精力。你要做的，就是找好充电切入点：一是职业所需极其实用的东西，二是本职工作能力的培养。

2. 充电是为了更好地敬业

找到一份工作不容易，能“站住脚”更难，如果因为继续深造耽误了目前的工作，与敬业精神就不符，那么就不会有相应的业绩；没有业绩，怎么保证以后能找到更好的职位呢？所以说，充电和敬业不该有任何冲突，充电是为了更好地敬业。

3. 发现身边值得学习的东西是你最好的充电内容

深造不一定要脱离现在的工作，更没必要脱产走回学校。因为年龄、经济等条件不允许，我们不可能再走回纯粹的学生时代。随用随学，做有心人，留心身边的人和事，学会随时发现生活中的亮点，并注意总结别人的成功经验，拿来为自己所用，这可能是生活和工作中能让自己进步得最快的一招。

总之，跟上时代，并让自己生活有趣、谈话有料的上上之策，就是给自己充电。一个想要愈变愈好的女人，莫不希望能够扩大知识领域，并从中获得启示。知识不仅是力量，而且像一面镜子一样可以照见自己的优缺点，让我们不仅拥有自知之明，还能具有先见之明。终身学习，是每一个女人应当给予自身的功课，这样才有助于塑造一个心智丰富且具有良好世界观的聪明女人。

成为一个独立的女人

美丽的女人，不仅有容貌美，而且有内在美，修养是美，智慧是美，生存的意志和力量更是一种美。所以，女人独立并不在于与男人抗争，而在于找准自己的位置。

女人的一生想要活得绚丽精彩与充实，无非要懂得如何能真正的做到“独立”。现代女性不仅要经济独立，更要有精神独立的能力，女人才会让自己的心灵变得更加坚强！

女人必须靠自己过日子，只有自己才能保障自己的未来。因此，女人必须要在经济上独立，这并不是要追求享乐，而是为了实现人格独立，是为了维护生命的尊严。女人如果自己强大起来，何必靠他人？可以从从容容的生活，任何事情都可以纯粹得多。

事事依靠男人、事事向男人伸手的女人，毕竟有些骨软，最重要的，究竟有多少个男人值得依靠？世事无常，富有的丈夫可能潦倒，老实的男人可能变质，金钱感情都是来的来去的去，人心更是难以预料……除了自己，世上没有任何东西可靠。

小丽由于某种原因辞职，她对象的工资也不是很高，但也够他们生活的。在她上班期间，她的工资比他的还要高出很多，那时他对她百依百顺，什么事情都做的很到位，他还时常让她的母亲到家里来尽孝道。这些她都看在眼里，记在心里。她很高兴，常常给朋友同事说自己捡到宝了。她很幸福！就在那一次，她失去了工作。收入没有了着落，一切都陷入了困境。在这一年的时间里她的心里总觉得对不起他，自己也特想帮他分担一些任务。可那时正赶上经济危机，许多单位都在裁员，一时又找不到合适的工作。她只好在家呆着了。刚开始挺好，他还说，我养着你不用担心。可好景不长，他开始变了，变得让人心寒。小丽十分伤心，她心中暗想：他对我怎么样还都无所谓，可当我母亲在这儿的时候，他也动不动就和我吵架，只要我母亲一劝，他就会对她大发雷霆。说真的当时的小丽真的想和他分开。可母亲说，谁家都有一本难念的经，过去这段时间就好了。她听了母亲的话，留了下来。在这一年的时间里她发奋努力，不断地学习，终于找到了工作，并且薪水还不错。他们的关系终于又恢复了正常。

当女人真正的成熟，经济上充分自给自足，内心有足够力量抗拒外部世界带来的不安时就会明白，爱情不可能永恒，男人的可靠与否已经无所谓，有爱已经足够。自己所追求的任何东西，都可以自己给自己。不必取悦他人，不再担心失去，她只需和他互相欣赏，并将自己的生活与他分享就好。到那时，男人的可靠与否对女人已无足轻重。据说，独立女人最有骨气的一句话是：“我要住自己的房子，开自己的车子。”靠自己得到想要的，是一种纯粹的精彩！

但凡有份工作的女人在经济上都是能够做到独立的，但却在很多地方还是处于被支配的地位，很大原因就是精神无法独立。女人有时候很会抱怨男人太绝情、太理智。他们好像离开谁都可以活，其实这正是我们女人应该学习的：离开谁，女人都可以很好的活！

精神独立也不是无情无义，女人有情义，是因为心底的温柔善良，那虽然是女人的“软肋”，却也是女人最珍贵的品质。有心计的女人懂得适时去收敛这些感情，适当整理自己的情绪，而不总沉迷于“他爱我吗？我们还能走多久？……”那样的一种不

安全的状态，若你遇人不淑，你爱的人真的对你再无眷恋，那样的男人也不值得你留恋，精神独立的女人可以洒脱的从令你不痛快的沼泽中抽身，继续过好自己轻松的生活。

精神独立的女人，可能在狂欢，但灵魂还是高傲的。独立比要强更不容易，要强只是性格使然，未必真能有什么进展，而独立是一种事实，是达到了一种境界。一个精神独立、心灵自由的女人，总能把周围的任何事轻松的拓展摆平。

女人精神的独立主要体现在以下几个方面：

（1）遇事冷静

遇到危情，她不会吓得脸色苍白，痛哭流涕，往男人的肩膀下钻，用眼泪作为捍卫自己的武器。她应该是独立的，有头脑，有能耐，所以可以用智慧、用个性魅力征服危难。更难得的是，她也懂得在什么时候安慰男人，并且把男人的自尊照顾得很好，赢得他真心的喜爱。

（2）不做男人的附属品

女人不应该是某个男人的附属品，要懂得通过交友、读书、娱乐等充实自己的内心。所以，即使没有爱情的滋润，仍然活得自在而快乐。她不应该为不爱自己的男人流泪，更不应该为他的承诺而用一生去等待。她相信自己，不依赖男人也能活得很好。

（3）充满自信

目前，女人独立的主流已从向男人挑战转向对自身理想的追求，可以断言，不久女人就会从知识结构和生理结构方面重新考虑自己的社会定位。无论女人将会做出什么样的选择，她们都会很自信，而不是自大，她们相信自己会得到幸福。

（4）懂得权衡感情的天平

独立的女人，一定也会面对情感上的创伤。这时，她们很善于把挫折转化为事业成功的动力，至少，不会一蹶不振。她们懂得幽默，知道自我开解，她们能把握感情的天平。因为，她们把快乐放在自己手心，不系在别人的言行上。

独立的女人应该是这样的：选择爱人的时候，更看重“将军”的素质，然后，与他一起南征北战；做了情人的女人，也是因为心底不能抗拒的情感，无论他怎样优秀，都和他在物质与精神上做平等的交流；走进婚姻，也不把他一定当做可以塑造的人物，而当他是一个“战友”，与你并肩行走。精神上的独立才是真正意义的独立。这样的女人犹如一道绚丽的彩虹，有着可以调和世界的色彩；犹如一棵挺拔柔韧的树，可以独自撑起自己的天空。做独立的女人有时比成就一项事业还难，因为这不仅需要战胜骨子里潜伏的传统观念，还要在伸手可及的幸福和诱惑面前战胜自己。

第十二章：品性优雅——优雅的女人活得有品位

真正有品位的女人，在旁人眼里是美丽可爱的，她们不一定天生丽质，却知道怎样打扮自己；她们的日常用品不一定很昂贵，但是最适合自己；她们的生活不一定很复杂，但一定会过得舒适；她们的容貌会变老，但心态永远年轻。

善用女人那把“撒手锏”

现在有这样一句话：每个撒娇女人的背后，都站着一个对她投降称臣的男人。其实千百年以来，撒娇一直就是女人的天性，女人不一定要漂亮，但一定要会撒娇，因为撒娇是武器，是对付男人强有力的撒手锏。

撒娇对女人来说可是个法宝，它能让男人包容你的缺点和任性，将怒火化为似水柔情，心甘情愿地付出一切。女人要幸福，就要善用女人的这把“撒手锏”。

如果说男人在生气时是火，那么会撒娇的女人则是水，水可以浇灭怒火，消融满

腔的怨气，化刚硬为绕指柔。

女人的柔情似水，可以让铮铮铁骨的男子汉变得侠骨柔肠，将骨子里最软最柔最本真的性情尽现。那回眸的妩媚，那低头的温柔，那夜莺般的娇嗔，那楚楚可怜的柔弱……都是女人的撒手锏。即便是铁石心肠的男人，面对女人的娇柔，焉能不生疼爱之心？

古代四大美女，无一不是柔情似水、千娇百媚的女子！传说中的“闭月羞花，沉鱼落雁”并不单指四大美女如何貌美，也因为她们有着柔情似水、千娇百媚的气质。这四个在古代历史上影响着家国时局的美人，有时只要娇唇微启便避免了一场血腥的战争，使得帝王将相宁愿在美人的温柔乡里缠绵。“爱江山，更爱美人”，这不能不说撒娇是女人的法宝，有时可胜过千军万马。

小超和小芬是一对情侣，他们的性格都挺倔，动不动就吵架。那一次，他们又吵架了，其实错在小芬。之后，好几天两人互不理睬。后来，小超约了小芬出来。那天的北风好冷，小芬跑过来抱住小超就开哭，梨花带雨，对小超又捶又扯，很委屈的样子。小超当时无言了，心里的怨气一下子就全消了，代之的是柔情蜜意和爱怜。小超把小芬紧紧搂在怀里，替她吻去眼角的泪，一边怜惜地喃喃道：“都是我不好，我错了。”

看到一脸爱意的小超，小芬不由得破涕为笑了。

看吧，撒娇女就是有办法！

世界因为有了女人的娇柔而变得多姿多彩。真难以想像，要是没有了女人的娇柔，世界将会怎样！

男人对撒娇的女人基本上是没辙，“女人一撒娇，男人就投降”，这叫愿意，千金难买一愿意。

撒娇的女人只要愿意，只要心里有点不痛快了，找男人诉苦，男人总会乐呵呵地说：“宝贝，别哭，不是还有我吗？”

撒娇的女人多半时候会扮成可爱女孩状，用她的娇嗔，用她的眼泪，甚至用她那柔柔的小拳头来征服男人。所以，男人把撒娇女人所有的缺点都只当成是不懂事：她还小呢，不成熟，以后会慢慢懂事的。而撒娇的女人的优点和长处，她的可爱和娇媚，则让男人爱怜不已，欲罢不能。

现实生活中，男人多半像孩子，他们爱撒野。那怎样来制服他们的这种“野”性呢？还好，上天给了我们女人一个法宝——用撒娇来对付他们！慢慢地你就会发现，其实男人是很好搞定的，当女人对他们撒娇时，一旦撒到点子上，就好像打中了男人心里的死穴，这时，就算你要他上刀山下火海，他也会微笑着与你道别。

如果你是男人，身边有个将撒娇进行到底的女人，你会完全不动心？你会完全不觉得赏心悦目？你会抵得过她的软语相求？无论你是怎样的男人，结果只有一个：乖乖就范吧。

虽然每个女人都会撒娇，但并不是每个女人撒娇都会惹人喜欢。撒娇需要智慧，更需要把握“火候”。从不撒娇的女人，失去了女人特有的娇柔，成了男人眼中的“男人婆”；而随时随地对谁都娇滴滴的女人，未免太娇气，矫揉造作，令人反感。而聪明女人则知道如何灵活运用“撒娇”这个法宝，将男人的熊熊怒火化作缕缕柔情。

柔情似水，女人幸福的源泉

女性美的最基本特征是阴柔之美，其核心是温柔。温柔像春风细雨，像娇莺啼柳，像舒卷的云，像皎洁的月，更像荡漾的水。女性之美，美就美在“似水柔情”。

曹雪芹认为女人是水做的，清爽尊贵，具有其本色味儿，静若清池，动如涟漪，所谓“水灵”是也。即使是泼辣干练、办事多有杀伐的大观园铁杆人物王熙凤，也依旧是体态多姿，言谈嬉笑不乏女人味儿，才女探春则寓刚于柔，女人味儿更是十足，且不要说“水性”有余的林妹妹了。

女人失去了温柔被称为是“中国最大的悲哀”。可见，温柔，对于女性，特别是对于一个年轻女人来说，是一种诱人之美，是一种高尚的力量。

造物者用了最和谐的美学原则创造了人类，他赋予了男性阳刚之美，又赋予女性阴柔之美，正因为两性之间各有其独特形态而形成鲜明对比，才使男女对立统一地组成了人类绝妙完美的世界。

再坚强的女人也需要有一个强健的肩膀来依靠。幸福的女人不但应拥有自己的事业，自己的生活，更应拥有一份呵护和疼爱。真正有女人味儿的女人，应该是一个懂得体现自己似水的柔情，身心健康享受生活的女人，而不是一个铁面冷酷、病态矫情的女人。

用“水”字来形容女性的柔美，真是一语道破了其中的妙韵。女作家梅苑在《美人如水》一文中说，女人有点似水柔情，才有女人味道，真是高论妙极。

可见，女性的诱人之处，正在于有似水的柔情，正在于温柔。世上绝少有哪个男人喜欢女人的蛮、野、悍、泼、粗、俗。女人可以不漂亮，但不可以不温柔。在温柔女人的面前，没有不缴械投降的男人。即便在外他是多么的高傲神气，是多么的威严不可一世，在自己所爱的女人面前，温柔如水融化了他所有的外衣，他只是一个寻求爱的孩子，一个在温柔女人怀里永远不要醒来的孩子。所有人的世心和疲惫都会因女人的温柔而化解成无限的力量和对生活澎拜的激情。

柔情似水的女人应该是一个纯洁善良、优雅清丽、乐观积极、能让人倾心悦目、时刻能享受她给人带来点点滴滴快乐的人。

柔情似水的女人一般都有雅致的悠情。生活再累再苦，她也会寻片刻的时间，细品一杯咖啡，慢饮一杯清茶，沉醉一曲音乐，看清风舞蹈，听生灵吟唱。

柔情似水的女人一般都有洒脱的境界。生活有时如乱麻一团，被风吹雨打伤痕累累，她也会心怀一份宽容，脸挂一丝微笑，身着一衣清爽梳理好心绪，坦诚面对所有的是非。

柔情似水的女人一般都有仁慈的心怀。生活的无奈无处不在，她也会谦虚忍让、和颜悦色，没有抱怨，只会理解，用一份平静的心怀化解矛盾，体谅别人，不会在烦琐的生活中变的庸俗，也不会在庸俗的尘世间熏染成埃。她永远都是一屡清风，一条小溪，一道彩虹，一片白云，一朵鲜花，一朵清荷……

温柔，来自女人性格的修养。女人要在自己的日常生活中注意加强性格上的涵养，培养女性柔情。为此，女人特别要忌怒、忌狂，讲究语言美，把那些影响柔情发挥的不良性情彻底克服掉，让温柔的鲜花为女人的魅力而怒放。但，女人的温柔，不是柔弱、柔软、柔顺，因为这些使女人丧失了自己独立的人格和独立的个性。女人之温柔，是柔中有刚、柔韧有度，所以才柔媚可人。柔情似水，是女性诱人的魅力，是一种征服他人的巨大力量。

温柔的女人惹人爱

即使是如花似玉的美女，在四季的变迁、时光的轮回中，美丽的容貌也会渐渐褪去，而唯有来自内心的温柔将永存。这种女性的温柔古往今来给人间带来多少深情挚爱、温馨和睦，让男人终生难忘。

一个女人穿起素雅的旗袍，不施粉黛，清秀飘逸，端庄地站在那儿，不随便乱动和说话，也不太张扬和炫耀，而是含蓄地微笑着……这是何等温柔可人的风情啊！

温柔如风，可拂去心头的烦忧与愁苦；温柔似雨，可滋润心田的焦躁与浮尘；温柔像虹，能映照浪子回头重新扬帆的锦绣前程；温柔是利剑，多少英雄豪杰在这利剑前低下了高傲的头颅。

女人的温柔风情有多种表达方式，只要找出自己的优点来，舒展女人内心的风景便是了。她可以去勤奋工作，在赚钱的同时体现自己的价值，在这个付出与收获的过程中自然可以找到自己的优点，也可以认真读书，因为腹有诗书气自华。

有一些女人，无论在什么地方，在何种情况下，都是笑容满面，温柔待人。她们也许长得并不是很漂亮，但却显得很美、很迷人。这是因为她们的“心情”很漂亮。她们找到了自己的内心风景，并把它完全而充分地表露了出来。

善于在纷繁琐事、忙忙碌碌中温柔，善于在轻松自由、欢乐幸福中温柔，善于在柳暗花明时温柔，善于在关切和疼爱中温柔，善于在负担和创造中温柔，更善于填补温柔，置换温柔，这是作为一个女人不可忽视的艺术。人总是以善为本。如果善良是平静的湖泊，温柔就是从这湖上吹过的清风。

如果你还不足以吸引别人，别气馁，别放弃，再接再厉，努力挖掘自己的优点，精心汇聚成柔情，用你的温柔服人，用你的真情感人。当你和心爱的人走向婚姻的神圣殿堂时，那必定也是你生命中“风情万种”的时刻。

想做出色的女人吗？那就赶快舒展女性柔情的内心风景吧！它会让你变得更加美丽，更惹人爱。

最是那一低头的温柔

羞涩是女人温柔的艺术。它自身是平静的，却饱含着含情脉脉的情调。它不仅是初入情苑少女用以传递爱情的特殊语言，更是婚后夫妻间表达恋情的信使。

女人看到自己欣赏的男人，脸上的红晕，如同爱情的火焰刺激着男人的每个性与爱的神经。这个时候女人的羞涩就是一种国色天香的美，是女人诱惑男人的最佳表情，男人会因为你的羞涩而更欣赏你，因为这也是女人独特的魅力。

羞涩是最纯真的感情流露，她是一种感到难为情、不好意思的心理活动，也是爱情现象的前兆。它是人类文明进步的产物。任何动物，包括最接近人类的猩猩，是绝对不会害羞的，自然也就没有羞涩。羞涩往往伴随着甜蜜的惊慌、异常的心跳，外在的表现就是态度不自然。

羞涩是一种感情信号，它是一种动情的外部表现，是被陌生环境、场面所触发的紧张情绪和被异性拨动了心弦的反应。有诗曰：“姑娘，你那娇羞的脸使我动心，那两片绯红的云显示了你爱我的纯真。”可见，一张羞涩的脸，便是一首优美的诗。

羞涩女性的一大特色，是特有的风韵和美色。诚然，男性也会有羞涩，然而更多的、更频繁的、更鲜艳迷人的羞涩，却总爱浮现在女人的脸上。男性羞涩上脸往往显得狼狈可笑，而女性羞涩的盈盈笑脸却被认为是天然合理的。如果女性缺少了羞涩，甚至会被看成是厚颜无耻。由此看来，羞涩应该说是属于女性的，或可索性说此乃女性之特色。一提红颜，谁都知道指的是女子（特别是美貌女人）而不是男子，这“红”字显然不只是面部的青春红润，更重要的是其与羞涩有直接关系。红色的羞涩象征着女性，但它往往稍纵即逝，所以，自古女子就学会了使用红色的胭脂，起到了羞涩常驻的效果，有助于保持和强调女性的特色。

羞涩是一种蕴藉的柔情、柔情的蕴藉，是一种含蓄的美、美的含蓄。康德说：“羞怯是大自然的某种秘密，用来抑制放纵的欲望；它顺其自然地召唤，但永远同善、德和谐一致。”伯拉克西特列斯的雕塑名作《克尼德的阿佛罗狄忒》和《梅底奇的阿佛罗狄忒》都是反映女性羞涩美的。羞涩之色犹如披在女性身上的神秘轻纱，增加了她们的迷离朦胧。“犹抱琵琶半遮面”“插柳不让春知道”的神韵尤能刺激人的丰富想象力，甚至使人着魔入迷，如醉如痴，同时它闪耀着谦卑的光辉，是一种道德和审美的反射，“唤醒两性关系中的精神因素，从而减弱了纯粹的生理作用”，促进两性关系日臻高尚、完美。动人的表情，迷人的色彩，文雅的举止，朦胧的神韵，温柔的蕴藉，啊，女人的羞涩竟具有如此大的神奇魅力和功能！

确实，在世上所有的色彩中，女人的羞涩是最动人的，最能体现女人味的美，也是最有魅力的。

内涵是女人永远美丽的法宝

有内涵的女人内在的美感会让人怦然心动，就像陈年老酒一样惹人心醉，越品越香，令女性尊敬，令男性注目，让所有相处过的人都被打动。

时间可以带走女人青春的红颜，却带不走女人经历岁月的积淀之后才焕发出来的美丽，这份真正的美丽就是女人的内涵。女人想要一直得到男人的欣赏眼光，就必须要有丰富的内涵和极致的韵味，让自己内在的修养和高雅气质来弥补因岁月流逝而带来的不足，只有这样女人才能永远美丽，才能成为一道长久的风景线。

女人的内涵是一种成熟典雅的韵味，就像陈年佳酿的美酒般浓烈诱人，酒味香气醉人，酒不醉人人自醉；女人的内涵是一种举手投足间自然流露的风情，是拥有大智慧的女人，正是大智慧使她们在处于困境的时候，不沮丧，不落泪，反而积极地用头脑去想尽各种办法，从而在芸芸众生中脱颖而出。

有内涵的女人更加懂得红颜易老、青春易逝的道理，所以她们常常注意为自己充电，学习新的知识，善于用知识和才华不断丰富完善自己，做到自立、自尊、自爱、自信，让男人们不得不刮目相看。有内涵的女人也一定是善良的，拥有一颗纯净而又透明的心，让人一目了然，不必防范。

有内涵的女人往往心地善良，富有爱心，爱好广泛，处世灵活，气质高雅，言谈举止文雅大方。她们明白：款式新颖、造型独特的物体常常是市场上的畅销货；见解与众不同、构思新奇的著作往往供不应求。

在一场“香港小姐”比赛的决赛中，主持人的问题五花八门，很少有参赛者能回答正确，有的参赛者因为回答问题的角度与主持人不同还闹出了许多笑话。

但是，如果看过“香港小姐”的决赛，你或许会记住这样一个女孩。为了测试参赛小姐的思维速度和应对技巧，主持人提出了这样一个难题：“假如你必须在肖邦和希特勒两个人中间选择一个作为终身伴侣的话，你会选择谁呢？”

这位美丽的女孩是这样回答的：“我会选择希特勒。如果嫁给希特勒的话，我相信我能够感化他，那么世上就没有残酷的第二次世界大战了，也不会有那么多的人家破人亡。”

这位女孩的巧妙回答赢得了现场观众雷鸣般的掌声。如果回答“选择肖邦”，则答案没有特色，显得平淡；如果回答“选择希特勒”，则很难给予合理的解释。女孩选择了出人意料的答案，又给出了合理而又充满正义的回答，从而成功地展示了自己的特色，以自己的幽默、机智给观众和评委留下了深刻而良好的印象。

女性朋友们想成为有内涵的女人吗？答案应该是肯定的。那就先让自己拥有丰富的学识吧，学学茶艺，弹弹钢琴，画画油画，完善自己，懂得社交礼仪；与你喜爱的人外出旅游，在旅行中得到心灵的充实；学会做私房菜，做几道自己拿手的好菜给自己爱的人或朋友；善于发现自己的短处与别人的长处，每天打扮得优雅得体，从容地出门，经常微笑，快乐生活，也把快乐无私而慷慨地带给他人。

笑容是女人自身美的体现

生活中不能缺少笑声。如果我们能够永远保持达观的笑容，不仅有益健康，而且也会成为我们事业成功的巨大动力。笑对于女性尤其重要，适当场合的笑，能够展示自身的品位。

在1988年汉城奥运会上，美国人对游泳名将马特·比昂迪寄予厚望，许多人都认为他会像1972年奥运会的马克·德皮兹那样大展神威，一举夺取7枚金牌。但是，在第一场的200米自由泳和第二场的100米蝶泳比赛中，马特·比昂迪均未如人愿，没有夺得金牌。

接着，体育界的记者们便议论开来，认为这两场比赛已使马特·比昂迪的斗志严重受挫，大多数人也都这么附和。然而，在接下来的几场比赛中，马特·比昂迪重整旗鼓，信心十足地一口气夺得5枚金牌，这一结果把人们惊得目瞪口呆！唯有一人对马特·比昂迪的辉煌战果毫不吃惊，他就是美国宾夕法尼亚大学心理学家马丁·塞利格曼。

原来，在大赛还没开始的时候，马丁·塞利格曼就对比昂迪做过测试。测验中，他让比昂迪尽力大展身手。尽管比昂迪表现得不错，但马丁·塞利格曼却故意让教练告诉比昂迪说他的表现较差。当比昂迪失利后，马丁·塞利格曼让他稍事休息，并告诉他赛前测试的实情。结果，当人们多对比昂迪的两局失利表示失望时，比昂迪却奋起直追，连夺了五枚金牌。可见，微笑、肯定和鼓舞对人的作用有多么大。

笑可以带来催人奋进的情绪，从而增强了人们的自信心。事实上，无论是人们内心深处的达观情绪，还是荡漾在自己脸上的层层笑容，都十分清楚地展示了对自我能力的充分认识与肯定。对此做过大量研究的斯坦福大学心理学家阿尔伯特·班杜拉认为：“人们对其能力的自信心会对其能力的发挥产生巨大影响。能力不是固定资产，弹性极大，关键在于怎样发挥它。”

我们在生活实践中常常看到许多人成天乐呵呵的，自己十分羡慕，却又学不来。总觉得现实中烦人的事经常出现，哪能乐得起来呢？其实，诚如古语所说，“仁者乐山，智者乐水”。欧阳修曾说：“山水之乐，得之心而寓之酒也。”即是说，如果自己心中无乐，再好的山水也不会使你快乐。

生活中常保持乐观的精神状态，经常“笑一笑”，不仅可以“十年少”，而且对我们事业的成功也大有裨益。俄国伟大的诗人普希金，曾写诗劝慰他的一位对人生充满失望与忧伤的朋友，希望这位朋友从痛苦的阴影中走出来，重新焕发对生活的乐观情绪。诗的结尾这样说：啜饮欢乐到最后一滴吧，潇洒地去活，不要忧心！顺遂生命的瞬息过程吧，在年轻的时候，你该年轻！“在年轻的时候，你该年轻！”普希金最后这一行饱含深情的话，非常值得女人们永久地思忖。

对于女人来说，微笑是笑不露齿、比较斯文得体的笑。在一些不熟悉的场合，当别人友好地看着你时，你微微一笑，那么人与人之间的关系就不会显得紧张，反而会变得自然。这种笑属于淑女型，易使人产生好感。

媚笑虽然也笑不露齿，但眼睛却是斜视。这种笑不能随便使用，除非是对丈夫或是心爱的人，否则会引起误会或使人想入非非。

爽朗的笑给人以一种愉快开心的感觉，非常容易博得好感。但是笑时切忌拍手拍腿，因为这样会显得粗鲁，除非是和一伙非常熟悉的朋友在一起才可以。这种笑一般是笑出声的，嘴张大露齿，有时会笑得前仰后合。但在一般的社交场合中最好控制自己不要笑得太过分。

总的来说，不一样的笑能够散发不一样的魅力，女人恰当地采用各种笑，不仅是有教养、有风度的表现，同时也可增强自己对外界的吸引力。

优雅女人的浪漫点滴

浪漫是女人的天性，更多的男人喜欢浪漫的女人。浪漫可以是一个温柔的眼神，可以是一次简单的牵手，也可以是一声轻松随意的赞美……聪明的女人懂得享受浪漫、珍惜浪漫，更善于制造浪漫，把男人笼罩在自己轻罗曼纱的浪漫之中。

曾在网上看到这样一个浪漫的故事：

新婚之夜，他望着灯下娇美的妻子，吻她，感叹着他们之间的缘分。他是学中文的，而她却是学英语的。两个班只是在每天第一节的公共课相遇，那是一个很大的阶梯教室，座位数偏偏又是两班人数的总和，并且每天谁坐在哪里不是固定的，所以说，每天早上，每一个人都有可能与不同的人邂逅。

他是校足球队的前锋，每天早上训练到上课的前一分钟，所以他几乎每次都是跟在讲师后面进教室的。最后的座位当然是一个不起眼的位置，陪在他身边的也通常是一位愁眉紧锁的落魄男子。

不知过了多久，这种情况变了，教室里的最后一个空位旁边总有一位美女，固定的。从此，他进教室再也不用东张西望地苦苦寻觅了，因为，迎向他的总有那张明媚的脸。这个位置临窗，窗口时常飘来带有紫丁花香的风，吹走他满身的臭汗。即使没风的日子，也会有一只纤纤素手递来一张香帕……渐渐地，老师在上面讲什么，他听不到了，她也听不清了，听到的，只是对方不安的心跳。

今夜，他说起缘分的时候，她嘻嘻地笑："什么缘分，你啊，真是没脑子。"他说："怎么了？"

她说："本姑娘长得这么出众，为什么每次上课的时候都没人搭讪？那是因为我总是第一个进教室，然后把书、笔放在空位上，如有人来坐，我便说这里有人。"

他联想起当年娇羞的她是怎样面对爱慕她的男生们，红着脸，却勇敢坚定地说："这里有人。"这四个字，直到上课前，她该说了多少遍呀。

他问："你为什么喜欢我？"

她说："谁让你长得像巴乔！"

其实，浪漫所需要的只是一颗柔软的心，当夜晚降临的时候，你并没有打开明亮的电灯，而是点上几支蜡烛，坐在摆着带有晶莹水珠的鲜花、水晶般映照出柔和光彩的高脚杯和充满奶油香气的蛋糕的餐桌旁，高挽发髻，穿上丝织的吊带长裙，等着你的丈夫归来……哪个男人能拒绝这样的浪漫呢？

浪漫有时也是妻子拉着丈夫一起坐在长藤椅上，慢慢回想恋爱时的点点滴滴。浪漫也是在丈夫情绪不好时，女人所表现出来的良好态度，也许在今后的回忆中就是夫妻间无味无穷的浪漫。在妻子发小脾气时丈夫一定要大度，最好的武器还是幽默，而在丈夫不愉快时，他最需要的是妻子的温柔体谅，绝不是抱怨和唠叨。

婚姻需要浪漫来点缀，就像美食需要味精来调和才能更有滋味一样。

修炼最美的风情女郎

风情是女人的一种别致的韵味，是女人特有的风景，是上天赐予她们的礼物。风情不等于性感，风情不等于漂亮，风情潜藏于女性的本质之中。风情就像上天专门为女人量身定做的服饰，它既能让芳华已逝的女人将自己的美丽延续下去，又能让充满朝气的女性永远洋溢着柔情。

风情本是一种源于女人本心的自然流露，不管是古代美女的青丝云鬓，娴静时如姣花照水，行动处似弱柳拂风，还是现代美人的自信妩媚，蕴灵性于成熟稳重，显张扬于性感丰腴，都是动人的女性之美。阳光女孩的无拘无束与轻灵飘逸，知识女性的丽质天成与不事雕琢，传统美人的温柔内敛与善解人意，古典佳人的细腻沉着与浪漫优雅，职业白领的端庄稳重与秀外慧中，时尚佳丽的火热奔放，万种女人万种风情。

风情是女人的内在修养，它可以令男人振奋，也可以使男人颓废；它可以造就英雄，也可以毁灭英雄。风情的女人，犹如一季春光，犹如一片内涵很深的园林，男人走近她，首先是被她那娴静的、生机勃勃的一片浓绿所吸引。于是男人很快便体会到了女人的温柔，女人的吐气如兰，男人会觉得与女人打交道是件令人轻松愉快的事。

因此，男人会暂时忘却尘世的喧闹、世事的纷争，以及人与人之间的尔虞我诈，眼前只剩下苍翠欲滴的绿色，男人的心灵被这纯而又纯的绿色涤荡得干干净净。此时男人会恍然大悟，风情女人之所以诱人，不仅仅因为她有漂亮的面孔和迷人的躯体，还在于她给男人创造了一个神秘清幽的境界，一种舒心轻松的气氛。总之，风情女人的好处只能意会不可言传。

风情女人不张扬，合身的美丽衣饰、淡雅的精致妆容、优雅的仪表姿态、得体的言语应对，常令人赏心悦目，如沐春风。走起路来，摇曳生姿，如同一幅活动的画；说起话来，吐字清晰，嗓音珠圆玉润，恰似一首动人的歌。

风情女人无须刻意表露，一个不经意的小动作，一个眼色，就是最高级别的调情，让人如饮佳酿般醺然若醉。说到风情女人，有网友极力夸赞杨贵妃，说：“千娇百媚到了极致，温柔处展现的是细腻，明媚处彰显的是清丽，娇艳处展露的是精致，高傲处流淌的是澄净，豪迈处张扬的是飘逸，真是让人艳羡不已。”

外国女人的风情更是达到了极点，一句话也能让女人风情尽现。由让·雷诺和广末凉子主演的《绿芥警探》中，有一句台词非常打动人心。剧中那位很有风韵的女人对男主人公说：“我不漂亮，也不会做饭，但我懂得爱。”这样一句风情十足的话，哪个男人听了不动容呢？

风情的女人，温柔处，是细雨斜风的细腻；明媚处，是淡烟疏柳的清丽；娇艳处，是柳绿花红的精致；豪迈处，更是行云飞絮的飘逸。风情万种的女人，你永远也无法捉摸定她的心思。风情万种的女人，却永远都能带给你意想不到的惊喜。风情万种的女人，女人喜欢与之亲昵，男人喜欢与之倾谈。

总之，风情是一种内涵，是一种精神，是女人所能拥有的真正财富，是一个女人的成功之巅。懂得风情的女人应该是女性世界中最聪明的女人，在男人和女人的世界里，她们懂得进取，也适时地妥协；她们承认差异，也利用这种差异。她们才是世间的极品女人。

愿每一位女性朋友都能把自己修炼成一个风情万种的女人，让自己成为他人眼中最美丽的风景，让自己的生活更加有滋有味！

丰富多彩的情调生活

社会节奏的加快，生活压力的增大，无疑给现代年轻男女增添了许多烦恼。已婚家庭的烦恼更是多多，如父母的养老问题、孩子的上学问题、每天疲惫不堪地挤公交等。怎么办？生活如果成了这个样子，还有什么幸福可言？

情调生活，可以放松我们那已经变得很脆弱的心，让我们活出自我的精彩；情调生活，可以改善我们生活的滋味，让我们活出最快乐的时光。

其实，追求生活品质，注重个人享乐，有品位地进行文化消费，现在已经成为城市人的一个重要追求。找个装修典雅的茶馆，叫一壶上好的龙井，看着休闲杂志，一待就是大半天，已经不是什么新鲜的事情了。

女人在紧张的生活之余要给自己放假，休息一下自己的身心非常重要。你可以自己准备一顿豪华盛宴，手握红酒在熏衣草的芳香中恬静沉醉；让你的心灵也泡泡温泉，给它片刻的休憩时光；偷得浮生半日闲，让自己的休闲时光充满着诗情画意；在职场，做朵带刺的玫瑰，温柔而坚强；冰箱里永远留半杯 iequila，情调让你更加热爱生活；聆听身体的歌唱，不能因为琐事的重压而忘记健康的重要性。

是啊，活着就是要给自己和自己身边的人带来愉悦和开心。为身边一些琐碎的事情烦恼大可没必要。有选择性地忘掉一些可以忘掉的事情，以减轻自己过重的包袱，让自己有个好好喘气的时间。

每个女人都有自己定义的情调生活。情调是存于每个女人心间的一份温暖，是一份在暗地里孤芳自赏的温暖。情调不是一种外在的做给别人看的生活方式，而是自己内心的欢喜，真正的欢喜。情调就恰似这船底的浪声，要想听到它，就必须像少女那样，把耳朵贴在船底，而且，目光也须如少女那样清纯。

追求生活品质，注重个人享乐，有品位地进行消费，这就是情调中人的情调生活——为了追求生活最高品质的细节。

在下午的某个时段，去星巴克品咖啡，用漂亮雕花的小银勺搅拌着精致又昂贵的杯子里的咖啡，十分悠闲，十二分自在，看窗外人流如织、行色匆匆，惬意尽在眉梢间。啜饮之际最好将泛滥的媚雅情绪搅拌一番。

泡茶是要喝出禅意来的，喝出《菜根谭》的意境，喝出琴棋书画，喝出老僧入定，断不能辱没了茶道，辜负祖宗的承传。一遍又一遍地回味，融入寂寥恍惚的夜……

大理石的壁炉，闪闪发光的水晶灯，银色的烛台，缤纷的美酒，优雅迷人的举止，这本身就是一幅动人的油画。置身其中、品味其中或许比西餐本身的美味更具诱惑！氤氲的烛光底下，影影绰绰的人影，似有若无的一丝浅笑，搅和着一团暧昧，总有一股说不出的味——这就是情调故事。

更重要的是，情调生活还能改善我们的二人世界，让我们的家庭变得和谐美好。

2004 年年初，电影《手机》所探讨的审美疲劳问题触动着每个已婚男女的心。两人在一起，七年之痒八年之倦，如何抵抗审美疲劳？两个每天在一起的人却要在感觉上变得陌生和新鲜，听上去多么有悖常情。然而生活中总有那么一些情侣或夫妻，能够经年保持读你千遍也不厌倦，读你的感觉，像春天之美好状态。即使你做不到也不要觉得这不存在，有一种陌生感可以创造。当你学会在爱人面前优雅地换一种装束；当你不再每日喋喋不休把所有的情绪全部倾倒给对方；当你懂得抛开“家离了你就不转”的幼稚想法，创造条件偶尔离家去外地；当你开始学习一项不是为工作而是为兴趣的技艺；当你的生活圈子扩展到能够为他腾出个人空间；当你在心里抛掉他是你的一切的想法……你会发现，其实你们永远是两个生动而陌生的个体，唯一的交集是紧紧拉在一起的手。

“他有他的世界，我有我的世界，我们各自经营自己的世界而不是共同经营同一个世界。”爱，既不是付出也不是占有，而是各自走在自己的路上，发现了一个可以同行的人，当你这样想，会对有爱相伴的每一天心存感激。

丰富多彩的情调生活，即便是花花草草的小装饰，也同样可以愉悦我们的身心，增加我们的生活情趣，提高生活的品位，让我们体验到生命的快乐，做一个生活过得有滋有味的女人！

谁都喜欢善解人意的女人

善解人意的女人往往是集聪明、温柔、大方、体贴于一身的女人。没有哪个男人不渴望自己身边有一位美丽温柔、善解人意的女人陪伴一生。

作家李敖曾经这样评价女人：“真正够水准的女人，她聪明、柔美、清秀、妩媚、有深度、善解人意、体贴自己心爱的人，她的可爱是毫不嚣张的，她像空谷幽兰，只是不容易被发现而已。”看来，善解人意是在女人的众多优点中最令男人不能释怀的。

李丽丽是个漂亮的女孩，眉是眉，眼是眼，即使在美女如云的现在，她仍然是出众的。她的男朋友刘磊是一家公司的经理，也算是位青年才俊。两人男才女貌，很是让人羡慕。可是李丽丽虽然漂亮，脾气却不怎么好，经常耍小性子。刘磊总是要变着花样来哄她，才能讨得她的开心。时间久了，刘磊也感到厌烦了。每天下班后，他疲惫地回到家里，没有一桌子的饭菜，没有一句体贴关怀的话语，看到的只是李丽丽那个小公主似的要人疼的女孩。这个时候，他多么希望能有一个善解人意的女人守在自己身边啊。

到后来，刘磊终于向李丽丽提出了分手。李丽丽睁大了眼睛，很是不理解：为什么天仙美女一样的自己还会遭到男友的抛弃？不是说男人好色吗？为什么“美色”当前，却选择了放手呢？

事实上，多数男人虽然好色，但是也不仅仅只是好“色”而已。男人看女人，第一眼注意到的当然是对方的相貌，然而，真正能把他的心拴住的却未必是相貌。对于男人而言，一个能够理解自己、关心自己的女孩儿顶得上一百个国色天香的美女。虽然风月情场上的男人都是围着那些性感美女打转转，但是真正能让男人倾心的，永远是那些能够和他站在同一精神领地的女人。

令许多美女不能理解的是，为什么那么多事业有成的男人，家中掌舵的却是外人眼中的“黄脸婆”。善解人意的女人和懂得知恩感激的男人已经不能仅仅用风雨同舟来形容了。因为在男人的眼里，善解人意的女人绝不仅仅是坐船的，也不是划船的，而是帮自己撑船的。

作为一个男人，遇到倾国倾城的美女，不过是一时的动心；碰上善解人意的女人，才是一世的舒心。

通常说来，那些善解人意的女人在结婚之前，心是系在父母身上的；结婚以后，心就系在了丈夫和儿女的身上。善解人意的女人是一朵美丽的花儿，她永远娇艳地开放着，为了自己爱的每一个人。

善解人意的女人在结婚之后，多半能够成为贤妻良母。她会让自己的小家无论什么时候都干净整洁，让所有的家具、摆设都纤尘不染。她会让一日三餐变化出无穷的花样，让丈夫和儿女一年四季总是穿戴得干干净净、整整齐齐，总是像模像样儿地出现在人前人后。她会让家庭的每个成员走到天涯海角也忘不了她每天为大家冲泡的一杯咖啡、一盏热茶……

男人们在当今的社会里最渴望找到那种善解人意的女人。善解人意的女人对人生已经有了一定的领悟，她知道自己身边的这个男人虽然是她今生今世的至亲至爱，但作为男人，他那颗心在属于她的同时，更多的还是属于他自己。善解人意的女人无论在什么时候都不会把男人当成私有财产。因为她知道，好男人就像是在高空中盘旋的鹰，只有当这只鹰很累了或是想要休息时，才会回到女人身边，才会想起享受他的爱情。善解人意的女人知道在男人的精神世界里有哪些禁区，她总是很小心地不去跨入那些禁区。

善解人意的女人最受男人喜欢，也是让男人燃烧、唤起男人激情的女人。好男人不会因为女人的善解人意而得寸进尺，反而会心存感激。

事实上，女人要善解人意，并不是一件易事，不仅要有宽广的胸襟，还要有聪明的头脑。相信他的同时，更要自信。要清楚，男人不是管出来的。一个深爱你的男人，给他再多的自由，他还是你的；一个爱你不够深的男人，即使此时你限制了他的自由，该走时他还是会走。

总之，女人一定不要忘记：做一个善解人意的女人，最大的受益者不是男人，而是女人自己。

细节之美最能体现品位

女人的品味是一种境界，是一种情调，是一种生活态度，是对一种生活自然状态的取向，是对生活的精心演绎，是对时间和生活的热情，是在岁月的流程中沉淀下来的精华，它体现在女人的每一个举手投足的细节中。

现在，大街小巷的女人用品商店让人眼花缭乱，大大小小的美容院、美发中心、服装店比比皆是，整形、减肥、护肤等内容的宣传无孔不入，化妆品和珠宝首饰的广告更是随处可见。生活中有许多女人，她们很努力地赚钱，也很努力地花钱，自以为是追上了某个水准，却不知为什么好像始终缺少一点东西。就像一盘好菜，嫩肉鲜鱼，当真正端上桌摆在你的眼前的时候，你却没有了胃口。

现在女性朋友用在追求美丽上面的钱持续增多，这可是有目共睹的。但有的女人却没有因此变得很漂亮，她们有形的、看得见的东西都不缺，缺的是一种内在的东西——品位。

清代文人李渔曾就女人品味发表过一段很妙的文字：女人的品味就是她的一颦一笑，一举手一投足的细节中无意中自然流露出来的那种勾人魂魄的韵味。

记得有位电视节目主持人说过，她不愿做只是外表漂亮的女人，而想成为一个有品位的女人。品位和格调是女人精美的包装，缺少了便是低沉与枯萎。

小刘是一家旅行社的导游，多年的导游生涯中自然有很多记忆犹新的事情。在一次旅行途中，所带的团队中有一位看上去长得还不错的美女，很多男游客都看得目不转睛。但不一会儿，“美女”的表现便让大家“刮目相看”。

“美女”一落座开口便来一句：“他妈的，让老娘来这种破地方。”接着又是一句标准的国骂。途中，太阳刚好照在身上，她便开始大发雷霆，好像是有人专门让她坐这个座。接电话时，声调高八度，唯恐周围人听不到。最让人“难忘”的是在景区，她要买水，竟然撩起裙子褪下丝袜去取零钱，弄得周围的男人都大眼瞪小眼感觉不可思议。

街头有许多美女，但美得让人担心，那种美很脆弱，你坐下来，和她说几句话，喝一杯茶，就会突然感到乏味，只想抽身离去。

经常听到这样一句话："漂亮女人不如品位女人，而细节之美最能体现一个女人的品位。"一个女人，如果不够聪明，就要足够自信；如果不够漂亮，那么就要学会充实自己。

女人要有丰富精彩的生活，要会化妆，要学会保养和爱护自己的皮肤；业余时间学一些才艺，例如钢琴、跳舞或者烹饪；培养几种适合自己的小爱好，例如喝茶、看书、画画、听音乐；有时间就去旅行，既放松心情也可以为大自然添上一景。

女人千万不要只围着你喜欢的那个男人转，即使你爱他爱得要死；不要在公共场合表现出对其他美女的不屑和嫉妒；日常生活中，要学会对人说"谢谢""辛苦了"和"对不起"，做错事要及时道歉；有时间的话，去学学瑜伽或者跆拳道，前者能让你放松身心，后者可以强身健体，也可以防身。

善良的女人会成为一道风景，公共场合要多替人着想，尤其是善待老人和孩子；不要背后说人是非，不要翻别人的旧账；如果实在想骂人或者抱怨，去找你的密友发发牢骚吧。

女人如果可以不抽烟，那就别抽；如果可以不喝酒，那就别喝，再郁闷也不要去泡酒吧；会吃但是不能贪吃，不要独自在路上无所顾忌地吃东西；不贪慕虚荣，有自己的价值观和人生观，能够忍让但是固守自己的原则。

当岁月的累积让我们懂得享受人生，能够创造属于自己的财富的时候，当我们真正能够把握自己的喜怒哀乐，调节自身的状态时，从一点一滴做起，我们就是有品位的女人，同时也是明媚靓丽的女人！

感性是女人最性感的风姿

许多女人都想尽办法用尽浑身解数打造自己的性感风情，什么吊带裙、低腰裤、迷你裙、低胸衣、诱人红唇魅人眼……但是女人在扮靓的同时，你是否知道，比起性感的女人来，还有一种女人更令人心动。

我们或许经常看到女人"抱怨"老公，男人"抱怨"老婆。女人"抱怨"时，其他女生会呼啦一下都上去各抒己见，批评的、指点江山的、出谋划策的，一个个都是驭夫高手。而男人"抱怨"时大多都是用对比法来安慰，比如王大帅哥说："我家苗苗永远异想天开。吃着西餐突然会说怀念老家刀削面的味道；大半夜一觉醒来会突然说要上楼顶跟星星见个面；说好了周末在家休息，要赖床到中午，到了周末突然说咱去爬香山吧！唉，真拿她没有办法。"戴大老板接着说："我家海萍也是一样。虽然我们

结婚六七年了，但是她一点也没老婆的样子，见了我这个老公，永远一副小情人样，让人不是一般的头疼。”当然啦，你别以为这两个男人真的头疼，娶到这样的女人，他们在心里偷着乐呢。因为，在男人眼里，感性是女人最性感的风向标，感性是一个女人最性感的个性，感性是一个女人最性感的风姿，感性让一份感情永葆新鲜，感性给平淡的婚姻带来色彩。

贾宝玉说过：“我不爱宝姐姐，我爱林妹妹。”因为他心里知道，宝姐姐虽然性感，但林妹妹更感性。

史纲有一次出国旅游，在机场回来的车上，遇见两人女孩。其中一个女孩问另一个：“你接到法院明天开庭的传票了吗?”另一个女孩说：“接到了。我太紧张了，真不知道明天在法庭上穿什么衣服好。”乍一听，觉得这女人不可思议。上法庭这事多严肃呀，可是被一个女人这么一说，反而让人感觉如何去面对法官的询问没什么重要的，重要的是在那么多人面前，在公共场合里，自己的仪表装束是至关重要的。想想，很多女人都有与她相似的举动。这样可爱的女人看起来是多么感性。

通常说来，女人往往因其感性而让自己显得更加可爱，可爱往往又和简单纯粹是挂钩的。没有哪个男人会觉得城府深、多心计的女人可爱。女人用其感性的成分在生活中或多或少地影响着男人。女人感性，在很大意义上，是快乐和幸福的，是她们用其所拥有的感性给自己营造着快乐和纯粹。

美国现任第一夫人米歇尔是一个集感性与知性、专业与教养、贤惠与性感于一身的完美女人。当你看到米歇尔带着一对可爱的女儿从客厅里笑着跑出来的时候，后面跟着的是那撒欢的狗，自然也跟着那数以万计追求温暖、感性与活力生活的选民……她真挚、诚恳，从不矫情、造作。在竞选期间，丈夫奥巴马在华盛顿的住所是一间容易着火“可以吃比萨”的小公寓，每次她去看丈夫，都得一起去住宾馆。别人说到白宫，她坦然而眉飞色舞地感叹：白宫真的是太美了，是那种让人产生敬畏和激情的美。她在那里走了一圈之后，感觉能住在那里真是一种上天的赐予、一种荣耀。与女权主义的希拉里相比，米歇尔基本不谈政策纲领，而是打人性牌。她是第一个爆料自己丈夫不会整理床铺的第一夫人，大谈奥巴马睡觉鼾声大、早上起床时口臭令女儿不敢接近等趣事。这些小细节不但拉近了她与民众的距离，也为奥巴马增添了几分人情味。

无论是在政界还是在娱乐圈、文艺界的女人，就算她权势再大，身材再性感，爱人再优秀，如果她不感性，就缺少真实感，让人觉得遥远、陌生，久而久之令人心生厌倦，而拥戴她的“粉丝”必会减少大半。想想办公室里那些精英美女为什么往往无人问津，讲坛上博学多才的睿智女人大多令男人望而却步，相亲时侃侃而谈、博古通今、纵横五千年的女学者甚至捞不到下一次见面的机会……因为女人过分的理性，就使自己失去了女人应有的属性，不再可爱可亲，同时，也会离那份期待的完美爱情越来越远。女人缺少感性就像雕塑，多了感性注定会感受丰富多彩的人生。男人的理性是平面的，而女人的感性则是3D、4D的……女人如果遇到了一个中意的男人，别忘了性感一点，外加感性一点。

远离自卑，做个自信的公主

女人都是生活在自己世界里的公主，时时刻刻都要注意向众人展露出自信的笑容，就算有一天变老了，也会升级为优雅的皇后，还是要充满自信，将我们的幸福生活继续下去。

女人要想过得幸福，就得让自己远离自卑，变得自信。女人只要有了自信就能很好地把握自己的情绪，“无论风吹浪打，胜似闲庭信步”，只有这样的女人才能更好地化解假想的和实际的危机，收获真正的幸福与爱。

记得有位哲人说过：“一个没有自信的女人永远也不会有吸引他人的美。”站在镜子前的你，是否经常对自己不太满意？皮肤不够白皙，眼睛不够明亮，鼻梁不够挺拔，小腿太过粗壮……由此，你也无数次地在梦中幻想：“要是我能像公主那样美丽、动人，集万千宠爱于一身该有多好？”事实上，每个女人都是公主，赶走自卑，迎来自信，你就能拥有公主般的幸福生活。

吕璐从小就被伙伴们排斥，因为大家都觉得她很丑，所以做什么都不愿和她一起做。时间长了，吕璐也习惯了丑小鸭的生活，她不像其他女生那样爱漂亮，也不会嚷嚷着要妈妈给买公主裙、漂亮的发卡。吕璐从不对自己的打扮上心，衣服脏了也不换，头发乱了也不管。

父母感觉吕璐和同龄的女孩子相比是有点不正常，他们怀疑是不是孩子的心理有什么问题，于是就带着吕璐去看心理医生。医生见到她，确实被这个小女生的邋遢吓了一跳，在问过几个简单的问题后，医生就让吕璐的父母先出去，以便能跟她单独谈谈。父母出去了，心理医生微笑着问吕璐：“难道没有人告诉过你，你长得很漂亮吗？”

吕璐一脸诧异地连连摇头。“你知道吗？你有一双非常漂亮的眼睛，它很黑很亮，虽然不算大，但很多女孩子的眼睛都没有你的这么炯炯有神呢！还有你的鼻子和你的嘴巴，也很漂亮。”吕璐满脸怀疑地望着医生。“你不相信是吗？回家照照镜子你就知道了。而且你可以问问你的父母，他们也一定会告诉你，你是一个漂亮的小姑娘。”医生语气肯定地说道。

“真的是这样吗？”吕璐眼神中露出了光彩。“真的，医生的话都不相信了吗？”“谢谢！”吕璐高兴地走出了房间。

吕璐从那天起开始注重自己的打扮了。她会要求妈妈给自己扎上红丝带，也想穿公主裙了，她每时每刻都流露出甜美的微笑。长大后的吕璐充满自信，她通过严格的训练和考核，成为了一名空姐。

这个世上根本就不存在十全十美的人，无论是再漂亮的女人也有她们的不足。或许可以这样说，每个女人都是局部的丑小鸭，但只要你打心眼儿里相信自己是优雅的白天鹅，那么你身体上丑小鸭的部分，也会因为你的信心而逐渐靓丽起来。

女人千万不要养成自卑的习惯，不管你是贫穷也好，富贵也罢；无论你是漂亮也好，平凡也罢，时时刻刻都要记得做自信的公主，即使没人为你喝彩，你也要坚信，通过努力，自己也可以给自己幸福。

自信的女人总是能散发出诱人的气质和难以抗拒的魅力。即便是有“沉鱼落雁之容、闭月羞花之貌”的女人，倘若没有内涵，也不自信，那么再美也是可以被人一眼看穿的，况且，外貌是女人一生中最难长久的“伙伴”，它会在你不知不觉的时候跟“岁月”私奔，全然不顾你内心的感受；而沉淀在心中的内涵，留存的风韵，会通过自信把你全部的美毫无保留地绽放出来，那将是一种不会受到岁月侵蚀的美。

就像是宋氏姐妹们展现给世人的独特魅力，那就是充分的自信散发出来的光辉。即便是在百岁之时，依然可以风韵犹存，像迷人的公主一样魅力四射。这种美不是温柔，不是漂亮，更不是清纯可爱，而是一种自信、优雅、有韵致的美。作为女人，假如没有自信，便只能脆弱地活着；反过来，自信的力量是无比惊人的，它能够改变恶劣的现状，形成令人难以置信的圆满结局。充满信心的女人正是一个高贵的公主，她不会甘愿听从命运的安排，总能以惊人的信心去扭转乾坤，让命运反过来俯首称臣。

总的说来，一个女人可以没有撩人心弦的外貌，可以没有高不可攀的权位，可以没有富足阔绰的生活，可以没有广阔渊博的学识……但即便如此，我们仍然不能失去心底的那股自信，因为生活给了我们充分的理由：虽然我们不漂亮但我们健康，虽然我们不高贵但我们快乐，虽然我们不富裕但我们知足，我们的学识不渊博但我们一直没有放弃拼搏……

第十三章：妩媚独特——优雅的女人热情大方

很多美女不仅妩媚动人，而且又大方时尚。她们总是做自己想做的事，爱自己所爱的人。在闲暇之余，也去放松一下，喝喝咖啡，吃顿西餐，听听音乐，或者到大自然中去走一走，或者为自己的家居精心布置一番，来增添生活情趣，提升做人品位。

自然大方，富有热情

大方的女人可以略施粉黛，也可以素面朝天；可以华衣美食，也可以箪食瓢浆；可以安居广厦，也可以寄居茅舍；可以颐指千军，也可以举案齐眉。

在生活中，自然大方会让一些女人显示出超凡脱俗的优雅气质，浑然与天地一体，流露无限生机。

大方的女人和男人一样能够顾大局、识大体。识大体就是不以一己之好恶评论世事，而是以包容之心善待众生。有此美德之女人于乖巧伶俐之外，又平添一种雍容典雅、从容不迫的风韵，爽如清风，皎似明月。

大方的女人不仅表现在穿衣戴帽上，也表现在举手投足间，更流露于眉宇和谈吐

之间。

女人如果能在享受每一鲜活瞬间的同时，锻造自己那经霜不凋的大方品性，那么，天地间不只是多了一道亮丽的美景，而是又多了一位好楷模。这样的楷模越多，世风日上的可能性就越大，女人的品位也就越令人赞叹不已。

大方首先要学会宽容，允许他人存有不同的生活理念。大千世界，无奇不有。世间万象，本来就没有对与错的绝对概念。也许身边的朋友通过嫁人从而衣食无忧，而你偏偏坚信女人要自立自强，不能成为男人的附属物。这本该是人生观念的差别所在，你不必因此而鄙视她、唾弃她。

大方的女人不会这样，她们每做一件事、每说一句话首先要考虑这样做是否伤害别人，怎样才不失女人通达的本色。

大方的女人不任性、不爱发小脾气、不自命清高，而是能够包容他人，懂得尊重别人的选择，也能认可不同人的生活方式。大方的女人很热情。美国文学家爱默生曾写道：“人要是没有热情是干不成大事业的。”大诗人 S. 乌尔曼也说过：“年年岁岁只在你的额上留下皱纹，但你在生活中如果缺少热情，你的心灵就将布满皱纹了。”

女人有了热情，就会把陌生人变成朋友，就能真诚地宽容别人，就能充分利用余暇来完成自己的兴趣爱好，就能有心情锤炼本该贤淑的一面。女人的热情，会让你变得心胸宽广，抛弃怨恨；会让你变得轻松愉快，甚至忘记病痛，当然还将清除心灵上的杂草。

现代女人的性格大多是内柔外刚、刚柔相济，在柔情似水的外表下，跳动着一颗坚强的心。她们不再是软弱的传统女人，也不是令人望而却步的女强人。她们深深懂得，刻意追求的强悍，与女人真正的内心世界反差太大，是毫无韧性的坚硬。因此，她们用大方热情面对生活，她们理性地去爱，充分享受爱情的甜蜜；她们真诚地去对待生活，享受生活中的一切美好事物。

充满活力，富有情趣

美丽的女人不一定可爱，但充满活力、富有情趣的女人一定非常可爱。一个女人美不美丽，往往由她的生活态度、内心世界决定。而情趣广泛正是一个女人热爱生活的表现。

不少女人在婚后将注意力几乎全部转移到孩子、丈夫、家庭的生活琐事上，忽略了自己的情趣发展。对已婚女人而言，家庭生活需要井井有条，孩子需要健康成长。但在“料理生活”的同时，“心理哺育”却也是万万不可忽视的。一个整天唠唠叨叨的主妇，即使再勤快，也不会创造出和谐美妙的家庭环境。在生活中，女人有许多令“大丈夫”们失望的地方：比如丈夫想下盘棋，大多数妻子不仅不能做对手，恐怕还要训斥他几句。

女人年轻时，容貌似乎是重要的，但到了中年，女人最吸引人的便是情趣了。一个有文化、有修养、有情趣的女性，其美丽可保持终身。

女性对后代的影响，除相貌遗传外，更多的是气质、心理、情趣方面。

可见，不断学习新的知识，注意时事、关心环境、了解政治、接近人文，是新世纪女性热切求知的好习惯，书籍、电影、信息光碟、网络是她们的好伙伴。掌握一门以上的外语、学习 MBA 或进修一门实用课程，对于她们来说是提升自己、开拓事业的必不可少的手段。她们认为一个知识与智慧、美貌与才情兼备的女人才会充满活力与信心，也才会真正对男人有吸引力。

在未来的生活中，男人并不苛求女人在各个领域里能与他们并驾齐驱；男人渴望的是女人与男人有相同或接近的生命活力与情趣。

那么，女人应怎样培养自己的情趣呢？

一、多结交优秀的朋友

新世纪女性有不断扩大的社交圈，艺术表演、科技研讨、商贸交流、国际环保，只要对自己有益的朋友，她们都不会拒绝。从朋友身上，她们可开阔眼界、学习新的知识、参与公益活动，也为自己创造走向世界的机会。

二、休闲旅行

更多的女性会选择独身旅行的方式度过自己的闲暇时光。她们认为单独旅行不仅可处处摄取新知识，更是一种自我探索，与陌生的外界相对，能够更自律、更自信，能够感受生命的完整。只有更多地感受生活形态，才能明白自己真正适合什么样的生活，在与大自然近距离的“亲密”接触中，女性的自我料理能力将更强，心灵将更加健康而自由。

三、身心健康

现代女性关爱自己身体的每一部分，会将更多的时间和金钱花在有益于健康的活动上。跑步、游泳、健身、爬山，只要是对身体有好处的事，她们都乐此不疲。健身操、芭蕾舞等与音乐相关的运动将继续风行，大多数女性每周至少会有一次这样的运动机会，她们认为体育与音乐对培养自己的美丽起着重要的作用。

女性朋友们，如果想拥有真正的美丽，那就抓紧时间动起来，运动可以使你的体

型、身材变得匀称活跃，幽默、风趣会使你变得可爱，充满活力会让周围的人都喜欢你，快乐的心情同样会使你变得越来越美丽。

让你瘦身的心灵瑜伽

瑜伽是女人锻炼身体的一种较好的方式，它可以使你的身体在一生中始终富有很好的柔韧性。不论你多大年纪，不妨从现在开始练瑜伽功并长年坚持下去。开始时可先练简单的瑜伽姿势。这只需花费一点时间，在任何地方、任何时间都可以进行，而且除了一小块舒适的地毯外，不需要其他任何工具。

作为初学者，如果没有地毯的话，你所需要的全部设施只是一块舒适的供你在地板上躺卧的毛巾或席子。衣着应该宽大松软，足以使你做任何动作都不受限制。至于时间，除了饱食后的一两个小时外，可以在上午、下午或晚上的任何时间进行。下面是瑜伽的 4 种动作。

一、用膝盖触头

平躺在薄垫子或毛巾上，抬起一条腿，弯曲膝盖并把手放在小腿上，柔和地拉向身体。用头柔和地触碰膝盖。换另一条腿交替重复地做几次。

要非常柔和，尤其是开始做的时候。这种简单的练习可以增强腹肌，伸拉“腿腱”肌肉，还可以加强你脊柱部位的颈、腰和骶部力量。

二、蛙式蹲坐

这是另一种简单的瑜伽动作。坐在地板上，两只脚掌并拢，双膝舒适地分开。抓住脚踝并轻柔地用头去碰腿。这种简单的练习可以增强骨盆部位的柔韧性，并抻拉大腿的内侧，再次重复上述动作，然后再开始下段的练习。

现在向前弯腰并抓住小腿的下部，使前额接近膝盖。最后，目标是使前额能碰到膝盖。但要做到这一点，可能需要一段时间。

开始的时候保持这一姿势 5 秒钟，当你准备好时可保持这一姿势到 10 秒钟。在做所有这些动作时，要按你的速度缓慢推进，每天只需提高一点。

慢慢地回到中心直立的位置，缓慢优雅地放下双臂。在经过几星期的单次动作练习后，再开始重复做两次。这个动作不仅能使肌肉恢复很多活力，而且，还可以改善脊柱的柔韧性。这很像给你身体的机械部分加油，给你一种变年轻的感觉。你若是每天坚持练习一次，你就会感到越来越年轻。

三、飞鹰式

在这个姿势中，你要全神贯注地自然呼吸，并自如地进入这个姿势，不要考虑姿势，这样你可以感到好像自己巢居其中。

飞鹰式瑜伽动作练习要领：

①按基本坐姿坐好，分开两腿。

②两手放于体前地面，屈肘，将上身躯体尽量贴近地面。

③分开两手，慢慢抓住脚尖。

④向后延伸两臂，手心相合，举至上方。

⑤呼气，两手收回，放于脚尖。

⑥慢慢抬起上体及头部，两腿向前并屈膝，将头埋于膝间，闭眼放松全身。

四、放松身体

这最后一个动作就像是你饭后的甜点，它是最容易使身体放松的一环，但也和其他动作一样重要。你所需要做的事情就是仰面躺下，两臂舒适地放在身体两侧，手掌向上，两腿舒适地分开。闭上眼睛，并尽可能地放松，只想像着你的身体特别沉重。想像你自己像一块沉重的铅块完全地被地板所支撑着。保持这一姿势几分钟。如果你愿意，也可以听能起镇静作用的音乐。这可以按你自己的爱好而定。

如果你能把这些动作作为日常的基础练习坚持至少两个月，你将开始感受到一种青春复苏的感觉。一般说来，你将感到身体解脱了紧张状态，变得更柔韧，更健康。你还将感到心理更平衡、稳定，不仅身体上感觉良好，而且精神上同样感觉舒畅。

瑜伽，不仅能锻炼女人的身体，而且能锻炼女人的心灵。所以，有条件的女性朋友们，不妨去锻炼一下，你会得到意想不到的收获。

让音乐为你添情调

音乐不仅能调节人的心情，而且可以为你的生活添情调。

科学家们通过研究发现，人的大脑中存在一种人体自身产生的麻醉剂——内啡肽，人们听音乐时产生的愉快感觉就与内啡肽有关。可通过音乐的节奏、速度和音调来发挥出它的镇静、兴奋、镇痛、调整心率和降低血压的作用，如节奏明快的音乐使人精

神焕发，旋律优美的音乐使人安定。

关于女人，艺术大师丰子恺有句名言：“女人本身就是音乐。”这是因为女性含蓄，音乐空灵；女性柔媚，音乐流转；女人是水做的，音乐起伏如波，二者在情调与氛围上颇为相似。“女人本身就是音乐”，是象征又是写实的说法，而且这说法是无比美妙的。

爱艺术的女人，令人感到浪漫。这种浪漫不是卖笑调情，而是艺术的启迪。女人学书法，不是为了像男人般要成为书法家；画点山水花鸟，不是为了做女画家；收集几幅字画，不是为了做鉴赏家。

她们爱艺术是感受到艺术之美，艺术中特有的灵气。这样的女人身上自然地呈现出古典风味，这是很美很有情趣的。美丽的女子常见，然而众多男子都不约而同地爱慕一个女子，往往是看中了这个女子不落俗套的气质。艺术可能就是这气质的启迪源泉。

女人爱艺术的目的是自娱，而不像某些爱艺术的男人是为了附庸风雅。她们在生活、工作、爱情上，也比较自重自尊，不容易失去属于自己的原则。女人的声音轻柔、圆滑，本身就是一曲动听的音乐，所以女人的音乐细胞比男人多，这是上天赐予的，不喜欢音乐似乎有些说不过去。

音乐给女人以憧憬、幻想、回忆。音乐的暗示就是给女人生命的暗示。丝丝缕缕，缕缕丝丝，多少音符如潺潺的溪流，如春野的鸟，在低低地诉说着女人的情怀。

爱音乐的女人，灵魂被幽幽的短笛招了来，多愁善感。男人多愁善感有时有点怪怪的，女人则是天经地义的。这种多愁善感是真实的，她掉下的泪是实在的，总能够感人。

音乐的魅力是无穷无尽的，或如高山流水君子之交淡如水，或如梅花三弄婉转缠绵，或如二泉映月哀婉曲致，或如梁祝凄美动人……不一样的时刻，不同的心事和心情，独上西楼，望断天涯路，寂寞无处遣的时候，或许，音乐是最好的寄托，依水而立，一曲诉尽无限心事。

音乐是天使的语言，它最容易触动我们的心灵，带给我们至美的享受。音乐是高尚的艺术形式，它可以陶冶情操、交流情感，为生活增添魅力。在古代的世界，音乐还是身份的象征。贵族们拥有不同规模的乐队。他们自己还要对音乐有所造诣，否则会被别的贵族轻视，并获得“乡下人”“暴发户”之类的贬称。而真正的乡下人如果在音乐方面是个天才，反而会被贵族所接受。比如说贝多芬，这个农民的儿子，甚至成为奥地利皇储的老师，受到全体王室成员的尊敬。

对于一个普通人来讲，也许你没有天赋成为另一个贝多芬，也没有机会成为另一个猫王。但是你仍然有必要学会一种乐器，它将成为你一生不离不弃的朋友。尤其是一个女人，如果你会一点音乐，你就可能是一个不折不扣的才女，你的才情在你的歌声中，在你那悠扬的琴声中。更重要的是，当你有了孩子以后，你的哪怕是一点点的音乐才能也会令他睁大惊奇的双眸，开启他的心灵之窗。当你的家人情绪不佳之时，你的音乐是他心灵上的一帖清凉剂，或者是春天里那和煦的微风，或许是冬天暖洋洋的日光……当音乐响起，这个世界所有的喧嚣不再，所有的委屈随风而散。

如果音乐可以排遣忧伤，为何不高歌一曲呢？如果音乐可以疗伤，为何不尽情弹奏一曲呢？如果音乐可以给所爱的人带来快乐，为何不试着去学一种乐器呢？

爱好音乐，对于女人来说，是一种生活方式。只要我们热爱生活，一定会沉醉在自己喜欢的音乐中。同样，有了美妙音乐的陪伴，我们的心灵才不会孤寂，我们的生活才会更加绚烂多彩。

很多时候，音乐替代不了女性的心情，但有事没事，她们都喜欢在音乐中安放自己的情感、渴望、灵魂和泪水。虽然和音乐有关的夜晚，也许免不了有些孤独，但她们却忘情地热爱着。其实女人未必是懂音乐的，但女人只要有音乐为伴，生命也会因此变得饱满而充实。

尽情展示你的舞姿

跳舞是现代女性锻炼身体的重要方式之一。舞会已经成为现代大众娱乐的主要形式之一，也是人们常用的社交方式之一。

邀请他人共舞理当彬彬有礼，被邀请者也该落落大方，这是舞蹈者良好礼仪修养与文化素质的体现。然而，在舞会上也常常出现一种情形，即被邀请者推拒他人的共舞邀请。不论何种理由，推拒更应当注重礼仪。

一般而言，被邀请的女士最好不要随便推拒他人的邀请。如果确要推拒，则应十分有礼貌地微笑着向对方陈述推拒的理由。

如果已经答应了他人的邀请，则应对再邀请者说明："对不起，已经有位先生邀请了我，等下一曲，好吗？"

当下支舞曲开始后，那位邀请者再次相邀时，在确无特殊情况下，应欣然随之起舞，不可再次推拒，否则有戏弄他人之嫌。

当两位男士同时发出邀请时，最为得体的办法是以婉转的理由将两位均予谢绝。

如果男女人数相等，结伴参加舞会，相互调换舞伴是很自然的，此间若有其他男

士邀请其中的某位女士，不可一概推拒，更不能以“我不认识你”“我不跟你跳，我有伴了”之类的非礼之语相向。这种生硬无礼的语言既伤害他人的自尊心，使人陷入极为尴尬的境地，又会因缺乏礼貌和修养而损害自己的形象。

另外，跳舞还要讲究舞姿。所谓舞姿，即舞蹈者跳舞时的姿态，是人们外在美与心灵美的有机结合的自然流露。无论是公关性质的舞会或者是其他社交性质的舞会，令人赏心悦目的最佳舞者风度具体表现为：舞姿端正规范、大方活泼。舞蹈时整个身体要保持平、正、直、稳，无论进退或是左右移动都要掌握好，如果重心不稳就会导致身体摇晃、肩膀高低不一、舞步不和谐，甚至踩了舞伴的脚，这样的舞姿就会变形走样，既影响自身形象，同时也会对舞伴造成影响。

起舞的正确姿态应是抬头挺胸，双目平视前方，收腹梗颈，使身体重心向下垂直呈平正挺拔状。男女双方相向而立，相距 20 厘米左右，男士向左上方伸出左手，女士向右上方伸出右手，使手臂以弧形向上与肩部成水平线，男士掌心向上，拇指平展，将女士掌心向下的右手平平托住，而不是随便握住或捏紧。男士用右手扶着女士的腰部时，正确的手势是手掌心向下，用右手拇指背面将女士后侧腰轻轻挽住，而不是用右手整个手掌心紧贴女方后腰部。女士左手手指部分只需轻轻落在男士的右肩头即可，而不应把手贴在男士的后肩或是勾住对方的脖颈。

跳舞时双方的身体应保持一定距离，距离的大小往往由舞步决定。总之，无论跳哪种舞步，舞蹈者的动作要尽可能舒展协调，和谐默契，以展示舞蹈的美感与舞蹈者的魅力。

爱上吃西餐的感觉

随着物质生活水平的提高，爱吃西餐的女性越来越多。朦胧的夜色、温暖的烛光、典雅的音乐、缤纷的美酒、情人的目光，这是一幅动人的画面，这就是西餐营造出的情调，当两个红酒杯在温柔的目光中轻轻相碰的时候，就能撞出心动的声音。

西餐是丰富、细腻的，是从视觉到味觉再到感觉的一种品味。不同国家的菜式有不同的风格，法式西餐注重器皿的精致、氛围的浪漫，英式西餐注重礼仪，意大利西餐注重口味，美式西餐注重简洁、方便，另外，还有德式、俄式西餐。西餐的丰富还在于它的器皿，最基本的工具有刀、叉、勺、碟、盘，吃一顿完整的晚餐至少要用到

17 种工具，比如汤匙、鱼刀、鱼叉、肉刀、肉叉、水果叉、甜品叉、抹黄油刀、冰水杯、葡萄酒杯、雪利酒杯等。

一、刀叉的用法

刀叉分美式和欧式两种。美式用法是切完肉把刀放在盘子上，叉子从左手换到右手，然后用叉子叉起切好的肉；欧式用法则始终为左手拿叉，右手拿刀，可以用刀子往叉子上放食品。餐桌上摆放的刀叉有一定顺序，一般以三套刀叉居多，用餐时由外向内依次取用。冷盘用叉，吃鱼用银刀叉，吃肉用钢刀叉，吃生菜用叉，布丁或点心用叉或匙，水果用刀叉。用餐过程中，如未吃完，要把刀叉放在盘的两侧，摆放方法是叉在左边面朝下，刀在右边与叉形成一个角。用餐完毕，刀和叉应并排放在盘子的右边或中间，以示意服务员收去。刀放下时刀口应向内。

二、餐巾与洗指碗

西方人用餐，第一件事就是打开餐巾平铺在自己的膝盖上。小餐巾应完全打开，大餐巾只需打开一半，折成对折，折口对着自己。餐巾是用来擦嘴和手的，切勿用其擦脸或鼻子。

进餐时，餐巾应始终放在腿上，如果暂时离开，应将餐巾折起，放在位子上或盘子旁，表示还要回来；如放在桌子左方，则表示“一去不复返”了。餐毕离开前，要很自然地将餐巾叠好放在桌子左方，但不必折叠得太整齐，那样反而不礼貌。“洗指碗”通常在上必须用手的菜或甜点之前送上，碗内盛有温水，还有一些小花般的饰物，用时可将双手的手指在水中洗一下，然后用餐巾擦干。

三、如何进餐

喝汤：喝汤时不能发出声音，用汤匙应从里往外舀着喝，千万不要端起汤碗直接饮用。

面包与意大利面条：面包通常与黄油搭配，吃时将面包掰成几小块，抹上黄油，用手拿着吃，不要拿着整个面包咬着吃，应抹一块，吃一块。吃意大利面条时可叉子、调羹并用，用叉子慢慢挑起少量面条，将其绕在叉齿上成团状，同时以调羹辅之，即可方便地进食。

肉与鱼：西餐中的肉一般都是大块的，无论是羊排、牛排还是猪排都要用刀叉将其切成小块，边切边吃，不要一口气都切成小块后再吃，也不要用叉子将整块肉夹至嘴边，边咬边吃。吃鸡或龙虾可以用手，小鸡、鹌鹑、田鸡的腿骨头很小，可用手抓着吃，也可用叉子，但骨头需用手指从口中取出。西餐中的鱼一般都已去了骨刺，吃起来很方便，对少量小刺，应用手捏出放在盘子上，不能直接往盘中吐。

沙拉：既可做第一道菜，又可做配菜和间隔菜。对沙拉中大块（片）的蔬菜，可

用叉或刀切成小块（片）。对沙拉中的豌豆可以左手持叉，右手持刀，用刀把豌豆推到叉子上。而美式的吃法干脆就用叉子叉着吃。

甜点与水果：蛋糕、西饼用小甜食叉子，冰激凌、布丁等用甜点调羹。许多国家把水果作为甜点或随甜点一起送上，通常为水果沙拉或拼盘。若是未加工的水果，则应以刀叉配合使用。梨或苹果不能整个去皮，应用刀先切成四到六块，削皮去核后再吃；香蕉应先剥皮，再切成数段食用。在没有刀叉时，可用手将果核从嘴中取出，放在果盘边上，不能直接吐在餐桌上。

咖啡与茶：西餐的最后一道“菜”是咖啡和茶。喝咖啡时可以右手拿杯把，左手端小碟，也可以只端杯子，将小碟留在台上，喝完一口后，一定要把杯子放回碟上。茶匙仅用于搅拌，用完即放回茶碟，不能用它舀着喝。饮用中国的绿茶、薄荷茶不加任何东西，如果是印度茶、黑茶或英国红茶则可以加少量的奶和糖。

女性朋友们不妨经常去吃吃西餐，体验一下西方人的生活方式。

沐浴爱河的女人最美丽

女人会因爱而美丽，两性相悦的爱情是女性最好的美容剂。研究发现，沐浴爱河的女性经常处于激动状态，这促进了体内雌激素的大量分泌。而雌激素在真皮内与其特异受体结合，可促进细胞生成透明质酸酶。这种酶可使皮肤对很多物质的渗透性增强，从而使皮肤的水分含量得到改善，使得恋爱中的女子姿容显得格外娇美细润，眉黛含春。同时皮下脂肪也会增加，使形体看起来变得丰腴而浑圆。

现代医学还证实，女性的衰老过程受着性激素的控制，有规律的性生活能使卵巢功能处于健旺状态。卵巢功能的健旺，不仅在保护女性青春美方面十分重要，而且能大大降低女性患上冠心病、高血压及中风的可能性，提高女性的免疫功能。另外，男子身上的外激素，如体味等，有强大的生理活性，它通过口腔、皮肤、呼吸道等途径进入女性体内，能有效地调整女性生理周期。因此，性爱是女性健美的良方，是保持夫妻关系和谐温馨的必修课。

恋爱中的女人，她脸上的表情及全身都散发着快乐，因而肌肤也跟着美丽起来。倘若精神上有持续不安、焦躁的状态，或有紧张的情绪与压力时，则很容易表现在肌肤上，青春痘和雀斑都会增加。

人们都知道女性的月经失调、痛经在她们恋爱和婚后是可以不用药而好转或痊愈的。而绝大多数女孩的青春痘也会在恋爱、婚后消失无踪，肌肤也变得光滑湿润且富有弹性。

爱情的力量是如此神奇，拥有幸福婚姻的女人，由于她们对生活的感觉很好，人际关系也会特别融洽。她们无论走到哪里，都能让人感到她们非常幸福。这种女人会从骨子里散发出一种优越感，一种别的女人无法具有的魅力。她们不缺少爱，也特别有爱心，因而很善良；她们心理承受力强，对那些有负于她们的人也很能理解和宽容；当有一天她们成为母亲的时候，一定也是相夫教子的典范，她们会把所有的爱奉献给自己的丈夫和孩子。在社交场所，她们那种特有的满足神态，使她们显得异常端庄和高贵。即使是在一群穿得花枝招展的女人中，她们也很容易成为男人注目的对象。

第十四章：人淡如菊——做一个魅力十足的亲善大使

淡定的女人要懂得把握好人际交往的尺度，也就是说，在你构建你的人际关系网络时，要有理智和慎重地选择，一些人是不能够当成知己的，不能够随意就把自己的或者朋友的秘密向对方和盘托出。

我一定能成为交际高手

心理学研究发现：一个人的举动、表情和说话的表达方式等都代表着他的素质和格调，都影响着他人的心理评分。通常，和蔼的人让人感觉很亲切，愿意接近，得到的心理评分就高；相反，一脸严肃或者一脸阴霾的人，则会产生一种距离感，得到的心理评分就低。苏格兰初期的社会心理学家麦独孤曾说：“人际亲和是人的本能之一，是动物进化中的自然选择。”

张颖从小就知道自己长得漂亮，从初中开始大家就给了她“冷美人”的外号。美丽的张颖周围虽然不乏仰慕者，可是确少有知心的朋友，唯一的闺中密友说：“你这样整天一副拒人千里之外的冷面孔是很难让人亲近的。”可从小孤傲的张颖觉得没人亲近也没什么不好。

师专毕业，张颖进入了一家幼儿园工作。照理说她靓丽的外表加上能歌善舞，应该很受小朋友的欢迎。可张颖自己都没想到的是，几乎所有的小朋友都怕她，有的孩子一见她就表现出一副想哭的样子。她的另外一个同事李然，身材没她窈窕，容貌没她俏丽，歌没她唱得动听，舞没她跳得好看，可就是比她受欢迎。不仅小朋友喜欢她，同事、家长也都跟她亲近。很多家长不知道这个幼儿园里最漂亮的老师张颖，却知道有一个最和蔼最让孩子喜欢的老师叫李然。张颖想不通：难道一张笑脸就比美貌还有用？

张颖带着这个疑问咨询了做心理师的闺蜜，心理师告诉她：“一般说来，在人际交往和认知过程中，尤其是初次交往，人们的心理都处于一种戒备状态。他们必须通过自己的感觉或运用道德准则来对交往对象所表现出来的行为、态度等做一个心理评判，然后才决定自己下一步的行动。”

心理学理论指出，人们在交际、应酬过程中用亲近的话语、笑容、肢体语言，运用人与人相处时所表现的亲近行为的动力水平和能力来达到吸引他人、俘虏人心即“捕获”他人心理定势的效果。因为这暗示你是一个具有亲和力的交际高手。

从此后，张颖试着改变自己，开始对每一个人都真诚相待，不论是新来的还是老员工，都一视同仁。有时候她见到新来的同事被老员工欺负，她会给以安慰。她会毫无保留地将自己知道的东西教给新来的同事。很多时候那些刻意刁难新同事的人，在看到张颖的耐心帮助后，会想起他们自己曾经得到过张颖的热心帮助，于是有意识地慢慢收敛自己的行为，平心静气地对待新同事。正是由于自己的真诚，不管是新来的同事，还是老同事，平时都非常喜欢去跟张颖亲进。

你是交际高手的暗示，可以是一句贴心的问候，一个礼貌的称呼，一个友好的微笑，一个赞同的手势，甚至是一个理解或鼓励的眼神。梅奥人际关系心理学的三个基本观点之一就是：理解和尊重是与他人打交道、增强“亲和力”最为关键的内容。

通过对生活中各种细节的观察，我们不难发现：要想拓宽我们的交际渠道，我们要做的第一件事就是做一个和蔼可亲的人。因为一个人的表情或者说精神面貌，就是一个人的门面，就像一件衣服的风格，它是第一时间进入观众的视线的。和蔼的人，让身边人感觉轻松而没有负担；让人愿意放弃心理戒备，进一步接触；甚至会让人产生信赖乃至依赖的感觉。

如何提高自己的交际能力呢，可以从以下几个方面练习自己的心理暗示：

一、微笑的魅力

其实，美好的东西要和别人分享才会更有价值，微笑也一样。你冲人微笑一次，他的心理就温暖一次，而你就会感觉幸福一次。生活中，我们忙忙碌碌，好像总有做不完的事。稍不留神，我们就会陷入生活与工作的琐碎之中，从而无形地藏起微笑，忘记或者忽略把快乐带给别人和自己。其实，给别人一个微笑就是给别人一份温暖，也是给自己一份幸福。心理学家说得对：当你用微笑换来对方会心一笑，或者换来对方的好心情，你其实就是在用微笑换来“双赢”。

二、眼神的力量。

眼睛是我们心灵的窗户，眼神更是我们表达感情最好的工具，在与人交往的时候不要忽视了眼神的力量。游离的、漫不经心的眼神，会让人觉得你心不在焉；严厉的眼神会让人滋生寒意，容易与人产生距离感；而温和的眼神却能让人感到温暖、亲切。

三、手势的感染力

戴安娜王妃伸出的右手，让全世界都感受到了她的平易近人。在人际交往中千万不要忽视了手势的重要性：轻轻地挥手，一个鼓励的手势，轻抚孩子的动作……都能让人感觉到你的真诚和蔼。

交际场上避免羞怯

心理学研究表明：几乎所有人都曾在某个时刻被突如其来的社交羞怯所打垮，即便是那些神采飞扬的政界明星，也有手心出汗言不达意的时候，但明星们的聪明之处，就在于他们克服了一瞬间的羞怯和动摇，再次进入了如鱼得水的境界，出现在聚光灯的照耀之下。其实这并不难，你也可以如此。在必要的时候利用一些心理暗示就能轻松化解你内心的恐惧或者羞怯。然而，在了解这个问题之前，先要知道羞怯心理是怎么来的。

七年级时，王丽是教会唱诗班的成员。一天下午，在进行彩排时，她们唱得不是很顺利，唱诗班指挥把脸一沉，转向她说：“有人跑调了，我希望那个人只对口型，不要唱出来。”很显然，跑调的那个人就是指王丽。从那天起，她每次唱歌都像是一只感冒的乌鸦一样难听。直到今天，她在唱“祝你生日快乐”时仍然忸怩不安地不敢出声，只对口型。

几年前，她与一位老同学一起听收音机，那位同学知道王丽跑调很严重。当时电台正在播放她们六年级时风靡的40大流行金曲。她一时兴起，情不自禁地跟着音乐哼了起来。一曲唱罢，朋友说：

“丽儿，太棒了！”

“什么太棒了？”

“音调棒极了。”

“不可能吧？”

“确实很棒啊！”

她试探性地又哼了几首六年级时流行的歌曲。她俩都惊呆了，因为她的音调完全准确。令人百思不解的是，在那个在劫难逃的“有人跑调”日之后的所有歌曲，她一首都唱不上来。

唱诗班的那个指挥给她贴了个“乐盲”的标签。因此，她就真的成了音乐盲——这就是自我心理暗示的结果。

由此可见，社交羞怯心理经常是来自“输不起”的心理暗示，取决于人性深处自恋的程度。人不是因为年长而应付自如，而是因为学得了一系列变“客场”为“主场”的技巧，学得了管理情绪的能力，才有了顾盼生辉的魔力。往深处说，在一个陌生的场景里，人人都有恐惧，只是，一部分人克服恐惧的技巧比较高超而已。还有的恐惧是来自于生活的经历，给自己造成了一种不好的暗示。

有了以上的这些认识后，再结合一些心理学原理和方法技巧，利用积极的心理暗示把改变付诸行动：

（1）积极的自我暗示：这是推销员们最喜欢用的方式，每天对着镜子说“我是最漂亮的”“我是最棒的”。通过这种积极的自我心理暗示，逐步改变我们心里以前对自己的否定观念，培养自己的信心。工具，当然就是一面镜子，如果熟练了，心中默念就可以了。

（2）打坐训练：找一个安静的地方，舒舒服服地坐下来，闭上眼睛，身体慢慢放松，感觉自己的灵魂飘了出去，看见了蓝天、大地……经常这样练习，能帮助我们控制自己的身体，有助于克服紧张的反应。

（3）阅读女性传记：历史中不乏伟大而著名的女性，尝试看看这些女性们的传记，用她们的成长和成功经历来激励自己，使自己树立起愿意改变的勇气和信心，这些伟人的事迹能起到偶像的作用，我们可能会潜在地模仿她们的一些积极的思想和行为。

比如说一代才女林徽因、戴安娜王妃等。

女人们，看到这里要注意上面的方法都是针对已经有社交恐惧的人的一些建议，当然，没有社交恐惧的人也需要从这些方面慢慢地引导和培养从而练就良好的心理素质，自信的社交。

包装好你的“第一印象”

心理学中表示：“初次见面时对方的仪表、风度留给我们的第一印象往往形成日后交往时的依据。最初的印象是深刻的。”卡耐基也说过，大家都对他感兴趣的人，其秘密在于他对大家都感兴趣。

所以，要想获得成功，就要打通交际第一关，给人留下一个美好的第一印象。

在交际场合，我们给人留下的“第一印象”是非常重要的，是决定你是否能取得良好人缘的关键。如果“第一印象”不好的话，因为先入为主的关系，即使以后想要努力挽回，也将会事倍功半，这是非常值得我们关注的。

除了在事业中的作用，第一印象还有可能最终改变一个人，让他（她）获得幸福的真挚感情。

小兰是一个容貌不错的女孩，但是，由于过早失去了父母，她和哥哥相依为命长大，性格中不免带了些男孩子的性格，优点是豪爽而大方，缺点是有时不注重外表，有点邋里邋遢，缺少女孩子的温婉清爽。小兰有许多异性的朋友，但却个个把她当“哥们儿”，还说：“一看就像个野小子，易于接近，根本没有女孩儿的魅力！”所以，她一直也没有找到一位真正意义上的男朋友。

转眼间，小兰就快成一个老姑娘了。有一天，表妹买了一套女人化的衣裙，有点大了，就送给小兰穿。那天小兰刚刚洗完头，乌黑的秀发披散在肩上，而没有像平常那样乱七八糟扎成一团。

她试穿了这身女人装，感觉和自己不太协调，就在镜子前顾影自怜，试着做出电影中女人应有的样子。就在这时，一个陌生的年轻男子来找小兰的哥哥，他恰巧看到了这一幕：

一个美丽的女孩儿，似水柔情地站在穿衣镜前，梳理自己的长发，猛然发现了自己，竟一下子羞红了脸——这就是他梦中的百分百女孩儿，温柔而腼腆。他对小兰不禁一见钟情。

于是，借着和小兰哥哥有来往的便利机会，年轻人向小兰发起了猛烈的爱情攻势。他总是对小兰说：“你是我遇到的最温柔、最可爱的女孩儿！”听了这话，小兰真是大为诧异，长这么大，还没有人说过她温柔呢。于是小兰就告诉他自己从小就是野孩子的性格，绝不是温柔而可爱的类型。可是，他固执己见，并向小兰讲了第一次所见的情景，坚持那才是小兰的本性，而小兰平日的不拘一格、粗野邋遢都是假象。

在他的固执下，“假小子”似的小兰竟然真的慢慢变得温柔起来，并与他坠入情网，并最终结为连理。

几十年过去了，两人的儿女也都男大当婚、女大当嫁了，他仍深深地爱着小兰，并时时回忆起那决定了他们一生的幸福的一幕。

小兰也深深地感激那个下午，使她无意中留给他一个温柔而美丽的第一印象。

一个美好的第一印象，改变了一个没有女性魅力的姑娘，成就了一对百年好合的夫妇，其力量之强大，可见一斑。

不止是爱情中的一见钟情，无论在什么社交场合，第一印象都极为重要。

别人对你的判断中，第一印象起着最为深刻的作用。就像小兰的丈夫固执地认为小兰这个野丫头本性很温柔一样，你给别人留下的第一印象，也会深刻地印在别人的脑海中，成为别人判断你的基准。

第一印象好，以后交往中就会使别人忽略你的缺点和短处，而专注于你的好处和优势；第一印象差，即使你以后表现出众，别人也会对你心存疑虑，有所保留，甚至会专门揪住你的小辫子，使你在社交中障碍重重。

所以说，从人的衣着、外貌等一个人的招牌中就可以直接看出这个人的生活习惯、道德品质。虽然以貌取人不那么完全符合实际，但在中国几千年的历史发展中，人们的生活习惯及传统都肯定这一点，生活在中国社会中，不可能不遵循这一传统的交际规律。

幽默，给他人带来愉悦

“不懂得开玩笑的人，是没有希望的人。”这是俄国文学家契诃夫说过的一句话。幽默是一种特殊的情绪表现，它往往可以带给人们意想不到的效果。在日常生活中，当人们处于遭受失败的困境或生活潦倒时，一部幽默的电影或者朋友几句幽默话语的鼓励都能帮助他们去除消极情绪、振作精神、克服困难，从而提高生活质量的信念。人们都喜欢与有幽默感的人交谈，因为他们的幽默使得生活充满情趣，许多看来令人痛苦烦恼之事，他们却应付得轻松自如。幽默，是一种面临困境时很好的减轻精神和心理压力的有效方法。

当与人有矛盾时，一句幽默风趣的话可以瞬间瓦解矛盾，让彼此笑逐颜开。所以用幽默来处理烦恼与矛盾，会使人感到和谐愉快，相融友好。那么，幽默的准则是怎么样的呢？

首先一点就是要领会幽默的内在含义，幽默不是油腔滑调的说话，而是机智敏捷地表达一些自己的想法；幽默不是建立在嘲讽别人的缺点上，而是以风趣的方式表达自己的肯定或否定；幽默不是装腔作势，而是平易近人的一种表现。

一提到聪明女人，就是端庄大方、穿衣得体的形容，但是这并不表示聪明女人是不苟言笑的。相反，如果聪明女人可以适当地添加些幽默，反而更能提高自己的独特魅力，更容易让人亲近起来。

从心理学角度看，幽默是一种心理防御机制，它常是人们处于困难境地时自我解脱的一种方法，并能借以达到心理上的平衡。想要恰当得体地表达幽默，下面这些功课是聪明女人必须做的哦！

第一步，扩大自己的知识面。

真正的幽默是一种智慧的表现，这必须建立在一个人的学识基础之上。要想恰当地表达幽默，让自己妙趣横生，那必须有广博的知识才行。想想我们敬爱的周总理在国际舞台上答记者问时所表现的幽默智慧，那可是建立在广泛涉猎、不断充实自我的基础上的，伟人如此，更何况一个小小的聪明女人呢？

第二步，乐观对待现实。

幽默是一种对现实宽容的体现。所以学会幽默，就要学会大度，包容别人，同时还要有乐观的心态。想想我们周围有幽默感的人，哪个不是对生活有所领悟，不抱怨生活，而是享受生活的人？想想北京“侃爷”的那副尊荣就明白了！

第三步，培养敏锐的洞察力。

当机立断地把对一些事情的看法准确地用诙谐的语言表达出来才算是真正的幽默，这就需要我们有观察事物的能力，能迅速捕捉事物的本质。好的幽默是可以愉悦人类灵魂的，不是那些不堪入耳的污言秽语可以顶替得了的。

聪明女人在与人交往中，如果没有幽默感，就失去了与人进一步交流的优势，试想，现实生活中，我们谁不想跟有幽默感的人交朋友呢？这也说明，一个成熟的聪明女人如果能经常说些幽默的话，很多人都愿意与她保持零距离的亲密接触，从而这类聪明女人是容易交到朋友的一类人。

一个人的幽默并不意味着他办事不严肃，反而这恰恰体现出他深厚的文雅素质。而现代社会，“诙谐、幽默”已经成为聪明女人们的良好性格特征之一。一个人如果喜欢并常常运用幽默的话，就会形成稳定、良好的个性特征。这也就解释了为什么有“幽默”感的聪明女人会成为现代绅士们择偶的一个首选条件。

人们的精神世界里，幽默实在是一种丰富的养料，是精神卫生的润滑剂。如果聪明女人们能善用幽默，那么，就会拥有一份多姿多彩的生活。

学会左右逢源

有的人总能心想事成，而有的人却往往事与愿违。这当然与个人的能力有关，但更重要的是你如果能掌握做事左右逢源的心理暗示法，它将为你打开一扇成功之门。尤其是对于女人来说，掌握正确的心理暗示法，会让你在交际场中收获事半功倍的效果。

左右逢源心理暗示一：学会说话。

怎样才算会说话呢？说起来很简单，就是在恰当的时机，对恰当的人，说出恰当的话。但是，要真正达到这一效果和境界，其实很不简单。

一个小时候听过的故事能说明这一切，故事是这样的，古代有一位国王，一天晚上做了一个梦，梦见自己满嘴的牙都掉了。于是，他就找了两位解梦的人。国王问他们：“为什么我会梦见自己满口的牙全掉了呢？”第一个解梦的人就说：“皇上，梦的意思是，在你所有的亲属都死去以后，你才能死，一个都不剩。”皇上一听，龙颜大怒，杖打了他一百大棍。第二个解梦人说：“至高无上的皇上，梦的意思是，您将是您所有亲属当中最长寿的一位呀！”皇上听了很高兴，便拿出了一百枚金币，赏给了第二位解梦的人。

同样的事情，同样的内容，为什么一个人会挨打，另一个人却受到嘉奖呢？因为挨打的人不会说话，受奖的人会说话而已。

所以恰当的说话是社交中的一个很重要的技巧，最会说话的人，总能让朋友喜欢他们，陌生人很快亲近他们，因为他们很懂得什么时候该去赞美别人，而这一点是每一个人都喜欢的。

左右逢源心理暗示二：懂得倾听。

倾听是对讲话者的礼貌，是一种对讲话者尊敬的表现，更是对讲话者最好的恭维。

倾听能使对方喜欢你，信赖你。前面在朋友间的交往方法中也提到了倾听这个方法。

毕竟每个人都希望获得别人的尊重，受到别人的重视。试想，如果你在兴高采烈的说话时，别人都在各忙各的，根本不关心你说的是什么，是不是会有一种失落感？是不是会想大家为什么不听我说话，难道我说的他们不感兴趣吗？而如果此时有一个人在很认真地听你讲话，你是不是瞬间对此人就有了好感，一种被尊重和重视的感觉油然而生？你们之间的距离在此刻必然被拉近了许多。换位思考，在适当的时候，让我们的嘴巴休息一下吧，多听听别人的话。当我们满足了对方被尊重的感觉时，我们也会因此而获益的。

左右逢源心理暗示三：站在别人的角度考虑事情。

有人问路依特·乔琪，为何在别的战时领袖们都退休不闻国事后，他还身居权位？他是这样回答的：如果他官居高位，可以归功于一件事的话，那就是他知道钓鱼时，必须放对鱼饵的那件事。也就是说他知道别人要的是什么。

别总是谈论自己感兴趣的话题，或许那是别人厌恶的。要知道，其他人跟你一样，他们也只关心自己喜欢的话题。站在别人的角度考虑看看，找一些大家都喜欢的话题。

世界上唯一能影响对方的方法，就是谈论对方关心的，而且还告诉他，怎么样才能得到它。举个例子：如果你不愿意你的聪明小女人熬夜上网，你不需要教训她，只需告诉她，熬夜上网会损害皮肤，长小豆豆。

左右逢源心理暗示四：发挥充分的亲和力。

首先，我们来看看，亲和力这个词，字典里的解释：“两种以上的物质结合成化合物时互相作用的力。”而在心理学上，它则是指：“在人与人相处时所表现的亲近行为的动力水平和能力。”一个人的亲和力往往取决于他的性格特征，比如说，有些人天生比较冷漠不爱笑，那他的亲和力自然低些，有些人天生爱对人笑，乐于助人，自然，他会有很高的亲和力。当然，如果一个人迫切需要友情时，他的亲和力自然会上升很多，如果一个人这段时间心情郁闷，对谁都是一张臭脸，那亲和力自然要下降。

拥有良好的沟通能力和亲和力是每个女人梦寐以求的。良好的人际亲和力能够为女人带来很多好处，它既可以让你获得更多的友情，感受到人与人之间的关爱与温暖，又能为你带来更多的人际资源，获得意想不到的良好机会与前途。

我们每天都要与别人打交道，无论你从事什么工作，今天要去银行还是商场，都要与人沟通交谈，所以，具备良好的亲和力是很有必要的。而一个具有良好亲和力的人在工作中会有很好的人缘，也容易得到同事的支持和鼓励。

交际体现女性真正的实力

当今世界是依靠合作制胜的世界，一个女人的人际关系决定了她所能取得成绩的大小。所以，如果一个女人想要获得更有价值的人生，就一定要善交际，积极融入社会，拓展自己的人际关系网络。只有这样，才能够在当今社会如鱼得水，彰显女人在社交方面的特有魅力。

著名心理学家戴维·巴拉什指出：男人的成功一般是通过自己的打拼取得的，而女人的成功则往往是通过交际取得的。也就是说，女人扮演领袖的角色时更乐于成为好人，而男人更看重权力。

权威专家对于世界级的创造性男女天才所进行的研究表明：

男人关心的是自己内心的调整，而女人关注的则是与别人之间的相互关系。

女人总是带着个人的感情色彩，而男人则较少有人情味。

女人总想通过给自己的事业创造良好的发展氛围来获得成功，而男性则是通过教训和立法来获得成功。

女人关心着周围的一切，而男人只关心账本上的盈亏。

女人在遇到冲突的时候愿意通过谈判协商来解决问题，而男人则往往会采取一些攻击性或威胁性的行动。

为了得到感情上的满足，女人采取的方式是来点高雅风情，男人则更愿意通过性关系来解决。

女人以同情和理解为处世之道，而男人为人处事时则多是充满了攻击性。

女人寻求别人的忠告，而男人则对别人进行忠告。

女人愿意选择一种比较安全可靠的途径创建商贸企业，而男性则愿意走一条冒险的道路。

女人在一切新的关系圈中寻求相互尊重，而男人寻求的是自我满足。

女人总是想变得完美，而男人想变得强大。

对于在游戏中做一些不会犯规的小动作，女人只满足于能把游戏玩下去，而男性为的就是赢得这场游戏。

女人靠感觉做出决定，男人靠的是理想。

权力使女人解放，使男人堕落。

女人利用她们的美丽和性别获得权力，而男人是利用权力得到性。

总的来说，女人在一切人际交流中总是把关系放在第一位，而男性则把个人地位置于一切人际之上。

在过去年代，男人是掌权者，总是会运用强迫手段或暴力行动来解决冲突。

相反，女人所采取的解决问题的方式一般是通过关系通融，而不是争斗，她们是用同情心而不是用暴力来解决冲突。也就是说，女人首先选择的是交谈，男人首先选择的是打斗。在任何面对面解决冲突的环境中，这种男女差别对于女人领袖人物都是有利的。女人领袖愿意去通过语言交流进行调停、谈判、获取同情等来解决问题。女人会专心致力于使团体或组织保持合理的完整性，这是出于她们内心母性对安全的需求。男性总是愿意去摧毁团体或组织，以此实现自我和个人的价值。

此外，女人最大的优势同时也是她们最大的弱点：长久以来，为了避免冲突，女人不免给人留下唠叨不休的印象。有时，在女人唠唠叨叨的时候，解决问题的机会已经与她擦肩而过了。其实，对于所有人来说都一样，最大的优势同样也就是最大的弱点（大多数人只不过还没有意识到这一点罢了）。

由此可见，越是在男性成堆的地方，女人的交际手段越能发挥重大作用。女人应善于运用你的这方面优势，但同时也要注意，过分的优柔和周旋，有时也会误事。因此要注意避免出现“当断不断，反受其乱”的后果。

聪明的女人用幽默化解尴尬

幽默是女人生活幸福的源泉，是社交的润滑剂，是化解尴尬的良方。所以女人要时常“充电”，使自己拥有广博的知识、精湛的口才、睿智的头脑、活跃的思维，让大家在笑声中有所悟，有所得。

幽默算得上是女人心灵的光辉与智慧的结晶，当幽默的女人遭遇尴尬的时候，她会适当进行调剂。这不但会使她与周围的人气氛轻松活跃，还能为她的生活工作带来意想不到的收获。

有人说幽默是一种魅力商数，一个女人一旦拥有了幽默的特质，就不仅使自己的魅力在不知不觉中增加，而且能为自己周围的环境带来和谐的气氛，因为幽默的女人往往通过会心一笑来填补人际间的思想沟通，连接人与人之间的情感，增进彼此间的信任，只要幽默运用适时得体，就一定能够轻松神经，活跃气氛，创造出和谐美好的环境，我们在这种环境交往起来才能心情舒畅，精力充沛。

女人常常有这样的体会：舞会上、饭局中、疲劳的旅途上……我们经常会遇到一些突如其来的紧急情况，从而变得惊慌失措。这时，不妨把幽默当作“武器”，化解尴尬，在社交场合中不仅能够制造宽松而和谐的交谈气氛，更能使自己摆脱各种各样的烦恼，活得轻松洒脱。

在某公司，有位女孩竞选部长，按照公司规定，她需要上台演讲，这也是女孩第一次上台发言。怕上台忘掉演讲词，女孩埋头背诵，做了充分准备，对演讲词倒背如流。

在演讲那一天，台下有很多人，女孩很慌乱，不知如何是好，更糟糕的是她居然忘记了演讲稿的开场白。该怎么办呢？女孩沉默了30秒，抬头看看天空，天气阴沉，眼看就要下雨，女孩心里有了主意，她朗声说：“让暴风雨来得更猛烈些吧，因为这个岗位需要历练。”

台下响起雷鸣般的掌声，女孩也在瞬间恢复了自信，很快想起了演讲稿的内容，演讲很成功。

由于女人本身有羞怯的心理，所以在对话、演讲等场合，通常会遇到一些尴尬的处境，这时如果用几句幽默的语言来自我解嘲，就能在轻松愉快的笑声中缓解紧张尴尬的气氛，从而走出困境，发现生活中的更多乐趣。

女人在日常生活和工作中，难免会与他人发生冲突，这时幽默可作为“安定剂”，给这种微妙棘手的情形注入轻松的音符，成为通向幸福的一把钥匙。听过这样一个故事，一对夫妻吵架，妻子很生气，收拾衣服等自己的东西就要回娘家。丈夫看到这个情形后，急忙抓起被单对妻子说：“亲爱的，我也是你的，你把我也带走吧。”妻子忍不住大笑，一场家庭争吵就这样化为乌有。

每个人都希望自己生活得轻松、快乐，和一个充满自信、幽默的人在一起，你会备感富有激情与活力，从而过得愉快而轻松。虽然不可能人人都成为幽默大师，但是让幽默的细胞在自己身上不断生长，则是可以做到的。尤其对于女人来说，幽默是活跃气氛不可多得的灵丹妙药，从幽默中汲取力量来应付任何困境，使别人和自己都享受快乐，是一个聪明智慧的女人必须要学会的。

幽默是一种美好的健康的品质，是社交中的必备礼节，也是现代人应该具备的素质。那么，当代女人应当怎样培养自己幽默谈吐的能力呢？首先，要有渊博的知识和宽阔的胸怀，对生活充满信心与热情；其次，要有高尚的情趣、丰富的想象、开朗乐观的性格，才能成为幽默风趣、自然洒脱的人；此外，幽默应高雅得体，态度应谨慎和善，不伤害对方，幽默且不失分寸，才能促使人际关系和谐融洽。

美国著名精神病学家威廉·弗赖恩博士曾经说过：“生活中如果没有笑声，人就会生病，并且会日趋严重。而幽默则能激起内分泌系统的积极活动，从而有效地解除病痛。”我们要学会理解和善于运用幽默，陶冶自身情怀，提高人格修养，丰富知识，锻炼机警，乐观生活。让幽默成为我们生活的调味品，为我们单调乏味的生活增添活力，激发出非凡的创造能力，使自己从平凡走向成功。

看来，幽默的女人是最可爱的，她们总是能适时地在一汪清水中激起点点涟漪，使得平日里本来琐碎的生活更增添几分韵味与情趣。

不要随便给诉苦的人支招儿

面对对你哭泣的女人、对你诉苦，你可以给她递上纸巾，也可以给她个拥抱，但是一定要管好自己的嘴巴，千万不可信口开河，胡乱支招。一个男人向你诉苦是为了解决问题，而一个女人向你诉苦是为了发泄，是为了寻求痛苦的出口和同盟军，找到理解自己的人。这就是男人和女人在倾诉时的最大差别。

李芳芬那天约见认识多年的朋友兼大姐苏蕊，两人一见面李芳芬就开始泪眼婆娑：“姐姐，我看到了不该看的事。”苏蕊一想就知道跟男人有关。因为每次李芳芬只要跟她说话，话题都是围绕男人来展开的。“你这丫头不能清醒一些？天天为情所困。你眼睛不会装个超级无敌过滤器——该看见的都看见，不该看见的都看不见。”苏蕊边开车边说。李芳芬心烦意乱地说：“我那天去他家帮他拿东西，结果看到了女人的内衣。”“谁家？”苏蕊不免迷惑。可李芳芬说了一堆男人的是是非非：“说好了要和好，结果又干这种事。连他自己都觉得对不起我。”听来听去苏蕊也不知道是哪个男人。询问之下，才知道是和她相处八年、分手两年还藕断丝连的男友。苏蕊气得一个急刹车：“怎么又和他扯上了，我还以为是前阵子你爱得茶不思饭不想的那个家伙呢！我建议你现在理清楚，你到底是喜欢谁，然后再纠结这些事。”“我觉得前阵子我爱的那个人不适合我，就想和前男友和好算了。可发生这事，我心里很不舒服。我知道当初我不该嫌弃他，离开他。我罪有应得。可他也不该这么对我啊！”李芳芬幽幽地说。“那好吧，你用排除法，就是现在把其他人都排除在外了，打算再和他破镜重圆？”苏蕊无奈地耸耸肩膀，一副恨铁不成钢的样子。“也不是，他也伤害我太深了，我们在一起已经不像以前了。”“那你就与他们都扯清楚，谁都甭答理了，用不着为他们劳心劳肺的。下一个看好了，对人家好一点，别整天三心二意的了。”李芳芬有点不高兴：“我看你真是站着说话不腰疼。”

当有女人向你倾诉，说自己的男友或者老公怎样花痴，怎样不务正业，怎样不疼自己，怎样忘恩负义，怎样不做家务，怎样伤害自己……你千万别给她胡乱支招儿，除非是特别要好的闺蜜，不论你支什么招儿，好听的还是不好听的，她都不会太在意。如果你所支招儿的仅仅是平时没有多少交往而又多心的同事或者朋友，那问题就多了。心情不好的时候，你就是朋友，心情好了或者是人家两口子和好了，你说过的话，比如“让他跟你道歉”“和他分手”“这种人就该远离”之类的，人家很可能就认为你要破坏她的家庭，从而记恨你。

在自己的交际圈子中，时常会听到有些嘴巴不把门又是非多的女人喜欢聚在一起嚼舌根。A 说：“那个小李我觉得有点居心不良，上次她尽劝我和老公离婚。”B 趁热打铁：“是啊是啊，上次我跟男友吵架，信任她才跟她说，结果她劝我找个比他条件好的。”C 没头没脑：“她对我还好。我老公跟前女友联系了，她让我忍忍，说离婚的代价太大。”这就是出力不讨好的结果。女人向周围人倾诉，并不是抱着获得建议的目的去的，而是希望获得支持。就像写一篇议论文，总要四处搜罗佐证材料才能成立。她们也不需要有智慧的人指点迷津。事实上，大多数女人总觉得这个世界上没有人能超过自己的智慧。向你诉苦，不过是拉你当她的同盟，而不是想拜你为师。

女人面对女人的诉苦，她首先会分清她们之间的关系是什么。对有些人，她们知道该说的说，不该说的不说。对于闺蜜，她会毫不留情一针见血地发表意见，在设身处地地为了闺蜜的幸福和快乐着想，而不是为了讨好闺蜜或者说做个老好人。

第十五章：智慧谈吐——好口才为气质加分

拥有伶牙俐齿是每一个女人的梦想。彬彬有礼中让每一件事情都能得到圆满解决；话语转换间，让任何人不可小觑；机智灵活中，事业、家庭得心应手。当然，能一语中的，能用语言征服人心，让身边的人不由自主地折服，这样的人处处受人欢迎。

称赞别人要表达出诚意

称赞是对人的肯定和欣赏，表达的是对他人的敬意。没有人不喜欢被别人称赞，当获得别人称赞时，人们会感觉心情舒畅，可以从痛苦悲伤中走出来。所以说，称赞就像寒冬里温暖的阳光，给人温暖和力量。一个不经意的发自内心的称赞可以使悲观的人对自己重拾信心，可以使身处困境的人找到战胜困难的力量。

称赞对人的鼓励作用是毋庸置疑的，虽然批评有时也是对人的一种鞭策，但两者是不同的。批评是否定，称赞是肯定，批评更容易伤害对方，而称赞则更容易赢得他人欢心。所以，在人际交往中，女人要多称赞别人，这可以使自己在人群中受到欢迎和接纳，可以帮助自己建立良好的人际关系网。

但称赞也是有条件的，如果你缺乏诚意，溜须拍马，无理由、无原则地夸大对方的成绩，说不了几句话，对方就觉得你虚伪，这样一来，后果就严重了，对方会非常地厌恶你，从人格角度否定你的为人。费了口舌不讨好，不如默不作声。

真诚是女人做人的原则，不管做什么事，和什么人相处，心有诚意都是必需的。隐藏得再深，伪装得再巧妙，别人也会从你的一言一行中判断你的所思所想。生活中的例子很多，那些有很多朋友、很受人们欢迎的女人，必定是待人诚恳的女人，当称赞别人时，她们没有不可告人的目的，完全是出自内心的欣赏；而那些没有多少朋友、独来独往的女人，她们缺乏待人的诚意，她们也会称赞别人，但却抱有特殊的目的。

不怀好意的批评遭人怨恨，缺乏诚意的称赞同样令人反感。唯有待人真诚的女人才会受到人们的欢迎。称赞虽然是对他人的一种颂扬，但无诚意的颂扬太虚伪，没有人会喜欢。

小红在工作和生活中是一个非常受人欢迎的人，她为人诚恳，从不虚情假意。尤其是她赞美别人时，总是能让对方深切感受到她的真情实意。有一个同事出色地完成了公司的任务，为公司赢得了巨大利益。在庆功聚会上，很多人都对这位同事极尽赞美之辞，但这位同事并不在意，因为从那些人的表情和言语中，同事明显地感觉到赞美只是表面文章，有的人甚至是心怀忌妒、话里有话。小红非常真诚地对这位同事说："一开始我还以为你不能这么完美地完成任务，没想到你干得这么好。"同事愣了一下说："哪里，哪里。"小红笑着说："现在好了，我总算见识到你的厉害了，我简直为之前小瞧你而感到惭愧呢。"

同事心领神会地一笑，小红接着说："我大体了解你的任务，感觉其中最困难的地方就是说服对方降低产品价格，你是怎么做到的？"看小红和自己探讨起这次任务来，同事不由得来了兴致，因为这正是他的得意之处。经过一番交流后，小红给同事留下了深刻的印象，她的一言一语都让同事觉得小红为人真诚。

称赞他人并不是一件困难的事，但充满诚意的赞美不是每个女人都能做到的。真诚的赞美对赞美者来说也是有要求的，只有心胸开阔的女人才会对他人的成绩和优点抱有真正的欣赏。真诚的赞美来自于谦虚，更是来源于自信，孔子说："三人行，必有我师焉。"任何一个人都有别人所没有的优点，都有别人无法企及的地方。只有虚怀若谷的女人才会对他人发出由衷的赞美。

女人要想使赞美具有诚意，除了要发自内心地赞赏，还要掌控好语言的表达。谈吐既是一个人能力的反映，也是内心活动的外露。从你说话的语气、语速等，对方就能判断出你到底在想什么。因此，女人在赞美别人时，一定要从容不迫、表达顺畅，要是说话磕磕绊绊、语无伦次，对方就会心生怀疑，认为你根本无心表达赞赏，这样不仅不会达到赞美的目的，还会使被赞美者极为尴尬，于己于人都无益处。

不管是在生活中，还是在工作上，女人都要对身边的人取得的成绩及时地表达赞美。有的女人认为对家人不必太过讲究，其实不然，当丈夫取得成绩时，不是送出表扬，而是视而不见，丈夫会不会心灰意冷，觉得不被重视呢？女人要知道，家人之间也需要相互认可，充满诚意的赞美可以使家人之间的感情更加巩固和深厚。

没有人不喜欢被人赞美，适当的赞美对被赞美者来说是一种激励，能够增加他前进的动力。但赞美也是有要求的，只有充满诚意的赞美才会收到相应的效果，太虚伪反而会招致他人的厌恶。赞美需要宽广的心胸和谦虚的品质，能够容得下别人的优点和成绩。赞美他人对于一个女人来说是非常重要的，可以获得他人的好感，从而为自己建立良好的人际关系。

说话简洁，语惊四座

语言是丰富多彩的，同样的想法，不同的人有不同的表达。有的人能用非常简洁的语言就将想表达的意思阐明，而有的人即使说了一大堆，也不能让别人明白他的意思。话多不一定是好事，关键要看说的话有没有必要。

在生活中，经常可以碰到这样的女人：在人群中，她滔滔不绝，非常活跃，大家都在听她一个人讲话，可当你仔细倾听她讲话的内容时，却始终理不清其中的主旨，让人感觉很费劲。表达自己的想法最需要的是简洁、清晰，明明一句话就能说清楚的道理你非得花上好几句，既多费口舌，也浪费听者的时间。别人不仅不会认为你很健谈，反而会认为你是一个说话不着边际的人。

说话简洁的女人给人以果断、干练的印象，这样的女人，人们更愿意接近，因为和她们交谈会很轻松，和她们共事也会很愉悦。一般来说，说话简单明了的女人都是能力比较强的人，几乎每一个成功女性都有这样的特点，她们要么不说话，一说话就让人感觉非常直接和易懂，没有一句多余的话。而反观那些只知说大话的女人，就会发现除了话多，你似乎根本没有从中理解到什么，要么无关痛痒，要么重复相似的话语，非常啰唆。在有些人的心目中认为女人说话漫无边际，唠叨几乎是女人说话的代名词，这实在是对女人的不公。的确，女人说话和男人说话是有所不同，但之间的区别并不是女人说话繁杂，很多男人说话比女人还没有质量。言语体现一个人的性格和气质，所以，女人要培养自己的说话技巧和能力，简明、清晰地表达自己的想法。说话简洁的女人能够给人留下很深的印象，言谈中尽显女人的自信和从容，这样的女人魅力无限。

周曼是一个喜欢说话的人。刚进一家公司，很多人会感觉生疏，但周曼很快就适应了陌生的环境，见到同事主动打招呼，和同事在一起时也有说有笑，因此，同事都比较喜欢和她交往。但时间长了，同事们都有意地疏离她，周曼当然感觉到同事对自己态度的转变，想了很久也想不出原因。

无奈之下，周曼找到对自己比较好的老员工张姐，对张姐说：“我平时和大家相处得很好，为什么现在大家都不愿和我聊天了？”张姐对周曼说：“你难道没有觉察到自己的问题？你喜欢说话，对人也很热情，但大家和你说话都觉得很累。”周曼不解：“为什么啊？”张姐说：“你说话有时太过啰唆，明明很容易就能表达清楚的意思，你说了一大堆，别人理解起来很费劲，自然就没有好感，当然也就不愿和你多交流。你这样不是浪费别人的时间嘛！”

听了张姐的话，周曼无言以对，张姐笑着说：“你也不必太往心里去，从现在起注意改变一下说话方式，别人自会喜欢和你交往了。”经过张姐的一番开导，周曼认识到自身的不足，努力改正缺陷。很快，周曼就克服了说话“天马行空”的缺点，同事们发现周曼说话突然变得简洁、自信，再加上周曼的性格本身就比较活泼，又都愿意和周曼交往了。

话语简洁可以快速地阐明自己的想法，节省听者的时间，给人留下好的印象。话语简洁也是人际交往的要求，说话太拖沓，别人就会敬而远之。简洁的谈吐需要很多条件，不是每一个人都能做到，只有经过一定的训练才能达到要求。

用最简单的话语表达内心的意思，没有足够的学识是不行的。用语少，就要求女人尽可能地挑选最适合的词汇，这就需要女人有大量的词汇储备。学识是不能凭空产生的，需要不断地学习和积累。学习不一定非得从书本上来，日常的生活就是最好的学习场所。通过注意和模仿说话技巧和能力都很强的人，可以使女人掌握说话艺术，不知不觉中改正自己的不足。当然，读书对词汇的积累有着不可替代的作用，喜欢读书的人明显比不读书的人具备更多的学识。

说话简洁还需要很强的逻辑能力，言为心声，逻辑混乱的女人说出来的话肯定也是欠缺条理的。想到什么说什么，就会东一句西一句，甚至不断地重复相同的话，这绝对是说话大忌，别人一下子就会断定你是一个不会说话、做事不着边际的人。逻辑能力是可以培养的，除了要具备相应的知识外，学会思索、养成思索的习惯对逻辑能力的形成具有至关重要的作用。对于职场上的女人来说，说话简洁是成功的必备条件，它代表一个人的办事能力。说话得到认可的人，别人会自然而然地认为她是一个干练

的人，这正是事业成功所需要的。

简明地表达自己的想法，既节省别人的时间，还会给人留下好的印象。说话简洁是能力的一种表现，也是人际交往中不可缺少的条件，没有人愿意和说话啰嗦的女人有太多的交往，因为和她们交往必定是很费力的。说话简洁、明快的女人对他人有着天生的吸引力，使人刮目相看，对其生活和工作都有着不可替代的积极影响和作用。

谈吐大方是女人社交的最好名片

女人优雅的语言是乐器，是穿越别人灵魂的旋律。美与不美，就看你如何把握和驾驭。在与他人的交往中，如果能做到言之有礼，谈吐文雅，就会给人留下良好的印象；相反，如果满嘴脏话，甚至恶语伤人，就会令人反感讨厌。

语言是一种社会交际的工具，也是人们表达意愿、思想感情的媒介和符号，也是一个人道德情操、文化素养的反映。语言能征服世界上最复杂的东西——人的心灵。谈吐优雅会带给女人好运气和财气，掌握了说话技巧，就等于拥有了人脉和成功。

无论一个人生性多么聪颖，接受过多么高深的教育，穿着多么漂亮的衣服，拥有多少雄厚的资产，如果无法流畅、恰当地表达自己的思想，就无法真正实现自己的价值。

苏苏在一家大公司上班，面容姣好，算得上一个美女，工作单位也不错。但她年近三十，仍是孤身一人。

苏苏并非不想嫁人，但屡屡相亲，次次以失败告终。她自身也搞不明白为什么自己条件这么好，却成了“剩女”。

后来，介绍人问及一位男士，为什么不同苏苏深入交谈，就婉拒了亲事。男士说了他先前同苏苏见面的一幕：男士在等候电梯，电梯的门“唰”地一下打开时，男士的眼前一亮，面前的苏苏绝对是美女。可惜几秒钟后，苏苏招呼同伴走出电梯的语态让男士吃惊，她语言粗俗、音质沙哑、口吐脏话。那么美好的感觉仅仅在男士心里停留了几秒钟就消失了，所以，男士选择了拒绝。

曾有人做过这样一个比喻：把女人比作一首歌，那么语言就是最美的旋律，能透露女人心灵的世界。它自然天成，魅力持久，而且可以在后天的努力之下越来越美。

我们知道了这些，那么女人社交谈吐有什么技巧呢？谈吐优雅不是天生的，与个人阅历、知识有关，我们要加强学习，及时充电。在同别人说话时：

一是具有诚恳、亲切的态度。说话的目的是向人传递思想感情的，所以，说话时的神态、表情都很重要。例如，在你向别人表示祝贺的时候，如果嘴上说得挺好，但表情却是冷冰冰的，那对方肯定认为你只是在敷衍而已。所以，说话必须要有诚恳、亲切的态度。

二是要使用谦逊、文雅的用语。如称呼对方为“您”“先生”“小姐”等；用“贵姓”代替“你姓什么”。如你在一位陌生人家里做客需要用厕所时，则应说：“我可以使用这里的洗手间吗?”多用敬语、谦语和雅语，能体现出一个人的文化素养以及尊重他人的良好品德。

三是要注意说话声音的大小，语调应平和沉稳。不管是普通话、外语、方言，咬字要清晰，音量要适度，以对方听清楚为准，切忌大声说话；语调要平稳，尽量不用或少用语气词，使听者感到亲切自然。

俗话说：“良言一句三冬暖，恶语伤人六月寒。”出色的语言表达，可以使互相熟识的人情更浓、爱更深；可以使陌生的人产生好感、结成友谊；可以使互相仇恨的人化干戈为玉帛，友好相处。在工作和事业上，敢于说话又善于说话的女人，可以充分运用自己的语言交际能力来征服他人，使工作顺利进行。

仪态大方，美妙的身体语言

说到美妙的语言，大部分人第一时间想到的都是精巧的思维和能言善辩的嘴，而往往忽略另外一个重要的因素：说话时的身体姿态。虽然身体的姿态不直接表达观点，但却常常能够展现说话人的态度。无论你是诚恳的、郑重的，还是漫不经心的、敷衍塞责的，都会通过身体的小动作微妙地传达出来。这也必然将在很大程度上影响你在别人心中的印象，以及谈话的结果。

当一个女人希望自己的谈吐给别人以优雅、从容、智慧的印象时，身体语言就更加重要。因为，你的话语或许可以准确表达你的观点、你的知识量，但只有大方得体的姿态，才能将你的涵养和气质体现出来。因此，女人不但要学会说好听的话，还要懂得利用丰富的身体语言为自己的言语增色，让自己的谈吐锦上添花。

首先，女人与别人交谈时，身体要正。无论是坐着还是站着，身体都要保持端正，

坐就四平八稳，站就挺胸抬头。只有身体正了，才能使你说出的话更加具有可信度，也才能让谈话的另一方更加重视这次交流。站得歪歪扭扭、倚门而立，或者瘫坐在座位上、跷腿抖脚，这些行为都会让人感觉不雅，同时难以使人产生信任。

如果需要到另外一个地方去找人谈话，则一定要站定后再说，千万不要做“未见其人，先闻其声”的“王熙凤”。这样的女人给人的感觉是急躁、不稳重的，同时难免使谈话人的情绪也跟着不安稳，急促之中的对话必然会使谈话的质量下降。同理，女人也不可以在一件事情没说完时就转身走掉，或者带着最后一句话边走边说。否则会让别人觉得你不能善始善终、没有耐心，甚至对事物的了解片面、潦草。具有这些说话特征的人，在别人眼中的印象都难免不稳重、不踏实。当然，一些特定场合，比如和朋友边走路边闲聊、和走廊里遇见的同事打招呼都不必拘泥上述规矩，只要随意、真诚、自然就可以了，否则不但让人觉得没必要、多余，还会让别人对自己产生“做作”的评价。

另外一些肢体细节也需要十分注意。比如，当你在和别人交谈时，不可以抱着手臂、叉腰，更不可以背对交谈对象。这些动作都会让对方感受到不被尊重，当然也就会影响到对方的情绪和谈话效果。

还有一些女人喜欢在和别人谈事情时做一些小动作，比如摸自己的头发、玩手边的一些小饰物等。这些细节虽然无伤大雅，但如果出现在比较正式的场合，难免让人觉得不够庄重和专心。

总的来说，女人若想给人端庄、认真的印象，就要在谈话时严格要求自己的身体语言，不让它随便“越轨”。尤其在对言行有较高要求的场合，则更要引起重视，否则就有可能产生不可预料的后果。

真真到一家广告公司面试。找到人事部办公室之后，真真敲开了门，探进去半个身子，然后歪曲着身子向门口的人问：“请问哪位是人事部经理？”那人回头打量了真真一眼，得知是来面试的之后，便将她带到了经理办公室，并对她说经理马上就回来，请她稍微等待一会儿。真真进门后，连头也没回，就背对着那人说了声“知道了，谢谢”。那人又看了看真真，转身出去了。

经理回来后，那人汇报完有面试的人之后，停了停又加了一句：“不过看言行，不像是个很有修养的人。”经理默默点了点头，走进了办公室。进去之后，真真正坐在一张长沙发上，舒服地向后靠着，还把一条腿压在另外一条腿上，悠闲地颠着。她看见经理进来后，并没有放下腿，只把身子直了直，说了句“您好，我是来面试的”。经理面无表情地点了点头，只简单地问了真真两个问题，就请她回去等通知了。

当然，面试的结果可想而知了。

无论在日常生活还是工作中，女人都有可能不自觉地做出一些不雅观但“省劲儿”的姿势，好让自己舒服一些。这本来是无可厚非的，但如果不希望受到这种习惯的负面影响，女人就应当注意，在相对比较重要的谈话和见面中，不要让自己的仪态给自己抹黑。

当然，并不是所有的身体姿势和小动作都是负面的，有些比较自然、贴合对话内容的姿态，能够给我们的语言起到辅助作用，使它更能够深入对方内心。比如，当你和别人谈论一件愉快的事情时，可以用手臂配合做个轻快的动作；当你想表现自己谈话内容的私密时，不妨伸出手在嘴边微挡一下；当你想要表现出和别人攀谈的欲望时，则可以将身体微微前倾，更靠近对方一些；等等。

总之，只要能够引起重视，女人就可以避讳一些不佳的姿势和小动作，而展现出一个最佳的仪态，让身体语言为自己的语言交流增色、加分。

仪态是表现女人的精神面貌、心理状态、修养和气质的重要因素之一，从中可以窥见其话语的真实度以及对他人的态度。虽然世间女人仪态万千，但可以说最迷人的一种仪态还要数大方、自然、得体。而当它们与语言相得益彰时，则更是能给女人增添万分光彩。

掌握说话的节奏

现实生活中很多女人很在意自己的外貌，而对自己的声音抱着一种随意的态度。事实上，女人的声音比外貌更重要，外貌会随着时间的流逝一天天老去，而声音却能在生活的磨炼中沉淀下来，给人留下永不磨灭的印象。动听的声音包括多方面的因素，比如语气、语调和音高，此外，声音还包括说话的节奏。说话时有节奏，该快的时候快，该慢的时候慢，轻重适当，这样的话听上去有一种乐感，也很动人。

随着科学技术的发展，人们的生活和工作空间得到极大的扩展，有些事不能亲临现场。特别是电子通信产品的普及，人们再也不用事事当面才能交流，在电话里就可以将事情讲清楚。由于不能面对面的交谈，无法感知对方的表情，这时候对方的说话节奏就成为判断对方意思的必要途径。说话有节奏就是要带有规律性的变化，这样的话语听上去才生动，不会呆板。在日常生活中，人们经常听到这样的音乐：它是由演唱者像说话一样说出来的，只不过加了语调、语速等方面的变化。但就是这样的说唱

却成为很多人的最爱，为什么？就是因为它利用说话的节奏变化营造了扣人心扉的意境。

生活中不少女人说话的节奏常会出现问题。毋庸置疑，聪明的女人往往说话过快。她们通常是一说一大段，并且期望别人能够听懂。男人往往懂得说话时有所停顿。女人应该放慢语速，增加停顿，让听众听懂才能令所说的话有意义。

一些女人模仿玛丽莲·梦露的声音，特别是同男人说话的时候。这或许会激怒其他女同胞，但对其事业却会有帮助，至少短期内是如此。因为那种说话节奏确实让男人很舒服，丝毫不用担心理解、沟通问题。

小陈是一家公司的推销员，尽管她平时的态度好，却也经常遭别人的白眼。有一次，小陈好不容易拉到一个潜在客户，对方要求小陈下午三点前到公司面谈。小陈不敢大意，提前两个小时出发，加上在路上的一个多小时，小陈总算准时赶到。见面后，对方对小陈说："我只有十分钟时间，你尽快介绍一下。"小陈于是立即介绍起产品："我们的产品主要是面向高端客户的，我们对您的情况做了了解，我们认为我们的产品完全可以满足您的需要……"为了让对方清晰地明白自己所说的每一句话，小陈特意放慢了说话的节奏，"我们还为您制订了产品的实施方案，您看一下，我们……"小陈还想说下去，却被对方打断了，对方对小陈说："今天就到这儿吧，我接下来还有一个重要的会议，改天吧。"小陈被孤零零地扔下，心里真不是滋味。

小陈推销不成功，主要原因是她没有掌握好说话的节奏，虽然她的本意是好的，想让对方听清楚自己说的话，可这却耽误了对方的时间，对方自然不会愿意继续交谈下去。所以，要把握好说话的节奏，就要学会组织自己的语言，这样，就可以在必要的时候缩短说话的时间而不影响说话的效果。

小高是一家报社经理的秘书，几年来工作一直勤勤恳恳，经理似乎对她也很满意。可有一天经理将小高叫到办公室对她说："小高，你跟我好几年了，我对你还算满意，你的工作能力也很强。但你的说话速度实在是太快，我以前就有点跟不上，现在，这种感觉越来越强烈，我希望你能纠正一下。要不然，秘书这个职位你恐怕不适合再担任了。"小高觉得很苦恼，于是向医生求助。医生了解了小高的工作情况后，对她说："是工作紧张，节奏太快，导致你说话的节奏也很快，致使其他人无法听清你说的话，以后要将每一个词清楚连贯地表达出来。"小高按照医生的要求，准备几张纸条，在上面写上：慢，勿跳跃。小高将这些纸条贴在办公桌、电视机等容易引起她注意的地方，时刻提醒自己。此后，小高处处留心自己的说话速度，三周过去了，经理对她的态度明显好转，并对她说："做得不错嘛，继续保持。"

女人说话的速度不能像子弹一样迅疾，也不能像河马那样迟钝，不要太快也不要太慢。把握好说话的节奏，让语言顺畅自然地流露出来，让对方听得清楚、理解得透彻，这样才有助于你的工作和事业。因为语言只是手段，它的目的是让交流者互相理解、沟通。试想，你只是图你自己的“口舌之快”，表达得再多，但却令谈话对象产生不理解甚至听不清楚的困扰，这样的言语又有什么意义呢?

女人的完美需要有意识地塑造，女人有节奏的声音就是动听的旋律，像“大珠小珠落玉盘”时的紧凑却不杂乱；像纤细有力的手指敲击在钢琴键盘上，奏响美妙的音乐，“余音绕梁，长久不绝”。

女人要时刻保持好自己的说话节奏，将内在的优雅气质充分表现出来，使之与生活共鸣，奏响事业华丽的乐章。

说话的节奏可以反映女人的心境是淡定还是紧张。有节奏的说话是动听的，更能打动人心。女人要时刻注意把握好自己的说话节奏，不要太快也不要太慢，做到快慢结合，语速适中，让对方听清自己的每一句话，表现自己从容不迫的优雅气质，只有这样，女人的事业才会多一份保障。

要有漂亮的开场白

高雅的谈吐、精致的装扮，都会给女人的第一印象加分。许多女性交际指南告诉我们，第一印象对于女人是至关重要的，是打开交际大门的钥匙，是做事事半功倍的利器。初入交际场合，还有一项重要环节，那就是开场白。

不管是求职、演讲，还是接待客户，都需要一个开场白，漂亮的开场白不仅能让人了解你的优点，让人记住你，还会为你的印象加分；一个糟糕的开场白，会暴露你的缺点，让别人失去了解你、靠近你的欲望。所以说，在社交中开场白是十分重要的。

求职时需要一个漂亮的开场白。简历投递成功后进入面试阶段，女人面临的第一件事就是自我介绍。自我介绍一定要流利完整，给人的感觉便是漂亮、干净。怎样做到这一点？事先要做充分准备；在简单介绍基本概况后，突出重点说自己的特色，不要啰里啰唆；适当表达自己对这个职业简单的看法。面试你的人也许会成为你的上司，这时的自我介绍，就会成为你到新单位的开场白，说话谦虚有礼貌，千万不能自我炫耀。如果想利用开场白搏出位，那么不妨充分展示自己的个性和特色，让对方眼前一亮，对你念念不忘。

杨澜大学毕业后参加中央电视台《正大综艺》栏目的面试，她的一段漂亮的开场白给面试官留下了深刻的印象。当时的制片让杨澜做一个自我介绍，杨澜看到和自己一起面试的女孩，一个个青春靓丽、打扮时尚，而自己完全没有优势，想到自己准备的开场白平淡无奇，就即兴说："你们无非是要找一个青春靓丽的女孩子去做个花瓶，为什么中国电视上的女主持都要这样？她们为什么不能有自己的想法呢？"接下来杨澜就对中国电视主持人应该是什么样的发表了一番议论。她的话真实不做作，展现了自己的个性。制片一下子被眼前这个女孩吸引了。后来，杨澜就正式被《正大综艺》录用了，在以后的工作中，杨澜就像自己开场白中展示出来的个性一样——不做一个傻傻的传声筒，做真正的自己。这种观念一直贯穿在她的职业生涯之中，最终也造就了她的成功。

杨澜的开场白不落俗套，展示了自己的个性，给制片留下了深刻的印象，最终战胜了众多竞争对手进入《正大综艺》。可见，一个漂亮的开场白对人的成功至关重要。

在职场，接待客户时需要一个漂亮的开场白。漂亮的开场白能为你赢得信任和支持，能给客户留下深刻的印象。要做到这一点，女人首先要在开场白中对客户表示适当的感谢和赞美，然后进行简练的自我介绍，着重点出客户对自己公司的价值。女人这时是在代表一个团队发言，要时时注意自己的品牌价值，也要让对方觉得受到尊重，这样的开场白是良好合作的开始。

演讲时的开场白对于演讲是否成功十分关键。演讲时与听众的互动十分重要，所以尽量避免使用晦涩的专业词汇，也不要流露出消极的情绪，在严肃的场合靠开玩笑吸引注意力也是不可取的。要与听众建立紧密、和谐的关系，使他们愿意倾听，愿意关注你，有了成功的开场白，才会有成功的演讲。

除了这些特殊场合，在生活中也有许多情况需要女人有个漂亮的开场白。

第一天上班，怎么对办公室同事介绍自己呢？要展现自己容易被人接近的一面，对前辈表示友好和尊敬，这些都会让人觉得很舒服，一句"多多关照"，虽然司空见惯，但也是必不可少的。

第一次去男友家做客，面对未来婆婆，应该怎么开口说话？这时最好矜持有礼，不要长篇大论、夸夸其谈，给对方留下不稳重的一面。最好根据对方的问题简单介绍自己，再寻求对方感兴趣的话题进行交谈。这样漂亮的开场白，对你的婚姻大事可是至关重要呀。

女人想要给人留下良好的第一印象，就需要认真经营。事先做好充分的准备，先要分析对方的具体情况，根据场合打一个腹稿，假如不放心，就要求助前辈求助网络，写一个草稿也很有必要。总之，认真对待每个场合的开场白，一个谈吐得体大方的女人会给人留下良好的印象，为你开启成功的大门。

一个漂亮的开场白，是你初入某个场合交上的第一张名片，会给在场的人留下深刻的印象。好的开场白，能打造你平和、诚恳的形象，也能为你赢得更多的好感和信任。女人要认真准备自己的每一个开场白，以优雅大方的谈吐寻找到自己成功之门的钥匙。

赠人玫瑰，手有余香

李白的名句“人生得意须尽欢”，表达的是人在有喜事、得意之时，就要尽力地将喜悦之情表达出来。在现实生活中，很多人也是这样做的，尤其是心事较浅的女性，每逢喜事，整个人就十分爽朗，恨不得见谁都讲述一番，然后等待对方的赞美、称羡。这种心情虽然可以理解，但做法却并不值得提倡，尤其是面对一个失意的人时，即使有抑制不住的欢喜情绪，也不可太过得意地表现出来。

失意的人往往情绪低落、心情差，很难对周围的事情感兴趣，更别提会为了别人的事情而高兴了。若希望在失意的人面前讨得称赞和祝福而表现自己的快乐，那么不但希望会落空，还会令失意的人感到强烈的对比，让对方觉得自己在用欢乐衬托他的悲伤，从而使其更加悲伤和恼怒。在失意的人面前表达自己得意之处的女人，不但会给别人留下自私、不懂得替别人着想的印象；还有可能因此导致人际关系破裂，影响人际交往。

瑶瑶是个心直口快的女孩，她为人十分爽朗，性格外向，小区里的邻居都十分喜欢跟她打交道，即使是在楼下碰见了，也会拉着她说一会儿话。瑶瑶也很乐意接受这种交往，她拿谁都不当外人，一见面就热情地聊上一番。

这天，瑶瑶下班回家，远远地看见隔壁单元的刘阿姨在楼门口坐着，她走过去，张口就问：“刘阿姨，您在这儿坐着干吗啊？怎么不回家啊？”

刘阿姨叹了口气，往背后房间里撇了撇嘴：“我那儿子和儿媳妇又吵架了。我向着谁说都不对，所以还是出来避避吧。”瑶瑶一听，忙劝慰道：“您别太在意了，两口子吵架还不是经常的事啊，越吵感情才越深呢。”

刘阿姨听到这儿，脸上的愁容稍微散去了一点儿。但谁知，瑶瑶又开口说道：“再说了，您儿子和儿媳妇这么小年纪就结婚，两人都还没成熟呢，怎么可能不吵架啊？

您这就等于带两个小孩过日子呢，肯定操心。您看我们家，我和我老公，一直到快三十了才结婚，从来没因为吵架的事情让我妈操心，她老人家别提多省心了。现在，我俩都琢磨着要孩子了，怎么可能还会像小孩一样吵架呢？”说完，瑶瑶还眉飞色舞地比画了一下抱孩子的动作。

瑶瑶这番话一出口，刘阿姨刚缓和的脸色又变得难看起来。她心想：你这到底是劝我呢，还是跟我炫耀你们家的幸福呢？你明知道我想要孙子，我儿媳妇说啥都要过几年再生，这样说，不是明摆着跟我显摆吗？

刘阿姨这样想着，自然没有好脸色。她生气地拿起板凳，鼻子里重重地“哼”了一声，转身回家了。

瑶瑶站在原地，看着刘阿姨的背影，还在莫名其妙地想：这到底是怎么了？

在失意的人面前不要轻易表现自己的得意，更不要“哪壶不开提哪壶”，这才是一个女人有修养、明事理的表现，才能展现出她为别人考虑的善良和细心。

大三时，周宇和同学一起报考了研究生。经过了一年的努力，周宇如愿考上了自己心中理想的北京语言大学，她的心情别提多激动了。紧接着，她接到班长的电话，说全班报考研究生的同学要一起聚一下，当作对这些艰苦日子的纪念以及对顺利考上的同学的庆祝。周宇一听更是十分开心，迫不及待要和所有同学一起分享自己的喜悦。

谁知道，当周宇如约来到餐厅时，发现包间内愁苦的气氛远远多过欢喜。周宇悄悄打听了一下才知道，原来考上的寥寥无几，只有那么几个“宝贝”，还是被不怎么理想的学校录取的。说完，同学们忙问周宇是否考上，被录取在哪个学校？

周宇眼神一晃，连忙说道：“不提了，今天既然大家聚到一起，就别提不开心的事情了。大家往好的方面想——我们总算脱离苦海了。我们点菜吧，今天好好大吃一顿！”同学们听周宇故意躲着不回答，心想她一定也没有考上，不想被大家知道，于是就不再问了，纷纷去点菜了。

事后，大家才知道，原来周宇不但顺利考上了研究生，还被心中理想的学校录取了。她为了不让大家难过，所以才隐瞒了事实，让大家误认为自己也是落榜的“苦命孩子”。同学们知道实情后都十分感动，他们不但十分佩服周宇，还纷纷夸赞她是个通情达理的好女孩，并纷纷给予了她最真挚的祝福。

不在失意的人面前显露自己的得意，这是一种最基本的礼貌和修养。尤其当对方遭受的痛苦和自己的开心经历属于同一件事情时，则更要注意自己的言行。这种情况不宜多谈，但也不用撒谎，避开为妙。这样，和你在一起的人才不会感觉到尴尬、痛苦或不适。就像“赠人玫瑰，手有余香”一样，当你给失意中的人一点空间，不用自己的得意去给对方压力时，不但对方会对你感激，你也会感觉到助人为乐的一份愉悦。因此，失意的人面前不谈得意的事情，是女性朋友要谨记的原则。

诙谐丽人，愉悦身心

诙谐、幽默的语言可以放松人的心情，将人调整到最佳的状态。幽默是一种力量，是一种能在不知不觉中打动人和感动人、感染人的力量。它就像阴雨季的阳光、冬天里的青草、沙漠里的甘泉一样，给人以惬意和舒适的感觉。

现实生活是紧张、残酷的，每个女人都会遇到这样或那样的烦恼，心灵经受煎熬，身心备感疲惫。假如紧张的心情长期得不到疏解，会严重伤害女人的身体健康和精神状态。其实，人生本来就有很多不幸，不是一人之力能够左右的，有的人活得很潇洒，有的人活得很苦很累。而所谓的苦和累很大程度上又是由自身造成的。悲观的女人看不到生活美好的一面，她们只看到人世间的丑恶和无情面，因而对生活失去希望，使自己在悲伤的路途上越走越远。

世界的多样性决定了生活需要调剂，美好的，丑陋的，都是不可缺少的，关键在于你以怎样的心态面对生活。幽默是乐观人的“专利”，悲观的女人是不会懂得幽默的妙处的。即使她们知道悲伤只会让自己的情况越来越糟，知道怨天尤人没有效果，但依然沉浸于自我的精神世界中，通过逃避现实来寻求慰藉，可以说，她们对忧郁已经习以为常，不忧郁反而觉得别扭。这样的女人又怎么能幽默起来呢？

身心健康的女人是幸福的，积极乐观的女人是美丽的，而幽默的谈吐正体现了女人对自己、对他人、对这个世界的正面态度。诙谐、幽默的语言可以帮助女人从悲伤中解脱出来，还她一个明媚的春天。有了舒畅的心情，女人的身心健康才有保障。没有心理负担的女人显得年轻、有活力，而忧伤的女人则显得更加苍老，一点也禁受不住岁月的洗礼。

所以，女人应该时刻保持愉快的心情，适时地通过诙谐、幽默的语言调整自己，同时也感染了他人的情绪，唯有这样，身心才会愉悦。

认识不到诙谐幽默的好处，就会认为幽默的语言太过肤浅，认为诙谐和幽默是一种浅薄。女人应该对“幽默”具有人性化的理解和哲理性的认识。幽默是一种品质，是一种乐观的人生态度，反映的是女人个性的真实和应变的能力，可以体现一个女人

的机智以及不轻易妥协的态度。对于人和事，消极的抵制和粗暴的反抗都是不明智的，对自己没有任何好处。

焦芳大学毕业后留在上海，家人为她找了一份好工作，但焦芳决意要通过自己的努力养活自己。上海的生活节奏非常快，很多白领都能感受到工作的压力，从而身心疲惫。

焦芳和两个同学合租一套房子，每次下班回来，焦芳总是将愉快的心情带回来。一次回到家中，焦芳看到一位同学忧郁地坐在沙发上，一言不发，不用说，肯定是工作中遇到问题了。焦芳走到她面前，笑眯眯地问："怎么了，谁又欺负我们的大小姐了?"同学动了一下嘴唇，没有说话，焦芳继续安慰道："好吧，这个人太过分了，我明天带人收拾他一顿，看他还敢不敢欺负我们的大小姐。"

焦芳说话语气乖戾，还做着动作，同学忍不住一下子就笑了起来："没事，是我自己太上心了。"焦芳赶紧回道："真没事了？那我们做饭吧。"

幽默的女人像阳光一样温暖和快乐，不管男人还是女人都喜欢和她交往。幽默的最大受益者表面上看似乎是周围人，其实是女人自身，诙谐、幽默的谈吐对女人具有以下好处：

1. 幽默可以减轻压力。每个女人都有过这样的体会，承受压力时，一句幽默的话语可以使自己紧张的心情得到放松，这不是简单的心里感觉，而是有着科学的根据。

2. 有助于交流。对倾向焦虑和忧郁的女人来说，别人的批评是很难接受的，她们不会采取恰当的方法将大家的注意力转移到另外的话题上。而乐观开朗的女人，可能会说一些幽默的话，使气氛得到缓解和融洽，和他人的交流也会更深入。

3. 幽默可以减轻疼痛。某医学护理杂志发表的一项研究表明，幽默可以减轻痛苦。每个女人都会在现实生活中遇到各种烦心事，感觉痛苦是很正常的事。若不能及时地从痛苦中摆脱出来，会对女人的身心健康造成极大的危害。此时，幽默无疑是一种有效的调理办法。

4. 幽默传播幸福。幽默的谈吐一方面使自己的心情得到放松，另一方面也是向他人传递一种幸福的信号。人的情绪是可以相互感染的，女人在交际中适当地幽默一下，对自己、对他人都是美好的感受。

以上简单列举了诙谐、幽默能给女人带来的好处，其实，幽默的效果远不止这些。归结为一句话，诙谐、幽默愉悦身心，对女人的身心健康具有不可替代的作用。

诙谐、幽默的谈吐不仅让自己受到他人的欢迎，还有益于自己的身心健康。幽默的女人给人以乐观自信的印象，而悲观忧郁的女人使人避之不及。女人应该有意识地通过诙谐的语言调剂自己的心情，使自己始终保持一个好的状态。为自己的身心健康着想，女人应努力去除苦难和烦恼给自己带来的负面影响。幽默的谈吐使女人永葆青春。

适度的调侃，打造轻松氛围

与人沟通中需要庄重，但如果在某些需要放松的场合也过于庄重的话，未免就会使气氛尴尬。因此，在一些比较随意的场合，女性朋友就可以适当说一些调侃的话来活跃氛围。

比如，在应该随意但实际却比较僵硬的气氛中，女性朋友如果想将气氛变得活跃一些，可以善意地、有分寸地调侃朋友，或者做个小小的恶作剧。调侃和小恶作剧都有出人意料的效果，它能够让气氛由凝重转向轻松、活跃。它不至于因玩笑过头而使女性朋友得罪人，同时也能显示出女性朋友幽默、聪慧的一面。

吴可是个聪明、漂亮的女孩。大学毕业后，吴可和同学万涛走到了一起。两人甜甜蜜蜜地挽手走向热恋时，万涛提出想让吴可过春节时到自己家里去见见父母。吴可一口答应了。但万涛又犹豫地表示，自己父母都是普通职工，希望吴可不要介意。吴可嗔怪地说道："我喜欢的是你这个人，又不是其他的东西。普通职工也是靠劳动生活的。放心吧，我到了你家知道应该怎么说话。"

春节前几天，万涛带着吴可来到了自己家里。果真，万涛家再普通不过了。万涛的父母也似乎早已知道吴可家中比较殷实，所以多少有些怕吴可看不起，都不怎么作声，只默默地在厨房里做饭。

吴可觉得本来很高兴的一件事，气氛却有些变味。她为了表示自己不介意，特意很热情地跑到厨房去要求帮忙，还对万涛的妈妈说："阿姨，我总听万涛夸您做的饭香，今天总算能亲口尝尝了。"虽然这多少缓和了一点气氛，但吴可还是觉得很不对劲儿。

吃饭的时候，万涛的父母也很沉默，甚至没有劝吴可多吃一些。吴可想，总要想个办法让气氛不这么尴尬才行。这时，正好电视上在播放一则关于"租女友回家过年"的消息。吴可灵机一动，拍着万涛说道："小伙儿，待会儿记着跟我结账啊。"这句话一出口，万涛的父母一下子就乐了，母亲则笑着说道："给，给。以后他的都是你的。"

就这样，吴可一个小小的调侃，化解了尴尬的气氛。

如果觉得气氛过于沉重，那么女性朋友可以试着开一些无伤大雅的小玩笑，这样一来，不仅能够缓解尴尬的气氛，还能展现自己的人格魅力。像吴可这样初次和别人接触时，一个小小的调侃更是能迅速地拉近彼此的距离。

另外，除了调侃别人之外，还可以对自己进行适当的贬抑，这也同样能起到调侃的效果。当女性朋友自我贬低、自我解嘲时，会收到一种欲扬先抑、欲擒故纵的效果。虽然你看似贬低了自己，但别人的哄笑声却会重新将你抬高。这样，你既活跃了气氛，又增加了别人对自己的好感，何乐而不为呢?

不过女性朋友需要注意的是，虽然调侃能够活跃气氛，但也一定要注意分寸和区分情况。否则，不但不能起到预期的效果，还有可能适得其反，使气氛变得更加紧张，甚至因此得罪他人。

首先，女性朋友要注意，调侃别人的态度要友善。虽然调侃中难免带着取笑的意味，但你内心的态度一定得是友善的，要明白调侃只是一种手段，而不是目的。在调侃别人时，千万不可带着讽刺、挖苦的情绪和语气，否则就有可能让调侃变味，让对方感觉到不舒服。

其次，调侃别人时，一定要避开对方的“禁区”。比如，有些人身体上有残疾，那么不管是否出于善意，都要避免调侃对方的残缺之处；有些人婚姻不顺或者生意刚赔钱，其对这些话题往往也十分敏感，也应当避开不要触及；还有些人对自己的外貌很在意，不喜欢别人说自己眼睛小、身材胖，那么女性朋友就一定不要拿这些方面来调侃。否则，不但达不到幽默的效果，还很有可能因此得罪人，可谓得不偿失。

另外，女性朋友调侃别人时还要注意区分对象。一般来说，在长辈面前要十分注意调侃的话语内容，有关男女之事千万不可提及；同时也要注意尊重长辈，最好不要将长辈作为调侃的对象。

此外，男性和女性对话语的承受能力也是不同的。通常来说，女人的脸皮更薄，更容易对某些话产生芥蒂，因此调侃女性时一定要万分小心。

总之，在有需要的场合，适度发挥调侃的本领是一件好事。但需要注意的是，“东西可以乱吃，话不能乱说”，尤其是在调侃别人时，更是要加上十二分的小心。当没有把握时，最好不要随便将调侃的话语说出口，否则结果也许就是弄巧成拙。

调侃是一剂快乐的良药，能够将轻松和愉悦带给周围人；调侃也是一个技术活，做得好，不但能够营造欢乐的气氛，还能瞬间彰显个人魅力，做得不好则只能“鸡飞蛋打”。由此可见，调侃虽好，行之有道。女性朋友一定要仔细斟酌，确认无误方可加以运用。

温柔婉转体现女性魅力

如果说，男人代表阳刚，女人则代表温柔，女人身上所体现的温柔美，即使再铁石心肠的男人也会为之心动。温柔的气质不是外表能够完全表现的，优雅的谈吐是表现女人柔和美的最好方式。言语是心声的表达，是女人魅力的源泉。

女人说话切忌哗众取宠，大声喊叫。在日常生活中，人们都喜欢那些温润动人的声音，哪怕它的内容很普通，人们也会感觉是一种享受。在与他人交谈时，要掌握好说话的力度，不要刻意地提高音调，也不有意地压低声音，自然一点就好。如果你说话的语调过高，就算你说话的内容是好的，别人也有可能认为你没礼貌，为什么？语调过高超过一般人忍受的限度，这和吵架有什么区别。

温柔婉转的谈吐还应把握好说话的节奏，节奏的变化体现了语言的生动，否则就是呆板的，毫无生气可言，对方自然不会有兴趣和你继续交流下去。说话节奏的合理把握，使说话者有时间感知谈话进行的程度，还能让谈话对象有机会参与到谈话中来，从而使整个谈话具有默契。此外，要处理好节奏和语速的关系，如果停顿时间过长，语速显得很慢，对方会感到不耐烦。女人讲话语速要平稳，要能够清晰表达自己的想法，绝不能出现这样的情况：滔滔不绝地说了一通话，而对方却没有听清说的是什么。这是失败的说话，不仅浪费自己的口舌，也浪费别人的时间。

形体表现女人的外在美，而谈吐体现女人的内在气质。如果女人只注重自己的外表，而忽视温柔谈吐对自己的重要性，肯定不会令自己的品位加分，也注定优雅不起来。很多女人错误地认为声音是天生的，无法改变，因而不是十分重视。想想播音员，播音员的声音就是训练出来的，通过系统培训，他们的声音才显得如此动人。

何青是一家公司的业务员，刚刚接受了一项负责和一位客户洽谈合作事宜的任务。原本以为对方会是一个很绅士的人，没想到对方是一个大大咧咧的胖子，何青有点胆怯，但她还是立刻使自己镇定了下来。

何青首先微笑着对对方说："您好，公司派我来负责和您洽谈合作事宜，我会认真考虑您提出的每一个条件。"对方见何青是一个女性，傲慢地说："我的条件很多，如果得不到满足，我就终止与你们的谈判。"虽然何青有些生气，却仍坚定而温和地说："合作关乎双方的利益，我们自当认真对待。"说话中，何青有意加重"双方"二字的

语调，并始终保持微笑。何青自信从容的态度和坚定的语气不久就使对方放下架子，并对她说："我们公司对这次合作非常重视，希望你们诚信以待。"何青道："那是当然，我们公司为了这次谈判准备了很长时间，对与你们合作非常感兴趣，也非常有信心。"

对方没想到一位女性说话竟能如此从容，言语间尽显诚意，而且始终保持平和与微笑。对方想了一下说："我们愿意尽力促成合作的达成，但是我希望你能一直作为我的谈判对象，你很聪明，也很有魅力，我们就认准你了。"

"您过奖了，祝我们谈判顺利。"说完，何青和对方握手，以示友好。温柔善良是女人的天性，不仅体现于女人内心和善，还表现为女人的谈吐给人以柔和之感。出于人性的自然要求，人们对说话温柔的女人更有好感，感觉和她们一起交谈是一件很愉快的事情。言语是女人魅力的源泉，谈吐婉转的女人对他人更有吸引力，她的事业更容易取得成功。

当然，说话温柔并不代表女人在任何情况下都不能异常地表达自己的心声。在生活或工作中，每个女人都会碰到不公平或恼火的事，这时候，女人发火是很正常的事，她们有权利表达自己的不满。生气时，自然不必保持温柔的说话语气，而应该大声向不合理的事情说"不"，如果这时还慢声细语地说话，反而会被别人瞧不起。在捍卫自己的正当利益时，男人有骨气，女人同样要有骨气。

优雅的谈吐除了要语气温和，言谈的内容也是非常重要的，只有将两者结合起来，你的谈吐才会获得别人的认同，否则，你的话语只是徒有美丽外表的空壳，对自己的形象没有一点好处。

温柔婉转的谈吐能够体现女人特有的魅力。其实每个女人都能拥有得体的说话之道，关键看你愿不愿意去学习。说话也是可以训练的，假使你对自己的谈吐不满意，不要灰心，只要努力地改变自己，定会具有婉转的谈吐。

柔美是女人的天性，也是女人魅力的源泉。女人的柔和美不单单是外表迷人和心地善良，除此之外，温柔婉转的谈吐同样可以展示女人独特的魅力。言为心声，温柔的谈吐体现女人内心的细腻和高雅的气质，是女人受到他人欢迎的重要条件。即使是人们口中的"女强人"，她们的谈吐大多也是非常动听的，她们并没有因为自己取得成功，而对他人颐指气使。

提升修养，做会说话的高贵女人

女人若想展现自己高贵、优雅的气质，提升语言修养就是必不可少的一个环节。女人口中说出的话，就像女人的另一件“衣服”，既能够发挥展示作用，展示自己非凡的语言魅力，又可以起到包装的效果，让自己看起来更加知性和典雅。

提高语言修养，首先最应该注意的就是语言要得体、大方，千万不能说脏话或者不得体的话语。虽然大部分女人都不会将脏话挂在嘴边，但不可否认的是，少数女人也会在某些时候展现“豪放”的一面，大大咧咧地爆几句粗口，或者说些与自己身份不相符的话语。女人也许觉得偶尔说几句这样的话无伤大雅，但这却能将你长久以来辛苦建立的形象推翻。因此，如果不是特别秘密的场合，不是和至亲好友在一起，女人千万不要为了图一时痛快，让自己长久以来的努力付诸东流。当然，即使极私密场合或至亲好友面前，这些话也尽量不要说，如果你希望给所有人以优雅、温柔的形象的话，或者说你自己力争做一个优雅、温柔的女人的话。

萱萱今年23岁，从小学习钢琴的她，给人的印象一向是优雅、得体、温柔的。不管何时，她说起话来都是那么稳重、柔声细语，而且从来没有说过一句脏话和不得体的话。在周围人眼中，萱萱甚至像一个“圣女”，只可远观而不可亲近。

“圣女”也是期待爱情的。不久后，萱萱接受了一个男生的追求，成为了他的女朋友。这个男生步入社会比较早，加之天生性格外向，因此言谈举止十分豪放。但当他面对萱萱时，总会刻意收敛一些，他不想让萱萱看到甚至沾染到他不好的语言习惯。但谁知后来随着两人熟悉程度的加深，萱萱也开始在说话时不经意地说出以前从来不会说的“狂妄话语”。比如，一次两人和几个乐队的朋友吃完饭后，回家的路上，萱萱不屑地评价其中一个有些“自恋”的吉他手：“狂什么啊？姐玩音乐的时候，他还穿开裆裤呢！”男友有些意外地看了萱萱一眼，觉得很是惊讶。后来又一次约会时，男友因为路上堵车，让萱萱在冰天雪地的马路边上等了半个小时。一见面，萱萱当即生气地喊道：“靠，几点了？你想冻死我啊？”男友当时虽然还是赔着笑脸道歉，但心中却对萱萱的印象大打折扣：自己想找的是一个温文尔雅、善解人意的女友，萱萱怎么如此“表里不一”呢？男友对萱萱的态度渐渐冷淡，不久就提出分手了。

由此可见，女人若图一时痛快“出口成脏”，则只能让自己的身份也跟着变得低俗，显得缺少修养。因此，女人一定要戒掉说脏话、说狂言妄语的坏习惯，让自己的语言保持端庄、得体。

提高语言修养，很重要的一点还在于在什么样的场合就应该说什么样的话。在正式场合里，就要以规范的书面语为主，不可以有太多随意的话语冒出来；而在放松的场合，则尽量要让自己的话语简单、明了，但依然记住要令人舒适而不随便。

潇潇今年刚大学毕业，进入一家广告公司做实习策划。在试用阶段，公司为了考察新员工的策划能力，潇潇等几位新人都被要求在每周的例会上进行一次策划报告。为了在报告会上脱颖而出，潇潇在策划上下足了功夫，反复修改直到自己满意。信心十足的潇潇，觉得自己的表现肯定能让会上的领导眼前一亮。

的确，站上讲台后，潇潇的广告创意刚从投影仪里打出来，领导的脸上就浮现了微笑。潇潇心中暗自高兴，更加有底气地开口讲了起来。谁知，潇潇不开口还好，一开口就满嘴的口头语，还夹杂着各种让领导摸不着头脑的网络新词。领导从头听到尾，也没觉得潇潇的报告有多好。可见，不得体的语言给她优秀的创意减了分。

会后，领导只对潇潇说了句：“你的语言需要好好练啊。”

语言随意并不是一件坏事，但如果不分场合，随时都将一车口头语和另类词汇“晒”出来，就难免会让听众觉得不伦不类，同时也对说话人产生不专业、态度不端正的印象，当然更不会觉得她修养极佳。

除此之外，女人也要注意不说大话和假话。大话容易让听话人心生厌恶和鄙视，假话则会让自己在他人眼中的信任度毁于一旦。只有保持诚诚恳恳、认认真真的说话态度，女人才会给人留下同样优秀的、言行如一的人格印象。

总而言之，女人若想提高自己的语言修养，就要随时保持清醒，知道哪些话是该说的，哪些是不该说的；哪些是适合当下场合的，哪些是眼下需要避讳的。只有这样，女人才能在所有时候都能让人觉得自己的言语得体、让人感觉舒服。

如果说女人想做一朵高贵的花，那么就一定要说得体、悦耳的话语。语言的修养就像宝贵的肥料，能够让高贵之花在女人的灵魂中绽放；语言的修养也像一块宝石，能够让女人的高贵灵魂散发独特光芒。女人吐气如兰、言语生香，整个人自然也会跟着提升到一个雅致的层次。

做一个有礼貌的交谈者

相信我们每个人都有在路上与你认识的人相遇的经历，在这个时候是你主动打招呼还是等待对方打招呼后再回应对方？如果你的回答是主动问候，主动打招呼，那么恭喜你，你已经是一个礼貌的交谈者了。

今天早晨，来到公司，见到你的同事，你是故作逃避还是主动问候？如果是主动问候，那么恭喜你，至少今天你给同事留下了良好的第一印象。

人在初次见面的礼貌将影响其在他人心中的形象，见面问候他人不只是代表了“我看见你了”或者“打招呼”的狭隘意义，广泛来说，它还代表了“和对方友好”“尊重”“感谢”“请求帮助”等其他的意义。如果每次见面都能挺直腰杆，直视对方，以愉悦的声调说声“你早”，不但能将快乐的心情传染给对方，自己的一天也会过得更顺利。

一个人如果想在交际中占得先机，问候是你每天必须做的事情，它看似简单，其实却很有讲究。垂头丧气地说声“早啊”与面带笑容说同样的话，是大不一样的。精神饱满地说声“你早”，虽然也只是一句简短的话，却可以让人由此感受到你对工作的热忱。

家住农村的李梅由于家境良好，初中后，便被家人送至县城读书，可是在学校品学兼优、深得老师和同学喜欢的她，每次回到家后却遭受村里同龄孩子的排斥。李梅觉得很奇怪，自己并没有与大家有过什么矛盾，为什么大家都不乐意接受她。一次李梅从学校回家，路过村口时无意间听到别人的谈话：“那个李梅啊，以为自己在城里读书，高傲得不得了，每次见到我们都不打招呼，都不搭理我们啊！”原来是自己一直没有主动和他们打招呼而误使村里的人认为自己高傲不搭理人。李梅听后豁然开朗。从那以后李梅见人总是先打招呼，并且总是面带微笑。没过多久，不但村里同龄孩子不再排斥她，主动与她交好，就连村里的大人也夸李梅是个懂事的孩子。

正是因为李梅见面不与人主动问候，藏在心里面的一团热情被看成了一块寒冰。李梅已经明白了这个道理，那么你呢？为什么一个简简单单先开口的“嗨”，就能使人觉得这么愉快呢？这是因为见面问候是认可对方、尊敬对方的表示。被问候者会马上产生一种对方很在乎自己的感觉，一种愉快之感便油然而生。如果不主动开口而是等

对方开口之后才去回应，则不会有这种感觉，人家只会觉得你的招呼不过是礼节性的反应而已，并不是你尊敬他。

我们平时遇见他人时，无论是谁都应主动先开口打招呼，只有这样你才会被更多的人接受。平心而论，你会拒绝一个见面与你主动打招呼的人吗？当然不会，而且，人们会对这些人的开朗亲切、心胸宽阔留下深刻的印象。谁又会不愿意与这样的人交往呢？

相反，见面不问候而等他人先打招呼再有所回应的人，很可能会给人留下高傲、不愿与人来往的不好印象，尽管他很可能是一个活泼开朗、热情如火的人。

要注意的是，当我们问候他人时态度一定要轻松，姿势一定要正确，切不可边走边行礼，更不可随便地以勾肩搭背的方式打招呼，尤其是对男性更要避免。

不管你的本性是否外向，只要你在见面时学会问候，主动打招呼，一个开朗、有礼貌的形象必将留在对方心中。而如果我们在问候他人的同时，伴上真诚的笑容，给予对方的好印象必然会更强。

第十六章：活在当下——从容规划优雅人生

重要的不是你从哪里来，而是你将到哪里去。而你现在的努力决定着你将到哪里落脚。现在决定未来，所以好好珍惜现在，好好为未来确定方向吧。

把握自己一生的幸福

每个人都有一条通往欢乐的路。一种途径获得一种幸福，一种幸福洋溢一种气质。把握现在，珍惜未来，这样才能够把握住一辈子的幸福。

女人，无疑是一个风情万种的名字，而幸福让人感到温暖。幸福的女人，便是最让人羡慕的女人，因为这样的女人拥有着世界上真正的美丽，幸福洋溢在女人脸上，那是她拥有了真正的幸福。做个幸福的女人不容易，女人关键要学会把握我们一生的幸福。

那么，到底什么是幸福呢？每个人都有自己的答案。所以，有人说，幸福的女人是相似的，不幸的女人却各有各的不幸。在某种意义上，幸福就是活出一个精彩的自己！

幸福的女人应该有自己的事业，却又不当工作狂。事业是女人的护身符、定心丸，是安身立命的保障，也带给女人快乐与自信。幸福的女人知道如何去关心自己的爱人，如何在他面前展现自己的魅力；清楚什么时候看望公婆，怎样为双方老人尽孝；明白孩子是祖国的未来，教育和爱护孩子是自己的本分和职责。

此外，幸福的女人往往都非常懂得生活，既积极进取，又达观知命。在苦难时坚强，欢乐时谨慎，知足知不足，有为有不为。而幸福，也就在这种自然的过程中水到渠成。

把握幸福还要学会理财，懂得储蓄，而不能像很多“月光公主”一样，一拿到工资便花光，然后就开始哭穷；当然也别做守财奴，钱是身外之物，赚了就是为了花。人生苦短，青春易逝，用钱要有计划，该吃的吃，该穿的穿，可不要过分委屈了自己。

把握幸福还要善于把握机会，多读书，相信知识能够改变命运。老公只能改变你的生活，你可以做知识的主人；每天把自己打扮得漂亮可爱一点，为未来的日子留出更多理性的空间；对合适的爱情和婚姻，不要错过。

但是，女性朋友务必要记住一点，把握幸福就是任何时候都不做“黄脸婆”。很多结婚生了孩子的女人，开始变得邋里邋遢，皮肤不再保养了，身材也变形了，甚至穿着睡衣到处乱跑。其实，不是岁月偷走了女人的美丽，而是许多女人自己放弃了美丽。所以，要善待自己，不管什么时候都要把自己最美的外在形象留给别人。

把握幸福的女人只把家当作诉说爱的地方，不管在外面多么叱咤风云，地位多高，但家就是家，和一切权利、金钱、名誉无关。家是一个只讲爱的地方，家是一方港湾。回到家，不论烦恼也好，忧愁也罢，就把外面的一切抛开。家中只有爱你的人和你爱的人。

女人把握幸福，就是一年中抽些时间陪家人一起去旅行，旅行是在繁忙工作和学习间隙的一种放松，每个努力生活的人都有资格去享受。每年去一个自己特别想去的地方，用一年的时间来准备，在假期中尽情地享受，将积累了一年的压力在一次旅行中释放。在旅行的过程中，不论是大人还是孩子都能有所收获，而且这段经历将受用一生。人生还有比这更美妙的事情吗？

女人要把握幸福还要学会享受眼前的一切。懂得珍惜并善于创造幸福的女人会将家布置得井井有条，会支持丈夫的事业，宁愿多做家务，多受些委屈，多担点寂寞却从不讥笑丈夫的失败，因为在丈夫的伤口上撒盐，那是对自己最大的讽刺；也不为丈夫的发迹而得意忘形，因为那样会使丈夫走进自我膨胀的深渊；从不抱怨生活的不公，而是在日复一日的平凡生活中体味幸福的心跳。

美貌不是人生的一把“万能钥匙”

女人只有美貌是不够的，美德才智才是社会所共同认同的。所以我们说，女人，请记住，不要把美貌作为你的唯一资本，千万别把美貌当成是万能的。

现在，许多女人认为美貌在社会里是一张“通行证”。女人有了一张讨人喜欢的脸蛋和不同凡俗的身材，就拥有了本钱：入学、招工、提干、婚配，乃至出入公众娱乐场所都能获得优待，还能在瞬间打动所有人的心。

但事实上，美貌不是人生的万能钥匙。真正的美丽即便容颜老去也不消亡，是靠后天的积累而来，是可以一代代传下去的，是属于美德一类的东西。

社会上，每个人都是独立的有别于他人的个体，相貌给人的属于感官印象，是瞬间即得的东西。不同年龄段的女人都应具有代表某种特征和优势的个性，要善于挖掘与发挥属于自己身上的这些特质，要让自己内在的东西闪光，这样，你才会永远美丽。

王娟的故事就证明了美貌不是人生的“万能钥匙”的道理。王娟天生丽质，气质不俗，在学校里“美”名远播，追求者有好几火车。

毕业后，王娟凭着得天独厚的相貌优势，毫不费力地进了一家大公司。每天衣着光鲜地出入高档写字楼，看上去挺风光的。却没想到，进入职场后，之前引以为豪的美貌却让她碰得鼻青脸肿。

王娟刚进入公司时，很多男同事围着她转，工作上遇到难题也总会有人帮她解决。可是，接触的时间久了，同事便发现，王娟除了空有一副漂亮的面孔外，学识、能力等什么都没有，于是不约而同地选择了逃避。

王娟没有了同事的帮助，工作很是不顺，终于在一次和一位女同事大吵一架后，离开了公司。

现在的王娟依然在寻寻觅觅，她不知道自己如意的工作究竟在哪里。

现在，“人工美女”已掀起新一轮整形热潮。许多女孩子不惜花费重金，冒着危害健康甚至毁容的风险去整容，为的就是让自己拥有一张漂亮的脸蛋和一副骄人的身材，然后凭借脸蛋和身材在事业上闯出一番新天地。但是，听完王娟的遭遇后，你还会去整容吗？

记得张爱玲说过这样一句话，“女人始终摆脱不了男人”。自古以来，“女为悦己者容”。虽然现在的女性都明白自己不再是男人的附属品，但依然不辞劳苦地奔波在这条路上。其实相貌是靠不住的，女人要想在社会和家庭尤其是在男人心目中立足，并且还要立得牢靠和久长，首要考虑的应该是自身的人格、文化、学识、才华和个性修养，即人品的矜重与高尚，其次才能轮到相貌。只有这样，女人才能在这个世界上更好地立足。

事实上，女人的美貌不是万能的，这点大家都明白。在网上看过这样一段话，很是欣赏，是一个美丽女子写的：我很感谢父母赐予我的美丽外表，但我不想把它当作炫耀的资本。因为它不是我能选择的，也不是通过我的努力得来的。我要通过自己的努力证明给每个人看，我不是空有外表的。老天是公平的，它赐予我美丽的同时，没有给我聪慧，因此我一直用勤奋刻苦来弥补，力争做一个才貌兼备的人。

鼓起勇气选择自己的生活

女性朋友应该懂得，生活不是用来给别人看的，而是给自己过的。想成为幸福的聪明女人，就要按照自己想要的方式去生活。

或许女人并没有很多钱，但她们的内心是充实丰富的；也许她们并没有名利、地位，但她们的精神是悠闲自在的；也许她们拥有的并不是很多，但是她们鼓起勇气选择自己想要的生活，所以她们每天都是幸福的。真正的、实实在在的幸福往往是朴素的，能找到它的人并不多。

有许多女人过着千篇一律的生活——上班、下班；有着千篇一律的烦恼——职场上的人际关系、家庭中的各种矛盾；也有着千篇一律的欲望——希望工资涨涨涨，但每月税后拿到8000，却仍然感觉自己是个穷人。

假如问这些女人，这是不是你喜欢的生活方式？相信很多女人都会摇头否认。可如果继续问她们喜欢的生活方式是什么，她们要么根本不知道，要么知道却没有勇气选择。

人生就是一个选择的过程，而且并不是自由随意地选择，每一个选择背后都要付出很多代价，所以就要求女人面对选择时要有足够的勇气。

夏玲玲是毕业于中山大学的一名大学生，在做了不到3个月的白领后，突然疯狂地爱上了西藏。从1998年开始，夏玲玲就以孤独战士的化身虔诚地投入到一场跨越生命极限的战争中去了。此后8年时间里，她的足迹几乎遍及西藏各地。

夏玲玲的母亲是个很传统的人，对夏玲玲管得很严，总要求她坐有坐相，站有站相，天黑就不准外出。为此，夏玲玲渴望自由，中学就开始逃课，大学毕业仅仅在外企工作了不到3个月就辞职了。渴望自由也成了夏玲玲去西藏的全部理由，这一去，居然就再也离不开西藏了。于是，她一次又一次地走进西藏，并且渴望成为西藏的一部分。以下是她行走西藏的足迹：

1998年首次进藏。

2002年夏天，背包独行藏北无人区近3个月到达阿里，转战阿里冈仁波奇神山一周，到达海拔5850米的卓玛拉雪山口。

2002年初秋，跟随西藏地质队进入西藏北纬33～36度、东经79～90度之间的生命禁区考察，历时3个月。同年完成第一部电视纪录片《跨越生命的禁区》。

2003年初春和秋季，历时3个多月分别两次从云南徒步走进西藏的昌都地区和察隅县，独立完成第二部纪录片《独闯怒江大峡谷》。

2004年，独行在印控克什米尔地带一个多月。

2004年3月至6月，在中印边境的察隅和墨脱境内采风，独立完成系列纪录片《遥远的村落》的前3集拍摄。

2004年秋，从滇进藏，进入滇藏交接地带的盐井，找寻西藏境内唯一的纳西民族乡即将失落的文化。

2005年，春秋两度带领马来西亚登山队翻越滇藏边界的碧罗雪山山脉。

2005年徒步从云南贡山进入西藏的察隅县境内，穿越滇藏茶马古道。

夏玲玲经历了那么多困难，从来都没有放弃过。纪录片、文字、照片，都是夏玲玲走进西藏的方式，她希望最终能成为西藏的一部分。在夏玲玲心里，西藏就是她的家。1997年大学毕业后，她就开始四处旅游。早就过了该嫁人的年龄，可现在连个男朋友也没谈上，朋友和家人都替她担心。而她也有过城市的爱情，但为了心中的执着，她通通放弃了。她说，未来的爱人注定是一个藏族人，简单、真实、智慧。而她已经计划好了，准备在西藏林芝买块地盖间旅店，专门为热爱西藏的人士服务。

现在，她组建了“夏玲玲工作室”，有了助手，有专门的宣传和策划，把她的作品——纪录片、文字、照片一一包装起来。

她说：“对于很多人，西藏是符号，但对于我，她是丰富，是幸福，我躲到天荒地老，也逃不掉她。”

其实，在许多时候，女人并不是为自己活着，她们更多的是活在别人的目光里、

评论里，得到别人的赞美就高兴，别人羡慕就欣喜。但这所有的感觉都只是暂时的，更多时候，女人还是要独自面对自己的心灵。

你究竟想要什么样的生活呢？月薪1万元的工作能让你开心吗？100多平米的房子让你有安全感吗？你给自己现在的生活打多少分？60分？80分？或者更多，抑或更少？

当你对自己的生活方式不满意的时候，想过改变吗？当大家都用尽全力向着大城市猛扎，都以不惜牺牲健康来换取高薪的时候，你有没有想过这其实不是你想要的生活？

35岁的韩雪华在北京生活了将近10年，却忽然辞去了月薪8000元的工作。朋友问她此去何以为生，她回的短信好似玩笑：去立交桥下擦皮鞋。

当然，她没有真的去擦皮鞋，而是把自己买的两套多余的房子简单装修后租了出去。她淡淡地说："应对日常生活，这点租金足够了。"她买蔬菜荤食不再去超市，改去菜市场；自己对镜剪发及学习漂染头发；看书去图书馆，看电影租DVD；韩雪华甚至学会了自己晒干茉莉和药菊，自己买草药来配花草茶；自己做锦缎靠垫来装饰房间，自己做漂亮的手模饼干来招待朋友。高兴的时候，她会替别人做一点设计、摄影或撰稿。

韩雪华感叹说："从前我以为自己需要的是那么多，月薪8000也感觉像穷人。现在发现自己需要的是那么少，赚得不多，也天天有大笑的欲望。"

现在，她的时间和金钱主要用来旅游，她说："不是每个人都能健康地活到60岁，就算你60岁后还有余力环游世界，你的心境、你看到的世态人情也与35岁时不一样。"

只要你喜欢，朴素的生活也不错，但是有几个女人真的有勇气去选择呢？

事实上，幸福就是源于一种心境，和你拥有多少财富、住什么样的房子、开什么样的车是没有关系的。每个女人都应该主动地去选择自己喜欢的生活方式，包括你喜欢生活在什么样的城市，过怎样的生活，选择一份什么样的工作等。如果你离不开家乡的几味小菜的话，就不应该出国，去国外愁眉苦脸地吃汉堡。

无法选择出身，但可以选择命运

女性朋友都有自己的事业和财富梦想，但是大多数女孩仅止于梦想，她们把成功人士的成功归结于家世、运气、机遇、高智商或高学历等，然后拿自己“一穷二白”的情况与他们一比，便唉声叹气，怨天尤人。但是事实是：有百分之八十的富翁是自己白手起家的，像希尔顿、李嘉诚、比尔·盖茨等。抱怨的人，许多时候不是因为没有梦想，而是缺乏把梦想改变成现实的勇气！不肯醒来的人永远只活在梦想里。这是再简单不过的道理，不行动，就永远不可能取得成功。

年轻的女孩们，一定要行动起来，与其坐等别人把饭喂到自己口中，为什么不去奋力用双手拼搏呢？钱就在我们周围，为什么有人抓得住，有人抓不住呢？女孩们永远不缺乏机会，关键是你总在空想，总在抱怨，而总不去行动！不冒风险才是最大的风险，总是认命你就永远是这样！

那命运可以快速改变吗？能。你可以选择更加努力认真地工作，并坚信一分耕耘，一分收获。你也可以用自己的头脑快速改变命运，那就是，如果你认为自己哪方面不好，就赶紧去找几个在这方面好的朋友，经常跟他们在一起，很快你的这方面也会变好了。你要认识自己，如果你连自己哪方面好、哪方面不好都不知道，那“快速转运”的计划就无从实施了。认识到自己的不足，就可以找这方面的朋友了，当然与这些人在一起并不意味着会获得更多成功的机会，关键是跟这些人在一起，可以改变你的心态和观念，你的心态和观念改变了，行为自然也会发生改变，那么命运也就自然而然地变了。

不同圈子里的人有着不同的思维。

有个大学毕业三年一事无成的人向希尔顿请教成功之道。希尔顿说：“你先买辆车。”那人说：“我没钱买。”希尔顿说：“不是你没钱买，是你自己不想买！”他百思不得其解地说：“我真的没钱买啊！每月的工资都不太够用。”希尔顿告诉他：“你找几个有车的朋友，跟他们待上一个月。”

后来，结果怎么样了呢？那个人三个月后就买上了车。希尔顿再次见到他时他正在旅游景点度假，便问他：“你不是说没钱买吗？”他说：“是啊，但跟那些有车的朋友在一起，太受刺激，他们的活动半径太大，没有车就根本没法参加他们的活动，所以

我只好贷款买车了。”如果不与那些有车的人在一起，他根本没有强烈的买车欲望。如果他一直都跟一群骑自行车的朋友在一起，那他想的可能就是如何换一辆名牌山地车，而不是汽车。这样的例子有很多。

每个人的命运都掌握在自己的手里，决定命运的关键不取决于你能做什么，而在于你与谁在一起。

女性朋友要想改变命运，心态非常重要，正所谓“性格决定命运”。你必须要自信、积极和乐观。不要对生活失去勇气和希望，只要有一线希望，你都应该努力抗争。因为当你选择“认命”的时候，其实是在逃避现实，你觉得将要面对的是沉重的压力。可是你忽视了，在“认命”的同时，你就是给自己背上了一个更加沉重的包袱，而这种包袱会随着岁月的流逝，让你感到窒息。躲避了一时，又怎能躲过一世？

女性朋友不要逃避问题，不要说“我没有家财万贯的父母”“我的命就这样了”。所谓的“宿命论”是上古时代的产物。在这种高度文明的科学时代还相信命运这么一回事，是会使人笑掉牙齿的。要学会解决问题。对什么事情，有什么样的看法，就会有什么样的命运。你觉得容易，它就容易；你想着艰难，它就变得艰难，这一切都是由你自己来选择的。所以在行动之前，不先给自己设下许多负面结论，做起来就会容易多了。

总的来说，我们无法选择出身，但是我们有权利选择自己要过的生活，勇敢做出选择的人大多都能保持愉悦的心境。到时就算你不能改变命运，你也可以因为自己的努力与成长，越来越好命！

任何时候都要“充电”

中国古典诗词中曾这样对美女定位：“所谓美人，以花为貌，以鸟为声，以月为神，以柳为态，以玉为骨，以冰雪为肌，以秋水为姿，以诗词为心。”前面的几句都是外貌描写，最后那句“以诗词为心”，诠释的却是内涵之美。看来美人之美，除了美丽的外貌，内涵也是不可缺少的。

作为古代的女人尚需要读书“充电”，更何况现代的女人呢。作为女人，也许你不追求成功，不追求有所作为，只想拥有自己单纯美好的小幸福；但是，你总该追求美，追求生命的质量吧？那你就需要读书学习。因为没有一定的文化底蕴、修养层次，一个女人即使闭月羞花，只要一开口就会美感尽失；而且当你遇到机会时，如果因为自己平时没有积蓄足够的学识与能力而与之错过，那将会是十分遗憾的。

李琼出生于书香世家，从小在当教师的父母的熏陶下，读遍了中外名著。她虽然长得不是很惊艳、漂亮，但她的气质却是异常的出众。那是一股浓浓的书卷味，清新而脱俗，格外引人注目。

李琼是个爱书如命的女孩。上大学时，当别人泡在网吧时，她却经常泡在图书馆里。在文字的海洋里畅游，对她来说是一种无比的享受。爱读书的人，也总喜欢写点东西。她经常写一些心灵感悟和随笔散文，并投寄出去，偶尔也能发表在一些刊物上，还能得到一份额外的惊喜。

这些本来是她自己的兴趣和爱好，可是“无心插柳柳成荫”，在她毕业的时候，这些都派上了用场。在毕业前夕，许多同学都因找不到工作而苦恼，李琼却因自己出色的文笔以及曾经发表过的作品而被一家杂志社看中。所以，当其他的同学在为一份工作而四处奔波时，李琼却轻而易举地找到了自己喜欢的工作。她在欣喜之余感激书籍带给自己的优势，欣慰自己有这样的情趣和爱好。

在中国和美国的报纸上都刊登过一位美国记者对一位中国女孩的报道：

潘晓婷从遥远的中国长途跋涉来到美国，既不懂英语也不了解 WPBA 的文化。她看上去不像那种整晚耗在酒吧的球台旁、一首接着一首听自动点唱机里传来的单曲的女孩。事实上，她也确实不是那种女孩。

她早上起得很早，在电视上一遍遍重复播放自己上一场比赛的录像，分析自己做得不够的地方，努力进行修正。然后她来到球房，重复练习自己在之前的比赛中走位不佳的动作，直到万无一失为止。在比赛中，她百分之一百投入。也许当你不懂得广播里或者看台上的观众在说什么的时候，是比较容易将一切杂音摒弃在脑海之外的。她从来不允许自己的哪怕一缕刘海挡在眼前遮住视线，即使当她的整个身体都扑到球台上——通常是她的一条腿架上球台，另一条腿则几乎离地。当然，她肯定会确保自己的一只脚留在地上（双脚离地被判犯规）。

不管是成功拿下了一局比赛，或者是没能将球顺利打进球袋，当她转身折回自己座位的时候，她总是会继续解读、学习台面上发生的一切。

2007 年 4 月 8 日晚，潘晓婷在世锦赛决赛中击败菲律宾选手，成功登上世界冠军的宝座，成了中国首位台球世界冠军，这是中国台球界第一个真正意义的世界冠军。

潘晓婷，一个荣获世界冠军的台球女孩，她的成功经历吸引了众多少男少女的心。一份不足一千字的报道，却道出了潘晓婷成功的真谛，那就是学习。在与对手的较量中，无论是赢是输，她从不放弃吸取每一次成功与失败的经验和教训。正是凭借这种

不断学习的劲头，她成为台球界突起的一名新秀。

不断地进行“充电”可以让一个女人拥有一颗属于自己的独特心灵，拥有自己丰富的情感体验，你的生活，你生活中的点点滴滴，都将会书香四溢，你也会成为一个优雅的女人。

无论你以后的人生理想如何，从现在起，你就要养成不断充电的好习惯，因为无论怎样你都要追求生命的价值，都要为自己的人生负责。女人及时地给自己“充电”，就是为成功的天平增添砝码。

女人，别拿青春赌明天

记得有位哲人说过，每一个青春貌美的女子都有魔力，都有杀伤力，都具毁灭性。但是，生活中，有些女孩子却错用了这样一种魔力，把它当作生存的根本。却不知这魔力终有消耗殆尽的那一天，到那时候有些错已经犯下，无论如何也改变不了了。

看来，女人的青春是脆弱的，这脆弱的青春怎么可以葬送给一段不堪的过去？我们不能到了白发渐生的时候哀怨哭泣，也不要到感觉到没了自尊的时候方知悔恨，别拿青春当赌注，因为我们实在输不起！

王然，家里很穷，父母靠捡垃圾、卖废品为生，她很早就懂得生活的艰辛，中学没毕业就辍学外出打工。

后来，在一次公司组织的晚宴中，她被一大款一眼看中。尽管那个大款与她的父亲年龄不相上下，可为了过上奢侈的物质生活，王然选择了堕落，她辞去了工作，心甘情愿地做了只笼中的金丝雀。不记得从什么时候起，她爱上了一个年轻英俊但很贫穷的男孩，她杜撰了自己的出身，在所在城市为家人买了一套房子，把老家从农村搬到了城市。

男孩子很爱她，而她却在两个男人间周旋得很累。纸包不住火，男孩子终于发现了他所爱的女人原来是只“金丝雀”，毫不犹豫地选择了分手。

王然拿青春做了筹码，最终才发现一切是那么不值得。有这样的过去，以后如何能够过平常人安稳的日子？现在是赢了物质，输了的却是未来的美好。我们常常看到街头上，本该是彩裙飘飘的清纯少女，却穿着与年龄不相称的奇装异服，故作潇洒地频繁出入于灯红酒绿的所谓休闲会所，在不被人熟悉的空间里，故作清高、卖弄风情，把一种原始的美遗失在了永远都不会被人在意的角落。

表面上，她们很潇洒，但在时间的轮回中慢慢地老去时，蓦然回首会发现，当初，她们输了自信、名誉和自尊，也同时失去了自由、坦然和纯真。

当今社会物欲横流，让人眼花缭乱。青春骚动的心，膨胀的未知的异性情感，让女孩有着一种向往和渴望。未知越多，女孩越是想体会，越是容易犯青春的错误。有的女孩以青春为赌注，以身体为代价，任性地打掉一个又一个未出世的小生命，让自己在一场场风花雪月中堕落。

是的，恋爱是美好的，如果你们没有把握处理好你们的感情，包括亲密接触的尺度；如果你们觉得不使用任何保护措施，单纯为了感官上的刺激；如果你们无法对你们的行为负责任，请你们不要恋爱。不要拿自己的身体开玩笑，不要把婚前性行为当作开放和流行的活动来实践。

所以，女性朋友千万别拿青春赌明天。当青春不再，容颜老去，你会发现自己在这样的赌注里输得一塌糊涂，输不起却已没了退路。

不要降低梦想的高度

或许你还没有邂逅奇妙的爱情，但是一定要怀抱美好的梦想；可能你还没有找到适合的工作，但必须坚定美好的梦想；可能你还没有平衡好家庭与事业的关系，但必须牢记美好的梦想。因为梦想是女人的宝贝，要像疼爱宝贝那样去珍惜自己的梦想，不要随意丢弃，不要轻易放弃，更不要将它遗忘在岁月的角落里不理不睬，任厚厚的灰尘封住它那四射的光芒。

拥有梦想的女人，就像是一只拥有矫健翅膀的鸿雁，可以自由翱翔；拥有梦想的女人，就像一叶逍遥的轻舟，可以乘风破浪；拥有梦想的女人，就如一朵能在四季绽放的鲜花，永远娇艳动人。梦想经过女人天性浪漫的大脑，可以为灰色的现实点缀上一抹绚丽的粉红。

台湾《商业周刊》的资深撰稿人采访了LVMH旗下的钟表珠宝集团总裁帕思卡，当记者问到面对精品业越来越严峻的市场竞争，品牌应如何制定它的价格策略时，帕思卡的回答是："有两个重要原则，一是精品必须维持它的'梦想高度'；二是在价格上必须具有'亲近性'。"

在帕思卡看来，昂贵的精品除了必须具有独特的个性之外，最大的挑战一方面在于精品从业者必须保持品牌商品的梦想高度，并不是唾手可得才显得诱人；另一方面，又必须在价格上具有亲近性，能照顾更多的消费者，以便能够在激烈竞争中持续保有优势并扩大版图。但帕思卡一再强调，价格的亲近性并不代表价格便宜！

事实上，女人就像精品一样，首先需要有一个高明的品牌经营策略，以便在竞争者众多的情感游戏中脱颖而出，持续保有绝对优势，用来对抗越发脆弱的两性关系；而维持梦想的高度和保持价格的亲近性，不正是现代女性最好的自我经营策略吗？

女人一定要有梦想，没有梦想的女人就像是一颗放入口袋的钻石，失去了光芒；女人不能拒人于千里，没有亲近性的女人永远只是隔岸的花火，一接近就会受伤。

不怕女人没有出众的相貌，也不怕女人才情淡泊，只要还有梦想，女人就是一道迷人的风景。但倘若你是一个破罐破摔、完全"放弃自己"、不对自己的内在以及外在做任何努力的女人，那就很可怕了。面对这样的女人，就像面对一间灯光昏暗的房间，无法激起内心的任何热情；无意间进去的人都恨不得立刻转身出来，连想在里面多待一会儿的心情都没有，更别提高歌一曲或热舞一场了。

风华正茂的女人是十分动人的，一颦一笑未加任何修饰就足以俘获男人的心，可一旦迈入成熟，眉眼间的风情万种和让男人做梦的魅力就得靠许多的努力来支撑了。

女人都钟情于"梦想"这两个字，它蕴含了渴望和追求的双重意义，就像情窦初开的少男少女遇见心上人时，那种在睡梦中都能流露出来的甜蜜笑意，那种在梦里都想拥有的炙热渴望。其实，不管老少，不论性别，任何刚堕入情网的人都是一样的，总惦记着能朝夕相守，短暂的分别都是莫大的折磨，还要期待能在梦里相见。

但令人遗憾的是，许多情侣在结婚后、甚至相恋多年后，当初那种令人悸动的撩人情愫早已灰飞烟灭。女人们常常嘟着嘴抱怨，男友或老公对自己的热情和殷勤就像飞逝的时间一样逐渐苍老陈旧。其实，激情不再的问题症结就出在"梦想"这两个字上。

其实，当爱情处在寻觅和试探的阶段时，是最让人动心的。因为还不确定，所以必须全神贯注；因为心里不踏实，所以必须亦步亦趋；因为还没得到，所以才魂牵梦萦。可一旦大局已定，两人在固定的关系中，遗失了那份渴望和追求的动能催化剂。此时的爱情，就好像放在口袋里的钻石一样，不如当初陈列在橱窗里时那么璀璨夺目了！如果，女人能够很好地将自己悬在一个梦想的高度上，纵使有朝一日青春不再，自己尚有一颗理解生命、成熟智慧的心，依然可以快乐地保养自己，充实自己，在同龄人中保有梦想高度的绝对优势。

总之，女性朋友一定要把握好梦想的高度，像帕思卡的精品营销策略那样，既拥有不易被取代的等级高度，同时又有价格上的亲和力。所有让人回味无穷的美丽女人，都有一个重要的人格特质，那就是：温暖。温暖的微笑、温暖的语言、温暖的态度、温暖的心胸……带着尖刺的玫瑰固然明艳照人，却无人能在她的身旁安然入睡。多么美丽高傲的女子，也终有年华老去的一天；只有温柔善良的女子，才能牵动男人内心深处的悠悠情怀，使其在为生活努力拼搏的战场之外，找到可以回归心灵的世外桃源。

金钱、梦想、快乐，一个都不能少

作为当代女性，绝对不可能缺少金钱、梦想、快乐这三大存折，同时还必须保持在一种均衡的状态。因为如果你亏空某本存折，同时太偏重于某本存折的比重，你的人生未必会因此而“获利”！比如你在金钱、梦想的存折中“荷枪实弹”，却缺乏快乐，你的人生未必能够圆满，反之亦然。

但是在现实的生活中，女人的口袋相对于丈夫来说可谓小溪之于江河，她们的生活全靠丈夫供养。你知道为什么女人会没有钱？答案很简单，因为女人总是把时间花在男人与孩子身上！

在蔚蓝的海岸边，王雪穿着一身丝绸般舒适的服装，没有任何的压力，在白如雪的沙滩上步行着。每隔半年，她就会到一个不同的国家感受异国风情。

她有一台精巧前卫的名牌计算机，随时可以和海内外的亲友联络。当她在阳光下畅饮着一杯冰柠檬茶时，事前所精心安排的所有计划都在有条不紊地进行着。她正戴着 iPod 随身听，享受着舒适的 SPA 美容护肤行动，LV 包包中手机的短信，传来的尽是好友的挂念。

这就是三年前的王雪。可如今，这些都成了她幻想的美好蓝图。她的时间排得满满的，早晨，丈夫孩子还在睡梦中的时候，她就要起来做早饭，之后匆匆去上班，之后是午饭、晚饭，以及一大堆似乎永远也洗不完的衣服，和永远也打扫不干净的房间卫生。

难道说女人在结婚以后就不能享受和煦的春风了吗？只能是辛辛苦苦地上班，只

能是为丈夫和孩子打工吗？女人在结婚后就不能再拥有自己的梦想了吗？

作为一位时代“新”女性，你有权利拥有家庭和幸福，也有权利拥有梦想、金钱与快乐。有人曾经对女性创业者进行过调查，发现到场的很多女性，她们想创业的大多原因都是希望能为家庭增加收入，能够帮助先生减轻生活压力，或是能为孩子多赚取一些教育基金，还有一些人是离了婚才开始惊觉到理财赚钱的重要性。很少有人上来告诉大家，她想赚钱，就是为了自己。

女人的身份在不同阶段是不同的，她可以是赚钱养家的人、照顾别人的人、孩子的母亲、家庭主妇、善于社交的人、情人与妻子，甚至同时集这些角色于一身。但是，这并不代表女性就应该彻底地忘掉自己。因为人生最辛苦的一件事，就是为了赚钱而赚钱。如果忘掉自己到最后还是得付出代价，那么还不如在善尽责任之余，同时尽可能地实现自己的梦想，莫等婚姻破产之后才发觉一无所有。

有许多女性只是穿着代表时尚的高跟鞋，但却走在一连串的传统道路中。谁说女性不应该积极了解自己的需求从而订立自己的生涯规划？生活和梦想，这是一种平衡的观念，而不是一种牺牲的观念。平衡你的生活，不是牺牲你的梦想。有家权威杂志分别采访全职女性及家庭主妇，了解她们对于目前角色满意度的自我衡量。结果，所有的女性几乎都觉得，照顾孩子绝对是一件“值得”的事情。尽管如此，女性朋友也应该让“负担责任”与“追求梦想”的精力付出达到一种均衡的状态，而不是一味牺牲，离梦想越来越遥远，到最后，只能高唱“自古圆梦空余恨”。

均衡你的责任与梦想，是一个非常重要的概念。一个人在长时间里饱受现实生活的鞭策，必须学习将现实与梦境做和谐的调配。而实现梦想的当务之急，就是要缩小理想与现实的差距，以现有的赚钱与储蓄能力，在人生的每一个精华的时刻，都要期许自己能够筑梦踏实。不要轻易地放弃自己的梦想。其实，女性在为梦想奋斗时，也许会让男人和孩子刮目相看，甚至，他们会因为你的梦想实现而骄傲！